W0257148

Robert Gilmore

Die geheimnisvollen Visionen des Herrn S.

Ein physikalisches Märchen
nach Charles Dickens

Aus dem Englischen von Jürgen Koch

Springer Basel AG

Die Originalausgabe erschien 1996 unter dem Titel "Scrooge's Cryptic Carol. Three Visions of Energy, Time and Quantum Reality" bei Sigma Press, 1 South Oak Lane, Wilmslow, Cheshire, SK9 6AR, England

Die Deutsche Bibliothek – CIP-Einheitsaufnahme

Gilmore Robert:
Die geheimnisvollen Visionen des Herrn S. : ein physikalisches Märchen nach Charles Dickens / Robert Gilmore. Aus dem Engl. von Jürgen Koch.

Einheitssacht.: Scrooge's cryptic carol <dt.>
ISBN 978-3-0348-6013-0   ISBN 978-3-0348-6012-3 (eBook)
DOI 10.1007/978-3-0348-6012-3

© 1996 Springer Basel AG
Ursprünglich erschienen bei Birkhäuser Verlag 1996
Softcover reprint of the hardcover 1st edition 1996

CH-4010 Basel, Schweiz
Umschlaggestaltung: Sander und Krause, München
Gedruckt auf säurefreiem Papier, hergestellt aus chlorfrei gebleichtem Zellstoff.

ISBN 978-3-0348-6013-0

9 8 7 6 5 4 3 2 1

*Für meine einstigen und jetzigen Freunde
an der Physikalischen Fakultät
der Universität Bristol*

Inhaltsverzeichnis

Vorwort 9

Prolog: Marleys Geist 13

Der erste Besuch

Kapitel 1:   Die Herrin der Welt 21

Kapitel 2:   Der Schatten der Entropie 41

Kapitel 3:   Hitzetod 57

Der zweite Besuch

Kapitel 4:   Relativ gesehen 77

Kapitel 5:   Die Barriere der Lichtgeschwindigkeit 97

Kapitel 6:   Eine Frage des Standpunktes 113

Kapitel 7:   Das Universum – ein Uhrwerk? 137

Kapitel 8:   Vergiß das Ziel, genieße die Reise 157

Der dritte Besuch

Kapitel 9:   Der Geist im Atom 175

Kapitel 10: Virtuell und unscharf 195

Kapitel 11: Das Innenleben der Atome 219

Kapitel 12: Per Amplitude ad astra 239

Epilog: Scrooge's Wandlung 259

Vorwort

Auf der Suche nach dem Geheimnis

Scrooge kümmerte sich nur um seine eigenen Angelegenheiten, was nur recht und billig ist. Wer sollte sich denn sonst um die eigenen Angelegenheiten kümmern, wenn nicht man selbst? Das heißt jedoch nicht, daß Scrooge die Geheimnisse der Welt um sich herum gleichgültig waren.

Das Universum *ist* ein Geheimnis, und das wird es zu einem gewissen Grad wahrscheinlich immer bleiben. Dennoch können wir versuchen, es zu verstehen. Einer der wunderbarsten Aspekte des Universums ist, daß unserem Verstand offenbar so viel davon zugänglich ist, vor allem durch die Sprache der Mathematik.

Man hört zuweilen Klagen, die Wissenschaft zerstöre die Poesie des Lebens, weil sie der Welt alles Wunderbare und Geheimnisvolle nehme. Die Menschen, die so sprechen, sind in der Regel keine Wissenschaftler. Ich glaube nicht, daß das Verstehen irgendeines Aspekts der physikalischen Welt das Wunderbare daran zerstören kann. Vielleicht läßt sich das eine oder andere Geheimnis lüften, doch dabei tauchen immer neue Geheimnisse auf. Die Wissenschaft kann vielleicht zum Verständnis einiger Aspekte der Welt beitragen, aber dabei entdeckt man, daß man Dinge nicht versteht, deren Existenz man vorher nicht einmal *ahnte*. Daß die Aufgabe des Verstehens offenbar nie ein Ende nimmt, mag unbefriedigend erscheinen. Auch wenn wir die physikalische Welt niemals ganz verstehen können, ist es doch unsere Bestimmung, sie zu erforschen, soweit es uns möglich ist. Wir sind nun einmal in diese Welt hineingeboren, und allein schon die Neugier (oder das Staunen, wenn Ihnen das lieber ist) treibt uns dazu, sie zu untersuchen.

Auf den folgenden Seiten wird Scrooge von geisterhaften Wesen auf eine Besichtigungsreise durch die physikalische Welt geführt. Sie erfolgt in drei getrennten Besuchen. Der erste gilt der «Wissenschaft der Vergangenheit» und einer Vision von Energie und Entropie, von Größen also, die der Wissenschaft des neunzehnten Jahrhunderts oder früherer Zeiten bereits sehr vertraut waren. Diese Vision zeigt uns eine Wissenschaft, die mehr vom «Sein» als vom «Werden» handelt. Sie spricht von Energieerhaltung und thermodynamischem Gleichgewicht, dem Fortschreiten der Natur hin zu einem unveränderlichen Zustand.

Beim zweiten Besuch geht es ganz allgemein um die Zeit. Man kann ihn nicht im strengen Sinn als eine Vision der Wissenschaft der Gegenwart bezeichnen, da ja eine seiner Hauptbotschaften die ist, daß der Moment der Gegenwart, das «Jetzt», persönlichen Charakter hat und nicht universell ist. In diesem Diskurs geht es um Bewegung, um Veränderung und um die Thermodynamik des Nichtgleichgewichts, aus der Ordnung entstehen kann. Die Gleichgewichts-Thermodynamik des neunzehnten Jahrhunderts ist nicht das letzte Wort in dieser Sache. Sie ist höchstens in dem speziellen Sinne das letzte Wort, daß sie den Hitzetod des Universums voraussagt, wo alles ein trauriges Ende nimmt in einem Zustand, in dem nichts Nennenswertes mehr geschieht. Daraus ließe sich allerdings folgern, die Nichtgleichgewichts-Thermodynamik sei das *erste* Wort im Sinne der biblischen Schöpfungsgeschichte.

Der dritte Besuch gilt dem Quantenaspekt der Natur. Dabei handelt es sich zwar nicht um Zukunftswissenschaft, denn die Quantentheorie wurde zum großen Teil bereits um das Jahr 1930 herum entwickelt, aber auf jeden Fall ist sie eine verrückte Wissenschaft. Die Quantenphysik ist heute zwar ein zuverlässiges und alltägliches Instrument physikalischer Berechnungen geworden, aber wenn Sie nach Geheimnissen im Universum suchen, sind sie hier genau richtig.

Dieses Buch erzählt, wie geisterhafte Wesen Herrn Scrooge auf eine Reise durchs Universum führen und ihm Bilder zeigen, die die Theorien der Physik veranschaulichen. Die Botschaft der Geister ist nicht immer vollkommen schlüssig, denn sie beschreiben das Bild, das die Wissenschaft – unsere Wissenschaft – von der Welt entwirft. Die Wissenschaft verändert von Zeit zu Zeit leicht ihr Bild von der Welt. Die Aussagen früherer Besucher werden abgewandelt von denen, die nach ihnen kommen. Das liegt in der Natur der Wissenschaft. Ältere Theorien, auch gut fundierte, stellen sich unter bestimmten Bedingungen nur als Annäherungen an neuere (und in der Regel ungewöhnlichere) Weltbilder heraus. Am Ende dieser Folge von Besuchen liegt Ihnen vielleicht die Frage auf den Lippen: Was ist die endgültige Wahrheit? Das ist eine vernünftige Frage, aber wie kann ich die Antwort wissen?

Herr Scrooge legt auf seinen Reisen mit den verschiedenen Geistern gelegentlich große Entfernungen durch Raum und Zeit zurück, oder er schrumpft zu einem Winzling zusammen. All das ist in Wirklichkeit unmöglich. Die Demonstrationen der Geister sind Phantasiegebilde, aber sie vermitteln eine Botschaft, die den Tatsachen entspricht, soweit ich weiß.

In den Kapiteln tauchen verstreut kurze Texte auf, die eingerahmt sind. Sie fassen in sachlicher Sprache bestimmte Ergebnisse zusammen, die sich auf das jeweilige Kapitel beziehen.

Mathematik

Der Text dieses Buches enthält keine Mathematik. Nur in den erwähnten Informationskästchen kommt ein wenig davon vor. In Büchern für interessierte Laien sei jede Spur von Mathematik ein Unglück, wird oft behauptet. Das wäre schade, denn Wissenschaftler verwenden Mathematik nicht, um ein Publikum von Nicht-Fachleuten zu verwirren. Die mathematische Schreibweise faßt vielmehr die betreffenden Größen in einen konzentrierten Ausdruck zusammen und setzt sie vor dem Auge des Lesers in Beziehung.

Die Gleichung $p = mv$ zeigt auf einen Blick, daß der Impuls p eines Objekts gleichermaßen von der Masse m als auch von der Geschwindigkeit v bestimmt wird.

Die Gleichung $E = 1/2\ mv^2$ für die kinetische Energie zeigt, daß m und v hier ebenfalls beteiligt sind, aber die bestimmende Rolle liegt nun bei der Geschwindigkeit v. Die Schreibweise v^2 anstelle von $v \times v$ betont die Tatsache, daß die gleiche Größe mit sich selbst multipliziert wird.

Damit haben wir auch schon den Grad mathematischer Kompliziertheit in diesem Buch gezeigt. Man könnte mit einem mathematischen Ausdruck noch sehr viel genauer sein. Ein Ausdruck wie dieser zum Beispiel

$$\frac{\partial}{\partial t}\iiint_{\Delta_i} P(r,t)d^3r = \iint_{S\Delta} \mathcal{J}_p \cdot \hat{n}dS$$

enthält sehr viel Information für diejenigen, denen eine solche Schreibweise vertraut ist. Aber für uns ist das nichts.

Die bloße Anwesenheit von Mathematik ist vor allen Dingen nicht ansteckend. Sie brauchen die Gleichungen nicht zu lesen, wenn Sie nicht wollen. Die Erklärungen im Text sind die gleichen, ob mit oder ohne Mathematik.

Damit Sie sich, wenn sie wollen, auf Zehenspitzen zurückschleichen können, ohne die mathematischen Ungeheuer aufzuwecken, ist vor jeder Formel ein Warnzeichen angebracht:

 Achtung Mathematik!

Es zeigt an, daß eine mathematische Gleichung folgt.

Prolog
Marleys Geist

Marley war tot, um es vorweg zu sagen. Darüber bestand kein Zweifel. Kevin Marley, ein beweglicher, aufwärtsstrebender, junger Finanzberater, war mit seinem neuen Porsche zu schnell in eine Kurve gerast und war plötzlich beweglicher, als ihm lieb war. Ob diese Beweglichkeit aufwärts oder abwärts gerichtet war, vermochte niemand zu sagen.

Marley war jedenfalls tot. Er war mausetot, obwohl ich aus eigener Erfahrung nicht sagen kann, was so besonders tot an einer toten Maus ist. In seinem Fall könnte man vielleicht sagen, er war so tot wie eine Versicherungspolice ohne Leistungsrabatt. Scrooge, sein Partner, wußte, daß er tot war. Er war sein alleiniger Testamentsvollstrecker, sein alleiniger Vermächtnisnehmer, sein einziger Freund und der einzige trauernde Hinterbliebene. Aber nicht einmal er war durch das traurige Ereignis schrecklich tief betrübt, schließlich war er nun auch der einzige Teilhaber der Firma 'Marley und Scrooge'.

Eines Abends saß Scrooge spät in seinem Büro und arbeitete. Ein höchst einträglicher Tag lag hinter ihm – so suchte er alle Tage zu gestalten –, und er verbuchte gerade die Tagesumsätze. Er saß hinter seinem schönen, zweckmäßigen Schreibtisch wie eine Statue aus Eis, untadelig gekleidet in seinem handgearbeiteten Business-Anzug, und überprüfte nüchtern die Gewinne und Verluste des Tages an seinem PC. Wie üblich zählte er viel Gewinn und wenig Verlust, obwohl er jeden Posten mit der gleichen kalten Aufmerksamkeit registrierte. Die Leute sagten oft, Scrooge habe selbst viel von einem Computer an sich, beide verfolgten ihre Ziele mit derselben nüchtern kalkulierenden Effizienz. Aber Computer sind dafür bekannt, daß sie Spiele spielen, und das tat Scrooge nie. Seine Sekretärin hatte schon vor einiger Zeit das Vorzimmer verlassen, deshalb erfuhr er von der Anwesenheit eines Besuchers erst, als er angesprochen wurde.

«Guten Abend, lieber Cousin!» rief eine fröhliche Stimme. «Immer noch beim Geldscheffeln, wie ich sehe. Hättest du etwas dagegen, einen Teil davon für einen guten Zweck zu spenden?» Die Stimme gehörte Scrooges Cousin, einem Physikstudenten an der örtlichen Hochschule.

Seine Erscheinung stand in beträchtlichem Gegensatz zu der von Scrooge. Während Scrooge mit Designerhemd und maßgeschneidertem Anzug bekleidet war, trug sein Cousin ausgebeulte Flanellhosen und eine Tweedjacke mit aufgenähten Flicken am Ellenbogen. Er hatte eigentlich nicht genug aus seinem Leben gemacht, fand Scrooge, um so verdammt fröhlich zu sein.

«Würde es dir etwas ausmachen, den 'Fonds zur Rettung der Britischen Wissenschaft' zu unterstützen?» fuhr der armselige Cousin fort. «Das ist eine Bewegung zur Förderung des Interesses an der Wissenschaft und zur Unterstützung naturwissenschaftlicher Forschung und Erziehung. Großbritannien soll doch kein rückständiges Land werden, das kein Verständnis mehr für Wissenschaft aufbringt. Wir wollen verhindern, daß die großen Entdeckungen der Vergangenheit, in denen so viel Genialität und Fleiß stecken, für die Menschen von morgen verlorengehen. Mach' schon, Cousin – ein kleiner Beitrag genügt, und ich weiß, daß du es dir leisten kannst. Reich genug bist du ja.»

«Was geht mich das an?» erwiderte Scrooge. «Es reicht, wenn sich ein Mann auf seine eigenen Angelegenheiten versteht und sich nicht in anderer Leute Dinge einmischt. Die meinen beschäftigen mich von früh bis spät. Wenn du Geld brauchst, um deine kostbare Wissenschaft zu fördern, dann solltest du am Erwerbsleben teilnehmen und es verdienen. Arm genug bist du ja. Du und deinesgleichen, ihr habt zu lange in euren Elfenbeintürmen zugebracht, und nun erwartet ihr Hilfe von anderen. Du mußt lernen, in der wirklichen Welt zu leben!»

Nachdem sie eine Weile so miteinander gesprochen hatten, ging sein Cousin enttäuscht davon. Scrooge beendete seine Arbeit in gehobener Laune, während draußen die Dunkelheit hereinbrach. Kurz darauf verließ er sein Büro und schloß sorgfältig hinter sich ab. Faxgerät und Anrufbeantworter blieben jedoch weiter für ihn wachsam und registrierten jedes Wort, das weitere Geschäfte versprach. Er ging, wie immer, von seinem Büro die Straße hinunter bis zur nahegelegenen Station der Londoner U-Bahn.

Wie an so vielen anderen Abenden wartete er auf dem Bahnsteig, bis der Zug aus dem Tunnel heranbrauste. Bei der Einfahrt erhaschte sein Blick den Namen des Zielbahnhofs an der Stirnseite des Zuges, und in dem Augenblick, als die Schrift vorüberhuschte, hätte er schwören können, daß die Endstation nicht *Heathrow* lautete, wie er erwartete hatte, sondern *Heatdeath* – Hitzetod. Für einen Augenblick war er verwirrt, denn er war kein Mann, der zu Einbildungen neigte. Vielleicht war er ein wenig überarbeitet. Vielleicht sollte er sich einen Urlaub gönnen, irgendwo in der Sonne in einem luxuriösen Fünf-Sterne-Hotel.

Die Zugfahrt verlief ohne Zwischenfälle, und bald gelangte er von der U-Bahn-Station, an der er gewöhnlich ausstieg und die ganz in der Nähe seiner eleganten Wohnung lag, auf eine Straße, die von einer Reihe Straßenlaternen gut beleuchtet war. Der Weg zu seinem Haus führte an den Schaufenstern eines großen Geschäfts vorbei, das um diese nächtliche Stunde geschlossen, aber mit all seinen Waren noch immer hell erleuchtet war. Am meisten fiel Scrooge eine Wand aus Fernsehschirmen auf, die alle das gleiche Programm zeigten. Sie waren in Reih und Glied aufeinandergestapelt und füllten die volle Breite des Schaufensters. Jedes Gerät zeigte das gleiche Bild eines sprechenden Kopfes, doch kein Laut drang durch die Scheibe. Immer wieder erschien das Bild eines recht unbekannten Politikers, dessen Worte nicht zu verstehen waren, was für den Vorübergehenden keinen Verlust bedeutete. Als sein Blick gelangweilt über die weite Fläche dieser Tapete aus bewegten Bildern glitt, bemerkte Scrooge mit Schrecken, daß eines der Gesichter anders war. Das Gesicht auf dem Schirm, der ihm am nächsten stand, gehörte – seinem toten Partner Kevin Marley.

Er sah Scrooge direkt an und schien höchst eindringlich zu sprechen, aber so angestrengt Scrooge auch lauschte, durch das Fensterglas war kein Wort der Botschaft zu hören. Scrooge war nun fest davon überzeugt, daß er doch dringend Urlaub brauchte und ging eilig weiter. Aber Marleys Gesicht blieb für ihn unangenehm präsent. Es hüpfte von Bildschirm zu Bildschirm und hielt mit ihm Schritt, als er immer schneller davoneilte.

Scrooge schritt forsch voran, um endlich nach Hause in die vertraute Wärme und Behaglichkeit seiner Wohnung zu kommen. Wenig später bog er um die Ecke in die kleine Straße, die zu seinem Haus führte. Die Straße war schmal, aber bis zum Ende gut beleuchtet durch eine Reihe von Lampen. Als er an der ersten vorüberging, erlosch sie plötzlich, und er mußte durch eine dunkle Zone gehen, während der vor ihm liegende Weg noch hell erleuchtet war. Entschlossen ging er weiter und entwarf gerade einen Beschwerdebrief an die örtliche Verwaltung, als er unter der nächsten Lampe hindurchging. Sie ging ebenfalls auf der Stelle aus, und er bemerkte, daß gleichzeitig auch eine Lampe am anderen Ende der Straße dunkel geworden war. Scrooge eilte weiter, nun etwas verunsichert, und jede Lampe, unter der er hindurchging, erlosch, genauso wie ihr Gegenstück am anderen Ende der Straße. Während er weiterging, blieb er in einem Lichtkegel gefangen, der immer enger wurde, und dessen Zentrum seine eigene Haustür war.

Scrooge erreichte die Tür in dem Moment, als die letzten Lichter verloschen, und stand in einer Dunkelheit, wie er sie lange nicht mehr erlebt hatte. Es gelang ihm, den Schlüssel ins Schloß zu stecken, und bevor er die Tür öffnete, schaute er zufällig nach oben. Er sah den Nachthimmel über sich, der nicht mehr von künstlichem Licht überstrahlt sondern tief und klar war wie die Ewigkeit. Das größte Wunder an diesem Abend war vielleicht, daß der Himmel über London überhaupt so aufklaren konnte. Der Himmel, in den er blickte, war so ungetrübt wie der Himmel über der Wüste von Arizona oder über den Bergen von Hawaii. Er war übersät mit deutlich sichtbaren, funkelnden Sternen. Einige glänzten, viele waren matt, doch alle drängten sich in unermeßlicher Zahl in sein Blickfeld. Noch schwächer sah er die trüben, nebligen Flecken ferner Galaxien (es war wirklich eine klare Nacht), und als er so schaute, schoß der leuchtende Schweif einer Sternschnuppe durch sein Blickfeld. Eine Zeitlang war er ganz ergriffen von diesem Anblick und fragte sich kurz, was wohl der Sinn dieses wunderbaren himmlischen Anblicks sei.

Doch er kam schnell wieder zur Besinnung. Er schüttelte seine Gedanken zurecht und wiederholte für sich: Es genügt, wenn sich ein Mann auf seine eigenen Angelegenheiten versteht – obwohl er mehr denn je fühlte, daß er von den seinen dringend einen Urlaub benötigte. «Unsinn!» sagte sich Scrooge und trat durch die Eingangstür.

Seine Wohnung war freundlich und einladend, in angenehmen Farben und teuer eingerichtet. Von einer inneren Unruhe getrieben, ging er durch die verschiedenen Räume, um nachzusehen, ob alles in Ordnung war. Unter dem Tisch war niemand, auch nicht unter dem Sofa. Er ging ins Wohnzimmer zurück, schenkte sich einen Drink aus seiner gutsortierten Hausbar ein und lauschte einer beruhigenden Musik aus seiner Hi-Fi-Anlage.

Während Scrooge gemütlich in seinem tiefen Lehnstuhl saß und anfing sich zu entspannen, spielte er mit seinem Heimcomputer herum. Sofort ertönte ein Piepton, und auf dem Bildschirm erschien eine Botschaft aus dem Kalendarium:

> Heute abend, zu Hause:
> Verabredung mit
> Kevin Marley

Verblüfft starrte Scrooge auf den Schirm. Eine solche Eintragung hatte er nie vorgenommen! Er empfand eine merkwürdige, unerklärliche Furcht, als er hörte, wie das Telefon klingelte, der Anrufbeantworter ansprang und laut die Nachricht wiedergab, die er gerade empfing. Er erkannte, ohne daß ein Zweifel möglich gewesen wäre, die altvertraute Stimme seines ehemaligen Partners, Kevin Marley. Sie machte die beunruhigende Ankündigung: «Hallo, Scrooge, ich bin gleich bei dir.»

Darauf ertönte ein Rasseln von ganz tief unten, als ob jemand eine schwere Kette über die Rohre der Zentralheizung im Keller schleifen würde. Die schwere Kellertür sprang krachend auf, und nun hörte er das Geräusch viel lauter auf den Fluren im unteren Stockwerk. Dann kam es die Treppen hinauf. Schließlich war es direkt vor seiner Tür.

«Das ist doch Unsinn!» sagte Scrooge. «Solche Dinge haben keinen Platz in der Wirklichkeit.»

Das Rasseln drang unaufhaltsam durch die schwere Wohnungstür bis in sein Zimmer. Scrooge traute seinen Augen nicht, Kevin Marley erschien vor ihm – als Geist. Marley hatte seine italienischen Schuhe an und trug seinen wildledernen Sportmantel, aber dabei war er vollkommen durchsichtig. Scrooge hatte seinen Partner immer als einen besonders arglistigen Menschen gekannt, doch nun konnte selbst der gutgläubigste Kunde ihn durchschauen.

Die Kette, die er hinter sich herschleifte, war um seine Körpermitte verhakt. Sie schlang sich wie ein Schwanz um ihn herum und bestand – Scrooge betrachtete sie genau – aus Mobiltelefonen, Terminkalendern und Kontobüchern. Dazwischen waren großzügig Kreditkarten eingestreut, alles 'Gold Cards' natürlich, und bei genauerem Hinsehen schienen sie tatsächlich aus reinem Gold gemacht und ungewöhnlich schwer.

Gründlich betrachtete Scrooge die Erscheinung, die vor ihm stand, aber selbst jetzt konnte er nicht glauben, was er sah. Für ihn war das Phänomen eher der überzeugende Beweis für einen Zustand von Überarbeitung und Halluzination. «Was ist?» fragte Scrooge ruhig. «Was willst du von mir? Wer oder was auch immer du bist.»

«Im Leben war ich dein Partner, Kevin Marley. Aber du glaubst mir nicht. Du glaubst überhaupt nicht viel, nicht wahr, Scrooge?»

«Nein», erwiderte Scrooge. «Ich glaube nur an meine Angelegenheiten, und sonst an nichts. Es genügt, wenn sich ein Mann auf seine eigenen Angelegenheiten versteht und seinen Vorteil im Auge hat, sage ich immer. Also kümmere ich mich nur um meinen Kram, ich muß in der wirklichen Welt leben.»

«Als ich noch lebte, war ich genauso blind wie du», antwortete das Phantom. «Ich arbeitete ununterbrochen für meinen eigenen Vorteil, wie ich ihn verstand, und hatte keine Zeit, die Welt, die Schöpfung und das Leben zu verstehen. Frage mich nicht, was ich jetzt bin, mein lieber Scrooge! Du würdest es unmöglich begreifen, du verstehst ja nicht einmal die Welt richtig, in der du lebst. Deine Welt, die wirkliche Welt, die Welt, in der Herr Scrooge und die ganze Menschheit leben, was weißt du denn wirklich darüber? Wie kannst du es ertragen, ein Leben lang auf diesem herumwirbelnden Globus zu leben, der durch den unermeßlichen Raum rast, und dabei nicht zu versuchen, von diesem Universum soviel wie möglich zu verstehen.»

Die kalte, hohle Stimme des Gespensts war wärmer und lebhafter geworden, es sprach mit großer Leidenschaft. Dann beruhigte es sich etwas und sprach weiter.

«Ich bin gekommen, weil ich in dir etwas Verständnis für die Zusammenhänge unserer Welt wecken will. Ich will dir etwas von dem Wunderbaren und Herrlichen der wirklichen Welt zeigen – dieser Welt, in der du lebst, zusammen mit allem Lebendigen. Ich bin gekommen, weil ich mit dir das Wissen von der physikalischen Welt um dich herum teilen möchte. Du wirst vieles hören, das dich überraschen wird, glaube ich. Dennoch wird man dir nichts erzählen, was du nicht in Büchern hättest finden können, wenn du nur gewollt hättest. Es wird keine besonderen Enthüllungen geben. Alles, was du hören wirst, ist deiner Wissenschaft schon bekannt, jener Wissenschaft, die du heute so leichtfertig abgetan hast.

Dreimal wirst du heute Nacht Besuch bekommen», fuhr er fort. «Von Geistern, die dir etwas von der Welt zeigen werden und davon, wie sie wirklich ist.»

«Ich glaube, das möchte ich lieber nicht, wenn du nichts dagegen hast», antwortete Scrooge. «Immer wenn ich eine unruhige Nacht hatte, bin ich anderntags nicht in Form. Ich mache dir einen Vorschlag: Wie wäre es, wenn ich statt dessen eine wissenschaftliche Zeitschrift abonnieren würde? Ich habe wirklich weder Zeit noch Energie für solche Dinge.»

«Der erste Geist kommt morgen zu dir, wenn es ein Uhr schlägt», fuhr sein Besucher fort, der Scrooges Bemerkungen überhaupt keine Beachtung schenkte. «Die anderen werden zu gegebener Zeit folgen. Sie werden dich mit Energie und Zeit bekannt machen und mit der Realität der physikalischen Welt.»

Scrooges Blick war starr vor Entsetzen. Die Erscheinung entfernte sich rückwärts und bewegte sich wieder auf die geschlossene Tür zu, durch die sie gekommen war.

«Warte!» schrie Scrooge. Er war nicht gerade versessen darauf, die Begegnung mit dem unheimlichen und ungebetenen Gast fortzusetzen, aber er wollte mehr darüber erfahren, was nun kommen sollte. «Warte! Kannst du mir nicht sagen, wer oder was mich da besuchen wird, wie du angekündigt hast?»

Das Phantom hielt kurz vor der Tür inne. «Als erstes werden dich die Herrin der Welt und ihr Schatten besuchen. Sie werden dir die Wissenschaft früherer Zeiten erklären und Vorstellungen, die im vorigen Jahrhundert entwickelt wurden. Hör gut zu!»

Das Gespenst verblaßte und verschwand ohne weiteres durch die Tür, durch die es gekommen war. Der Raum war wieder wie gewöhnlich. Er war gemütlich und hübsch eingerichtet, so wie immer, wenn Scrooge nach Hause kam, um sich auszuruhen. «Unsinn!» sagte er, aber er sagte es ruhig. Das Erlebnis hatte ihn gehörig aufgewühlt, und er war überzeugt, daß er in dieser Nacht wenig Schlaf bekommen würde, auch ohne übernatürliche Besucher. Er war deshalb ziemlich überrascht, als er merkte, wie schläfrig er sich tatsächlich fühlte, während er sich entkleidete und zu Bett ging. Schließlich begann er darauf zu warten, was geschehen würde.

Der erste Besuch

Darin wird Scrooge von den Geistern der klassischen Wissenschaft aufgesucht, den Geistern der Energie und Entropie. Diese Schattenwesen hätten sich in der Zeit von Scrooges berühmten Ahnen, im Reich von Königin Viktoria, zu Hause gefühlt. Sie berichten ihm von der Wissenschaft jener Zeit.

Er erfährt, weshalb Energie die maßgebende Währung in der physikalischen Welt ist. Er hört, daß die Gesamtsumme der Energie im Universum sich nicht verändert, so daß die Energie erhalten bleibt, daß es aber zu großen Schwankungen kommt, da Energie sich von einer Form in eine andere verwandeln kann. Die Umwandlung von potentieller Gravitationsenergie in kinetische Energie und schließlich in Hitze wird durch einen fallenden Gegenstand veranschaulicht. Die Gesamtmenge der Energie, ob in der einen oder anderen Form, bleibt auf allen Stufen dieses Vorgangs gleich.

Obwohl die Gesamtmenge der Energie konstant ist, so wird Scrooge demonstriert, gilt das nicht für die Menge der Energie, die für nützliche Arbeit zur Verfügung steht. Bei jedem Vorgang nimmt die Menge an nutzbarer Energie ab, und die Entropie wächst. Mehr und mehr Energie wird in Wärme umgewandelt, das heißt in die unsichtbare und ungerichtete Bewegung von Atomen, bis letzten Endes nur noch diese Energie im Universum existiert und der Hitzetod eintritt.

Kapitel 1
Die Herrin der Welt

Scrooge hätte schwören können, daß er in dieser Nacht keinen Schlaf finden würde. Dennoch schreckte er plötzlich aus einem wenig erquikkenden Nickerchen hoch. Was hatte ihn aufgeweckt? Er schaute sich im Schlafzimmer um, ob er etwas Ungewöhnliches entdecken konnte.

Er war auf alles gefaßt, nur nicht darauf, daß nichts da war. Als weder ein Schatten noch eine Gestalt erschien, wurde er von einem heftigen Zittern ergriffen, aber alles blieb ruhig. Er lag wach. Fünf Minuten, zehn Minuten, eine Viertelstunde verstrichen, doch nichts geschah. «Unsinn!» flüsterte er, als er sich und sein Bett plötzlich vom Schein eines klaren Lichtkegels eingehüllt fand. Da war nur Licht, aber das ängstigte ihn mehr als ein Dutzend Geister, denn er war unfähig herauszufinden, was es zu bedeuten hatte. Schließlich vermutete er die Quelle dieses geisterhaften Lichts im Nebenzimmer. Von dort schien der Schimmer tatsächlich zu kommen. Mit dieser festen Überzeugung im Kopf schlüpfte er in seinen seidenen Morgenmantel, der neben dem Bett lag, und schlurfte in seinen Pantoffeln zur Tür.

In dem Augenblick, in dem er seine Hand auf die Klinke legte, sprach ihn eine fremde Stimme mit seinem Namen an und forderte ihn mit großer Autorität auf einzutreten. Scrooge gehorchte.

Auf dem großen Lehnstuhl mitten in seinem Zimmer saß ein riesiges Wesen in großem Pomp, prachtvoll anzuschauen wie eine Statue. Er hatte die Gestalt einer reifen Frau von höchst beeindrukkendem Aussehen und war übermenschlich groß. Es war prächtig gekleidet und strahlte eine gebieterische Würde aus. Das majestätische Aussehen und die übermenschliche Größe ließen an eine Statue von Königin Viktoria denken. Scrooge fühlte sich stark an eine seiner schwierigsten Kundinnen erinnert. Die Erscheinung trug einen juwelenbesetzten Stirnreif auf dem Kopf, der schimmerte und blendete und im Licht des hellen, klaren Strahls einer kalten Flamme glänzte, die aus ihrem Scheitel emporloderte und alles um sie herum sichtbar machte. Die vielen Facetten der Edelsteine in ihrem Stirnreif brachen das Licht und ließen es in allen Regenbogenfarben schillern. Auf den Wänden von Scrooges Wohnzimmer bildeten sich bewegliche, ständig wechselnde Muster von seltsamen Schatten und hellen Lichtpunkten.

«Komm her», sagte sie und wendete Scrooge ihren Kopf zu. Diese Worte zogen ihn vollends in den Raum, ohne daß er einen bewußten Entschluß gefaßt hätte.

«Wer und was seid Ihr», wollte er wissen. Sein Auftreten ließ vielleicht etwas zu wünschen übrig, aber er war durch sein plötzliches Erwachen immer noch ein wenig durcheinander und nicht ganz bei sich. Außerdem hatte ihn die Entdeckung, daß dieses ehrfurchtgebietende Wesen in seine vier Wände eingedrungen war, nicht wenig verstimmt.

«Ich bin die Herrin der Welt», war ihre selbstbewußte Antwort. «Ich bin Energie. Das ist der wahre Kern und die Essenz von allem, was geschieht und jemals geschehen wird auf dem Planeten, auf dem du lebst – und natürlich auch auf jedem anderen Planeten. Komm zu mir und erfahre alles über Energie von mir. Dann wirst du gut verstehen, wie die Welt funktioniert.»

«In der Tat!» anwortete Scrooge, der schon immer der Meinung war, daß man gegenüber solchen Leuten einen festen Standpunkt einnehmen sollte. «Ich weiß, wie wichtig Energie ist, und ich bin mir bewußt, daß es sich lohnt, in die Energiewirtschaft zu investieren, aber weshalb sollte sie so wichtig sein, wie Ihr sagt?»

«Wovon hängt denn alles ab, was in der Welt geschieht?» gab sie zurück. «Wovon hängt ab, was getan wird und was nicht, was möglich ist und was unmöglich?»

«Das ist leicht», antwortete Scrooge selbstgewiß, «vom Geld natürlich. Geld entscheidet darüber, was getan wird und was nicht. Wenn man genug Geld hat, kann man alles tun, hat man nichts, dann ist man nichts. So sind die Dinge nun mal in der Welt.»

«Aber durchaus nicht!» rief die selbsternannte Herrin der Welt mit großem Nachdruck. Sie erhob sich von ihrem Stuhl und zeigte, daß sie einen ganzen Kopf größer war als Scrooge. Ihre flammende Aura loderte auf und blendete Scrooges Augen. «Durchaus nicht! Läßt dein Geld etwa das Meerwasser zum Himmel aufsteigen und Wolken bilden und als Regen auf die Erde fallen? Läßt es Lawinen von den Berghängen hinunterstürzen, oder beherrscht es die Gezeiten, die an die Meeresufer branden? Hält es deine Erde auf ihrer Bahn um die Sonne oder bringt es die lebensspendende Kraft von dieser Sonne zu allen Lebewesen auf der Erde? Ich glaube nicht!

Deine Welt existiert schon seit langer Zeit, kleiner Mensch, und da ist vieles geschehen, lange bevor es dein Geld gab, oh ja. Und sie wird existieren, wenn es dein Geld längst nicht mehr gibt. Geld ist vielleicht wichtig für euch Menschen. Aber aus Liebe dazu bringt ihr immer wieder Zerstörung über die anderen Lebewesen, die die Welt mit euch teilen. Für die Erde existiert Geld erst seit einem winzigen Augenblick – ich spreche von der realen Erde, auf deren Oberfläche du lebst.

Komm einmal zu mir», sagte sie nun etwas freundlicher. «Was weißt du über Energie? Kennst du ihre Natur?»

«Gewiß», sagte Scrooge, der entschlossen war, sich von dieser dominierenden Frau nicht einschüchtern zu lassen. «Energie ist, was wir brauchen, um unsere Wohnungen zu heizen oder um Auto zu fahren. Sie ist etwas, das wir aus der Erde holen oder vielleicht direkt von der Sonne. Wenn sie verbraucht ist, müssen wir nach weiteren Quellen suchen, um unsere Gesellschaft zu versorgen.»

«Was du sagst, ist teilweise richtig. Teilweise richtig, aber auch teilweise falsch. Als ich sagte, daß nichts auf der Erde geschieht, was nicht mit Energie und dem Austausch von Energie zu tun hat oder davon abhängt, sagte ich die reinste Wahrheit. Höre mir gut zu, Mensch, wenn ich zu dir von Energie und der Welt spreche.

Energie ist die innere Natur der Bewegung. Sie ist das beständige Element im unendlichen Tanz der Atome. Sie ist in allem, was sich bewegt oder der Veränderung unterliegt. In dieser wechselhaften Welt bleibt nur sie unveränderlich, so sehr sie ihre äußere Form ändern mag.

Betrachte nun das Phänomen der Bewegung», fuhr sie fort. Dabei drehte sie sich halb um und stand jetzt der nackten Wand gegenüber. «Sieh, was alles mit Bewegung zusammenhängt», sprach sie weiter, während sie sich leicht nach vorne neigte und auf die Wand starrte. Scrooge folgte ihrem regungslosen Blick und beobachtete das chaotische Spiel von Lichtern und Schatten. Sie verschmolzen allmählich ineinander und nahmen Formen an, die für ihn zuerst nur schemenhaft zu erkennen waren. Doch dann wurde das Bild klar, und auf der Wand erschienen bewegte Szenen von hell gekleideten Schlittschuhläufern, die auf einer Eisfläche hin und her sausten. Die Bilder waren nicht so scharf wie die, die Scrooge auf seinem hochauflösenden Fernsehgerät empfangen konnte, aber dennoch sehr beeindruckend.

«Hier siehst du Bewegung», erklärte die Herrin der Welt überflüssigerweise, wie er fand. «Was ist das Auffälligste daran? Die Geschwindigkeit, das Tempo, mit dem die Läufer über das Eis gleiten», fuhr sie fort, ohne ihm die Möglichkeit zu geben, ihre Frage zu beantworten. «Wenn die Geschwindigkeit die auffälligste Eigenschaft eines bewegten Körpers ist, ist sie deshalb zugleich auch der wichtigste und grundlegende Aspekt der Bewegung? Es sieht vielleicht so aus. Aber wie können wir feststellen, welche Kraft ein bewegter Körper in Wahrheit hat?» Wiederum gab sie selbst die Antwort, bevor Scrooge Zeit hatte, etwas zu entgegnen. «Wir können beobachten, was geschieht, wenn Bewegungen in Beziehung treten, zum Beispiel bei zwei Objekten, die aufeinanderprallen.»

Das Bild auf der Wand hatte bis dahin eine große Zahl von Schlittschuhläufern aus der Entfernung gezeigt. Jetzt zoomte es auf eine Läuferin zu. Sie fuhr langsam und ruhte sich vor einer neuen schnellen Runde etwas aus. Da stürmte ein anderer Läufer in rücksichtslosem Tempo heran und stieß mit der Läuferin zusammen. Sie wurde nach hinten geschleudert, in Bewegungsrichtung des anderen Läufers, der in derselben Richtung weiterfuhr, allerdings langsamer als zuvor. Es war nur gut, daß die Bilder ohne Ton waren – nach dem Ausdruck in den Gesichtern der beiden zu urteilen.

«Wie man sieht, hat der schnellere Körper einen Teil seiner Bewe-

gung auf den langsameren übertragen. Das Mädchen bewegt sich nun eher in Richtung des Jungen als in ihre eigene. Aber kommt es allein auf die Geschwindigkeit an? Sieh wieder hin!»

Wieder holte das Phantom-Bild eine einzelne Gestalt heran, die sich langsamer bewegte als die übrigen Eisläufer. Diesmal war es ein Mann von ungeheurem Körperumfang. Er bewegte sich schwerfällig auf Kufen, die im Vergleich zu seinem riesigen Umfang winzig erschienen. Wieder flitzte eine zweite Gestalt heran. Es war ein schmächtiger Junge, der mit geschmeidiger Eleganz dahinflog. Er schaute gerade über die Schulter nach seiner Freundin, die ihn bewunderte, als er direkt in den anderen Läufer hineinraste. Er prallte in vollem Tempo zurück und ruderte mit den Armen, um wieder ins Gleichgewicht zu kommen. Der andere Läufer zog währenddessen weiter seine Bahn, sein gemächliches Tempo war offensichtlich kaum vermindert.

«Das war ein Zusammenstoß zwischen zwei Objekten mit sehr unterschiedlicher Masse, und die größere Masse war stärker, obwohl ihre Geschwindigkeit geringer war. Die Geschwindigkeit eines Objekts ist also nicht unbedingt wichtiger als seine Masse. Die ausschlaggebende Größe ist in Wirklichkeit das Produkt aus diesen beiden Faktoren, also die Masse multipliziert mit der Geschwindigkeit, und diese Größe heißt Impuls. Der Gesamtimpuls bleibt immer konstant. Aufeinanderstoßende Körper können jeweils unterschiedlich viel von dem Gesamtimpuls aufnehmen, der unter ihnen aufgeteilt wird, das konntest du an dem schnellen Läufer sehen. Er übertrug einen Teil seines Impulses auf das Mädchen, das sich fast in Ruhe befand. Aber die Gesamtsumme des Impulses bleibt immer gleich.

Der Impuls ist etwas Besonderes, weil er eine konstante Größe ist. Die Summe eines Impulses wird nie größer oder kleiner sein als zum gegebenen Zeitpunkt. Diese Stetigkeit zeigt, daß der Impuls eigentlich wichtiger ist als die Geschwindigkeit. Er ist in gewissem Sinne enger verknüpft mit der Struktur des Universums als die Geschwindigkeit, die ganz willkürlich ab- oder zunehmen kann.

Der *Gesamtimpuls* einer Gruppe von Objekten bleibt immer gleich. Aber er kann sich in unterschiedlich großen Anteilen auf die einzelnen Mitglieder der Gruppe übertragen, sobald sie zusammenstoßen und sich wechselseitig beeinflussen. Das Ganze bleibt unverändert, während die einzelnen Objekte zu einem bestimmten Zeitpunkt sehr große Impulse haben und zu einem anderen Zeitpunkt sehr kleine. Diese Schwankung ist möglich, weil der Impuls eine Richtung hat. Daraus folgt, daß sich große Impulse mit entgegengesetzten Richtungen gegenseitig aufheben. Paß auf!»

Das Bild zeigte jetzt ein Mädchen, das in schnellem Tempo nach rechts fuhr. Dann änderte sich die Blickrichtung, und man sah ein ähnliches Mädchen, das genauso zielstrebig nach links sauste. Der Standpunkt des Beobachters verlagerte sich nun nach hinten, so daß beide Läuferinnen im Bild waren. Scrooge sah, daß sie auf Kollisionskurs waren. Sie selbst mußten es ebenfalls bemerkt haben, doch keine wollte der anderen ausweichen.

«Wir sehen zwei Körper, die beide einen ziemlich großen Impuls haben. Aber diese gleich großen Impulse weisen in entgegengesetzte Richtungen», sagte die Geistergestalt. «Der Gesamtimpuls von beiden besteht aus einem Plus und einem Minus, die Summe ist deshalb null. Beide zusammen, als Paar betrachtet, haben also überhaupt keinen Impuls.»

Das Bild zeigte nun die beiden Mädchen in Nahaufnahme, wie sie einander entgegenjagten. Jede blieb stur auf ihrer Bahn, bis es zu spät war und sie frontal zusammenstießen. Sie prallten voneinander ab und standen sich jetzt Auge in Auge gegenüber. Beide waren auf dem Eis zum Stillstand gekommen, auch wenn ihre Mundwerke sehr aktiv waren, wie man zugeben muß.

«Es ist deutlich, daß beide Läuferinnen zur Ruhe gekommen sind. Keine von ihnen hat einen Impuls. Dennoch ist die Gesamtsumme erhalten geblieben, denn sie war bereits vorher null.»

Der Impuls

Der Impuls ist eine der dynamischen Größen, die sich für die Beschreibung der Bewegung von Objekten als nützlich erwiesen hat. Bei niedrigen (nicht-relativistischen) Geschwindigkeiten ist der Impuls **p** definiert als das Produkt der Masse m des Objekts und seiner Geschwindigkeit **v**,

$$\mathbf{p} = m\mathbf{v}.$$

Das bedeutet, daß der Impuls *sowohl* von der Masse als *auch* von der Geschwindigkeit des Objekts bestimmt wird.

Geschwindigkeit besitzt nicht nur einen Betrag, sondern auch eine Richtung. Eine solche Größe nennt man Vektor. Ein Teilchen, das sich von links nach rechts bewegt, hat absolut (das heißt ohne Beachtung des Vorzeichens plus oder minus) den gleichen Impuls wie ein gleiches Teilchen, das sich mit der gleichen Geschwindigkeit von rechts nach links bewegt.

Der Impuls ist deshalb von Bedeutung, weil der Gesamtimpuls immer konstant ist; er bleibt also erhalten.

Wenn sich Teilchen in entgegengesetzte Richtung bewegen, kann zwar jedes von ihnen einen großen Impuls besitzen, aber der Gesamtimpuls beider kann trotzdem klein oder gleich null sein.

$$mv + (-\,mv) = mv - mv = 0.$$

«Aber der Impuls ändert sich natürlich, sobald eine von beiden wieder Geschwindigkeit aufnimmt», wandte Scrooge ein. Trotz seines anfänglichen Ärgers über den ungebetenen Gast in seinem Haus hatte ihn das Problem nun ziemlich gefangengenommen. «Wenn eine Läuferin davonfährt, muß ihr Impuls zunehmen, weil ihre Masse gleich bleibt und niemand einen Gegenimpuls erzeugt. Die Summe ändert sich also.»

«Aber so ist das keineswegs!» entgegnete die Herrin. «Es ist zwar keine andere Person beteiligt, aber die Läuferin kann keine Geschwindigkeit entwickeln, ohne sich vom Eis abzustoßen. Wenn sie sich nach vorne abstößt, stößt sie das Eis in die entgegengesetzte Richtung. Ihrem vorwärts gerichteten Impuls steht deshalb ein rückwärts gerichteter Impuls gegenüber, den sie an das Eis abgegeben hat.»

«Aber das Eis sitzt doch fest in der Erde!» widersprach Scrooge.

«Natürlich sitzt es fest. Infolgedessen muß sich auch der Impuls der Erde verändern! Wenn du nach Osten rennst, wird sich die Rotationsgeschwindigkeit der Erde verlangsamen, und sie wird schneller, wenn du nach Westen rennst. Die Masse der Erde ist zwar sehr viel größer als deine Masse, deshalb ist die Veränderung der Erdrotation auch nicht wahrnehmbar, aber sie *wird* sich ändern. Der Effekt ist deutlicher, wenn die beiden Massen nicht so unterschiedlich groß sind.»

Die Herrin machte mit ihrem mächtigen Arm eine Geste zur Wand hin, und als Scrooge hinschaute, änderte sich das Bild von neuem. Diesmal hatte es nicht nur einen anderen Inhalt, sondern auch einen anderen Stil. Das Bild war in farbige Flächen aufgeteilt, die durch fette schwarze Linien voneinander abgesetzt waren. Er sah einen blitzblank gebohnerten Boden und darauf ein Skateboard, dessen Vorderräder nahe am Rand einer steilen Treppe standen, die sich in schwindelerregender Tiefe verlor. Auf dem Skateboard saß eine kleine graue Maus mit runden Ohren und großen, flehenden Augen. Scrooge erinnerte sich, daß er dieses oder ein sehr ähnliches Bild kürzlich in einer Kindersendung im Fernsehen gesehen hatte.

Die Maus begann zu strampeln, um von dem schrecklichen Abgrund wegzukommen. Aber das Brett unter ihr rollte in die entgegengesetzte Richtung, so daß seine Vorderräder sich Richtung Treppe bewegten. Die Maus hielt sofort inne, zog die Augenbrauen hoch bis über den Kopf, und ein riesiges Fragezeichen erschien über ihr. Sie hastete wieder zurück, bis das Brett ein wenig vom Rand fortrollte. Nun versuchte sie vorsichtig, sich auf Zehenspitzen in Sicherheit zu bringen, aber das Brett rollte sofort näher an den Abgrund heran. Sobald die Maus das bemerkte, hielt sie wieder inne, an der gleichen Stelle wie zuvor, blickte zu Scrooge hinüber und zuckte hilflos mit den Schultern.

«Man sieht also, der leichtere Körper bewegt sich weiter und schneller als der schwerere, aber beide müssen sich bewegen, solange

sie frei beweglich sind. Ist ein Körper fest mit etwas anderem verbunden, und sei es mit der Erde, dann muß sich auch dieses andere bewegen, weil die Impulssumme immer gleich bleibt. Der Impuls bleibt auf jeden Fall erhalten, wie ich schon sagte.

Wir sehen also: Obwohl die Eigenschaft des Impulses nicht so auffällig ist wie die Geschwindigkeit, ist er in Wahrheit doch wichtiger. Denn der Impuls ist eine *erhaltene Größe*, sie wird von einfachen Regeln bestimmt. Und wenn schon der Impuls von so maßgebender Bedeutung ist, obwohl diese Erhaltungsgröße nicht unmittelbar zu erkennen ist, wie steht es dann erst mit der Energie? Auch die Energie ist eine Erhaltungsgröße. Sie ist eine noch bestimmendere Eigenschaft von Körpern.»

Scrooge hatte vorübergehend schon vergessen, daß er über Energie unterrichtet werden sollte. Offenbar war soeben die Einführung vorüber.

«Alles, was sich bewegt, besitzt Energie», fuhr die Herrin der Welt fort und machte es sich auf ihrem Stuhl bequem. Scrooge war klar, daß die folgende Lektion einige Zeit in Anspruch nehmen würde.

«Jeder bewegte Körper hat eine gewisse Menge Energie, im Gegensatz zu einem Körper, der sich in Ruhe befindet», begann die Herrin die Lektion. «Diese Energie stammt allein aus der Bewegung und wird 'kinetische Energie' genannt. Das ist etwas völlig anderes als die Geschwindigkeit oder gar der Impuls. Sie hängt, wie der Impuls, von der *Masse* eines bewegten Objekts ab, aber nicht von der *Richtung* der Bewegung, im Gegensatz zum Impuls. Wir haben gesehen, daß ein Körper, der sich von links nach rechts bewegt, einen entgegengesetzten Impuls hat wie ein ähnliches Objekt, das sich von rechts nach links bewegt, und daß der Gesamtimpuls null ist, sobald zwei derartige Bewegungen addiert werden.

Bei der Energie ist das anders. Energie hängt nicht von der Richtung der Bewegung ab. Die Energien zweier bewegter Körper heben sich niemals gegenseitig auf, sie können sich nur addieren. Die Energie hängt nämlich von dem Quadrat der Geschwindigkeit ab.» Die Herrin hielt inne und setzte zu einer Erklärung an. «Das heißt, die Geschwindigkeit wird mit sich selbst multipliziert. Dabei wird jedes negative Vorzeichen durch ein anderes negatives aufgehoben, deshalb ist das Resultat positiv. Daraus folgt, daß die Addition der kinetischen Energie zweier beliebiger Körper keine geringere Gesamtsumme ergeben kann. Alles klar?»

«Aber heißt das nicht, daß die fahrenden Eisläufer kinetische Energie hatten?» fragte Scrooge zweifelnd, der in dem eben Gehörten einen offenkundigen Fehler entdeckt zu haben glaubte.

«Gewiß heißt es das.»

«Und sollte die Gesamtsumme ihrer Energie nach Eurer Darstellung nicht konstant sein?» fuhr Scrooge fort, der jedes Mißverständnis ausschließen wollte.

«So sollte es sein, und so ist es auch.»

«Wie ist es dann möglich, daß die beiden Mädchen, die sich vor ihrem Zusammenstoß schnell bewegten und daher diese kinetische Energie haben mußten, von der Ihr spracht, nachher keine mehr hatten, nachdem sie zum Stillstand gekommen waren? Bedeutet das nicht, daß diese Energie nicht erhalten blieb, sondern in Wirklichkeit vergänglich ist und leicht verlorengeht, da sie zunächst vorhanden, dann aber verschwunden war?»

«Nein, sie geht nicht verloren. Zugegeben: Die Menge der *kinetischen* Energie hatte sich in dem Augenblick verändert, aber kinetische Energie ist nicht die einzige Form von Energie. Die universale Bedeutung von Energie ergibt sich aus der Tatsache, daß sie so viele Formen hat. Paß gut auf.»

Zwei Tennisbälle, die auf einem Tisch lagen, sprangen auf ein Zeichen der Herrin in die Luft, sausten im Raum herum und prallten dabei von den Wänden und Möbeln zurück. Sie rasten aufeinander zu und stießen vor Scrooges Augen zusammen. Als sie aufeinanderprallten, sah er, daß sie für einen Augenblick zur Ruhe kamen. Sie verloren ihre kugelförmige Gestalt und sahen flach wie Pfannkuchen aus. Gleich darauf schnellten sie jedoch in ihre ursprüngliche Form zurück und schossen davon, genauso schnell wie zuvor.

«Die kinetische Energie der Tennisbälle hat sich für einen kurzen Moment in eine andere Energieform verwandelt, wie wir eben sahen. Diese Energieform speicherte die Arbeit, die sie leisten mußten, um diese entstellte Form anzunehmen. Freigesetzt wurde sie, als die Bälle wieder ihre ursprüngliche Form annahmen, und als die Bälle wieder auseinanderflogen, erschien sie von neuem als kinetische Energie.

Energie ist eng mit Arbeit verbunden. Sie ist sogar als Fähigkeit zur Arbeit definiert.» Scrooge wurde wieder munter, als er das hörte. Er war ein großer Befürworter der Arbeit, der harten, unermüdlichen Arbeit. Der Gedanke, daß Arbeit für die Natur des Universums von fundamentaler Bedeutung war, übte eine mächtige Anziehungskraft auf ihn aus.

«Dabei geht es natürlich um Arbeit im physikalischen Sinne», erläuterte das Geistwesen. «Sie ist definiert als Bewegung, die gegen den Widerstand einer Gegenkraft gerichtet ist. Ein Mann, der gegen den Widerstand der Erdanziehungskraft Erde aus einem Loch in der Straße schaufelt, leistet in diesem Sinne Arbeit. Aber du sitzt den ganzen Tag am Schreibtisch. Du arbeitest nicht, fürchte ich!»

Scrooge war zutiefst gekränkt, als er dies hörte. Aber bevor er sich eine beißende Antwort zurechtgelegt hatte, war die Gestalt in ihren Erklärungen ungerührt weitergegangen. «Die Begriffe Arbeit und Kraft waren sehr wichtig auf dem Weg der Menschen, die physikalische Dynamik zu verstehen und zu begreifen, wie sich die Dinge im Raum bewegen. Wenn du keinen Widerstand leistest, kann dich jede Kraft hinschleudern, wohin sie will. Sie kann dir auch Widerstand leisten und dich daran hindern, das Ziel zu erreichen, das du anstrebst. Wenn du diesen Kräften widerstehen willst, mußt du im physikalischen Sinne Arbeit leisten, und das kannst du nur, wenn du Energie besitzt. Energie ist in Wirklichkeit die Währung der physikalischen Welt. Hast du Energie, kannst du vieles unternehmen, du kannst gehen, wohin du willst, trotz entgegengesetzter Kräfte. Hast du keine, bist du äußeren Einflüssen hilflos ausgeliefert.

Kinetische Energie

Die kinetische Energie ist eine weitere dynamische Größe, die sich für die Untersuchung von Bewegungsvorgängen als zweckmäßig erwiesen hat. Die kinetische Energie E eines Objekts mit der Masse m, das sich mit der Geschwindigkeit v bewegt, ist gleich

$$E = 1/2\ mv^2.$$

Wie der Impuls hängt auch diese Größe sowohl von der Masse als auch von der Geschwindigkeit ab. Aber hier überwiegt die Geschwindigkeit, da ihr Wert im Quadrat erscheint. Das bedeutet auch, daß die kinetische Energie, unabhängig von der Bewegungsrichtung, immer positiv ist. Plus oder minus, ins Quadrat erhoben ergeben immer plus. Wird einer Anzahl bewegter Teilchen ein weiteres hinzugefügt, nimmt die gesamte kinetische Energie immer zu.

Energie ist eine Erhaltungsgröße. Die Gesamtenergie jedes Systems bleibt konstant. Diese sehr wichtige Gesetzmäßigkeit wird als *Erster Hauptsatz der Thermodynamik* bezeichnet.

Die *kinetische* Energie bleibt jedoch nicht in jedem Fall konstant. Es gibt noch andere Energieformen, und eine kann sich in die andere umwandeln. Nur die Gesamtenergie all dieser Formen bleibt unverändert.

Nicht alle Energie nimmt die Form von Bewegung an», fuhr die Geistergestalt fort. «Energie kann in vielerlei Form gespeichert sein, als potentielle oder kinetische Energie. Kinetische Energie ist leicht erkennbar, denn ihre Träger rasen wild in der Gegend herum. Potentielle Energie verhält sich dagegen ruhig und steckt im Verborgenen. Aber jede kann in Bewegung zurückverwandelt werden. Potentielle Energie tritt in vielen Formen auf: als chemische Energie in den Nahrungsmitteln, die du zu dir nimmst, und im Benzin, das du in deinem Auto verbrennst, als Spannungsenergie, die in einem verformten Festkörper steckt, wie in den Tennisbällen, deren Zusammenstoß du erlebt hast. Die bekannteste Form ist die Gravitationsenergie. Jeder massive Körper gewinnt an potentieller Energie, sobald er sich von der Erdoberfläche entfernt. Willst du ein schweres Gewicht heben, mußt du Arbeit leisten, und die Energie, die durch diese Arbeit verausgabt wird, fließt in die potentielle Energie des Gewichts. Läßt du das Gewicht los, fällt es herunter. Während es mit wachsender Geschwindigkeit zu Boden stürzt, verwandelt sich die potentielle in kinetische Energie.

Da drüben kannst du den Kreislauf der Umwandlung sehen», fuhr sie fort, während sie sich aus ihrem Sessel erhob und sich ihm näherte. Als sie auf ihn zukam, war Scrooge überwältigt von ihrer großartigen Erscheinung. Sie überragte ihn um einen ganzen Kopf und ließ ihn klein wie ein Kind erscheinen, ein Gefühl, das er gar nicht schätzte. Sie nahm seinen Arm und führte ihn zu einer antiken Standuhr aus Großvaters Zeiten, die sein Innenarchitekt für den Raum ausgesucht hatte. Hinter der Glastür war ein massives Pendel sichtbar, das langsam hin und her schwang.

«Hier wird kinetische Energie in potentielle und wieder zurück in kinetische verwandelt. Dieser Kreislauf wiederholt sich wieder und wieder, während die Uhr die Sekunden des Tages anzeigt. Am unteren Scheitelpunkt seiner Bahn bewegt sich das Pendel schnell und hat kinetische Energie. Während es aufwärts schwingt, wird es langsamer, bis seine kinetische Energie fast verschwunden ist. Aber nun befindet es sich auf höherem Niveau, und seine Energie ist als potentielle Gravitationsenergie gespeichert. Aus dieser momentanen Höhe schwingt es wieder abwärts, wobei sich die potentielle Energie wieder in kinetische Energie verwandelt. Das Pendel schwingt wieder schnell. Jetzt bewegt es sich in die entgegengesetzte Richtung, aber das hat keine Bedeutung, denn die kinetische Energie hängt nicht im geringsten von der Richtung der Bewegung ab. Es schwingt wieder aufwärts und kommt am anderen Ende des Pendelschwungs zur Ruhe. Danach fällt es wieder: auf und ab, auf und ab, während seine Energie in fortlaufendem Wechsel potentielle oder kinetische Form annimmt. Dieser Kreislauf in deiner Uhr dauert jedoch nicht ewig, ja nicht einmal sehr lange, wenn du sie nicht aufziehst. Denn bei jeder Schwingbewegung gibt das Pendel etwas von seiner Energie an die Umgebung ab, dafür sorgen die Reibung und der Luftwiderstand. Aber ein großes Pendel mit großer Energie kann sehr lange weiterschwingen.»

Scrooge war nicht sicher, daß er überzeugt war. Er hatte den Eindruck, als würden immer neue Regeln eingeführt, um jeden Widerspruch wegzuerklären, auf den er gerade aufmerksam machte. «Wie könnt Ihr mit so großer Sicherheit behaupten, daß die Energie erhalten bleibt, wenn sie so oft von einem Zustand in den anderen übergeht?

Die Erhaltung der Energie

Einer der wichtigsten Erfahrungssätze der Physik lautet: Die Gesamtenergie in jedem abgeschlossenen System ändert sich nicht, *sie bleibt vollständig erhalten.*

Das bedeutet jedoch nicht, daß die kinetische Energie immer gleich bleiben muß. Denn alle Energieformen können sich ineinander *umwandeln.* Die kinetische Energie eines hochgeworfenen Balles *verwandelt sich* in potentielle Gravitationsenergie, je mehr er an Höhe gewinnt und dabei langsamer wird. Ein Teil der kinetischen Energie eines Dynamos kann sich in elektrische Energie *verwandeln*, während sich ein weiterer Teil durch Reibung in den Achslagern in thermische Energie *umwandelt*: Das Material erhitzt sich.

Bei all diesen Vorgängen bleibt die Gesamtenergie erhalten. Die Austauschrate ist festgelegt, und die Summe der Energie, die in den verschiedenen Formen erscheint, ist konstant. Am Schluß von Kapitel 10 werden wir sehen, daß jede Form von Energie letzten Endes die Energie von Teilchen ist. Die verschiedenen Formen sind also eigentlich das gleiche.

«Daß sie Äquivalente sind, kannst du leicht daran erkennen, daß von jeder Energieform, in die sie sich abwechselnd verwandeln, immer die gleiche Menge entsteht. Dabei gibt es keine Zufälligkeiten. Dein Pendel hat am tiefsten Punkt seiner Bahn immer die gleiche Geschwindigkeit, und es erreicht an seinen Wendepunkten immer die gleiche Höhe. Die verschiedenen Formen wandeln sich mit strenger Gleichwertigkeit ineinander um, wie bei einem Währungsumtausch, bei dem du keine Wechselgebühren bezahlst, so daß du alles zurückbekommst, was du ursprünglich eingezahlt hast. Von der Energie geht nichts verloren, wie viele Umwandlungen du auch immer vornimmst. Vielleicht geht etwas für dich und deine Zwecke verloren, etwa wenn das Pendel deiner Uhr Energie durch Reibung verliert. Du kannst das mit einer Wechselgebühr vergleichen, aber die Energie bleibt immer irgendwo, sie verschwindet nicht einfach. Die Buchführung ist genau, und die Energie als Währung der Natur unterliegt keiner Inflation.

Komm!» sagte sie im Befehlston, «folge mir, Mensch, und schau dir an, wie das Spiel der Energie in dieser, deiner Stadt aussieht.»

Und damit machte sie Anstalten, das Haus zu verlassen und griff nach einem Hut, der neben ihrem Sessel gelegen hatte. Er sah aus wie ein großer Aschenbecher oder eine Narrenkappe. Sie klemmte ihn unter den einen Arm, mit dem anderen schob sie Scrooge vorwärts. Der Druck war leicht, aber er konnte ihm so wenig widerstehen, wie er den Lauf der Erde hätte aufhalten können. Plötzlich verschwand der Raum um sie, und wie von Zauberhand getragen standen sie im Freien vor einer riesigen Halle mit glatten Wänden, die in den Himmel ragten. Auf der einen Seite erhoben sich merkwürdige graue Türme, aus denen dichte Dampfwolken quollen, die in den grauen Himmel über ihnen stiegen. Auf der anderen Seite erblickte er einen großen, langgezogenen, kohlschwarz aufgeschütteten Hügel. An der Seite standen Reihen von Eisenbahnwaggons.

«Das ist ein Elektrizitätswerk. Ein großer Teil der Energie, die diese Stadt am Leben hält, steht in Form von Elektrizität zur Verfügung. Elektrizität kann durch Kabel unter den Straßen leicht von Haus zu Haus transportiert werden. Sie ist bequem und vielseitig in der Anwendung, aber sie muß zuerst durch Umwandlung anderer Energien erzeugt werden.»

Scrooge folgte der Geistergestalt, die ihn durch das riesige Gebäude führte. Er sah, wie Kohle in große Öfen geschaufelt wurde und dort verbrannte. Dadurch wurde die in ihr gespeicherte chemische Energie in Hitze verwandelt. Er sah, wie die Hitze in großen Kesseln Dampf erzeugte und wie der Dampf durch seinen Druck große Turbinen antrieb, so daß die Hitze in kinetische Energie der rotierenden Wellen verwandelt wurde. Die rotierenden Wellen standen wiederum mit anderen großen Maschinen in Verbindung. Das waren die Generatoren, die durch die Umdrehungen ihrer Polräder elektrische Energie erzeugten, die in die Stadt draußen floß.

Als sie das Gebäude verließen, machte Scrooge eine Bemerkung über die großen grauen Türme und über die Federwolken, die sich über ihnen türmten. Er erfuhr, wie bei jedem Schritt des Prozesses, bei dem die Energie der Kohle mit viel Geduld in elektrische Energie umgewandelt wurde, ein Teil der Energie als Hitze verlorenging. Bei einigen Stufen wurde mehr Hitze frei als bei anderen, aber auf jeder Stufe wurde Hitze erzeugt, was immer man auch dagegen tun mochte. Diese Hitze wurde beseitigt, indem man in den Kesselhäusern Wasser zum Kochen brachte und den Dampf in die Atmosphäre ableitete.

Vom Kraftwerk aus folgten sie den hohen Drähten, die über Hochspannungsmasten die Elektrizität in die Stadt transportierten. Dort folgten sie den Kabeln, die unter den Bürgersteigen verliefen und in Büros, Geschäftsräume oder Wohnungen führten. Sie sahen, wie die Elektrizität zur Energie des Lichts werden konnte, das die Beleuchtung speiste, von der Vielzahl großer Kronleuchter einer Konzerthalle bis zum Schummerlicht neben dem Bett eines Kindes. Sie sahen in die Wohn-Schlafzimmer von Studenten, die bei glühenden Heizstrahlern arbeiteten. Dort verwandelte sich die Energie in Hitze, diesmal mit Absicht.

In den Wohnungen wurde Elektrizität, wie sie sahen, für viele Zwecke benützt. Dem Handwerker brachte sie die kinetische Energie, damit sich seine Bohrmaschine drehte, dem Koch lieferte sie Hitze für seinen Backofen, aber auch den schwächeren Strom in dem Schaltkreis, der den Ofen zur gewünschten Zeit ein- und ausschaltete. Die Elektrizität ließ den Fernseher glimmern, um seinem Besitzer die Langeweile zu vertreiben. Sie erzeugte den Klang aus den Lautsprechern eines Stereo-Gerätes. Sie ließ – nun ich weiß gar nicht genau, was sie die Videospiele der Kinder alles tun ließ. In allen Fällen aber wurde die elektrische Energie in viele Formen umgewandelt: In Hitze, Licht, Klang oder in Bewegung – doch immer entstand etwas Hitze.

Nicht alle Energie, die genutzt wurde, war Elektrizität. In vielen Wohnungen wurde Öl verbrannt, um zu heizen, auch wenn dieser Vorgang elektrisch gesteuert wurde. Die Menschen auf den Straßen fuhren in Autos und Lastwagen, die die kinetische Energie für ihre Bewegung aus der Verbrennung von Benzin bezogen. In dem ganzen Leben, das ihn umgab, selbst in der Bewegung der menschlichen Körper, die aus der Energie der Nahrungsmittel gewonnen wurde, erblickte Scrooge einen facettenreichen Tanz der Energie, die sich von einer Form in die andere verwandelte.

Auf einmal, ohne ein Wort der Warnung durch das Geistwesen,

erhoben sie sich in die Lüfte und sausten über die Stadt mit ihrer ganzen Betriebsamkeit in den Straßen und Häusern hinweg – auf und davon.

So flogen sie zusammen dahin, immer weiter, bis sie die hektische Stadt weit hinter sich gelassen hatten. Schließlich landeten sie in einem offenen Landstrich, der sich unter einem düsteren Himmel vor ihnen erstreckte, öde, flach und bar jeder auffälligen Besonderheit. Verkümmerte Bäume und Gestrüpp füllten ein flaches Tal, das von niedrigen Hügeln umgeben war. Auf einem davon standen sie.

«Nun weißt du, wie sich Energie durch die verschiedenen Aktivitäten deiner Stadt bewegt», sagte die Herrin. «Gleich wirst du die zerstörerische Energie erleben, die die Natur freisetzen kann.»

Während sie sprach, griff sie wieder nach Scrooge. Diesmal nahm sie jedoch nicht seinen Arm, sondern nahm auf unerklärliche Weise Besitz von seinem Bewußtsein, und er fühlte sich in den Himmel geschleudert, obwohl sein Körper neben ihr auf dem Hügel stehenblieb. Er flog aufwärts, bis er die grauen Wolken passiert hatte und das Sonnenlicht sah, das den flaumigen Teppich ihrer Oberseite beschien. Höher und höher stieg er und ließ die Wolken tief unter sich, bis er schließlich die Krümmung der Erdoberfläche bemerkte. Doch die Reise ging noch weiter aufwärts. Er schwebte höher und höher, bis die Erde unter ihm schließlich nur noch eine Kugel war. Die vertrauten Kontinente auf ihrer Oberfläche waren durch eine leuchtende Decke von Wolkenwirbeln nur noch undeutlich zu erkennen.

Und noch immer ging die Reise weiter, und Scrooge entschwand in der kalten Dunkelheit des Weltraums, während die Erde winzigklein zusammenschrumpfte. Einen Moment lang schwebte er an der halb erleuchteten Kugel des Mondes vorbei, der seiner Umlaufbahn um die Erde folgte. Er ließ ihn ebenfalls zurück und befand sich schließlich allein in der dunklen Leere des Raums. Scrooge kam sich einsam und verloren vor. Bewegte er sich immer noch von der Erde fort? Das war unmöglich herauszufinden, es gab keinen Bezugspunkt, nicht einmal einen Anhaltspunkt für den Ablauf der Zeit.

Da bemerkte er, daß er nicht ganz allein war in der Leere. Er sah einen Felsbrocken neben sich. Nichts weiter. Ein kaltes, stummes Stück Fels, das von der fernen Sonne beleuchtet wurde und sanft durch die Weiten des Raums trieb. Ob es klein und ganz nah war oder sehr groß und sehr weit entfernt, konnte er nicht beurteilen, aber es war kaum etwas vorstellbar, das weniger Anzeichen irgendeiner Energie oder Aktivität zeigte.

Eine Zeitlang, er wußte nicht wie lange, schien er neben diesem öden, leblosen Stein dahinzutreiben und fühlte keinerlei Bewegung, selbst seine eigene Existenz fühlte er kaum. Nachdem eine gewisse Zeit vergangen war, es mochten Stunden oder Jahrhunderte gewesen sein,

sah er etwas in der Dunkelheit vor sich auftauchen. Es wurde immer
größer, bis er den glänzenden Erdball erkannte, den er verlassen hatte.
Er wuchs und wuchs, bis Scrooge nichts mehr außer der Erdoberfläche
sehen konnte. Die Verteilung von Land und Meer war unter den
dicken, weißen Wolkenwirbeln genau zu erkennen.

Während er in die Tiefe stürzte, schaute er zu seinem öden, treuen
Begleiter hinüber und glaubte einen schwachen, flackernden Schweif
zu erkennen, der sich hinter ihm bildete. Etwas später war es ganz
deutlich. Der Felsen zog eine Fahne von Gas und Dampf hinter sich
her, als er die ersten dünnen Ausläufer der Erdatmosphäre berührte.
Dieser wirbelnde Schweif wurde um so stärker, je schneller das Mon-
strum auf die Erde hinabstürzte, von der es angezogen wurde. Der
vordere Teil des Felsens begann dunkel zu glühen wie ein Stück
glimmende Kohle.

Das Glühen wurde heller und heller, und der Schweif aus brennen-
dem Gas, den er hinter sich herzog, wurde immer dichter, je stärker er
unter den Einfluß der Erdanziehung geriet. Bald war er ein blendender
Gasball, dessen Zentrum von Flammen umgeben war. Selbst das feste
Gestein verwandelte sich unter der starken Hitze in Gas. Wäre Scrooge
leibhaftig anwesend gewesen, er wäre sofort erblindet, obwohl ihn das
nicht mehr sehr behindert hätte, wie man sich vorstellen kann, denn
kurz darauf wäre nur noch ein kleines Dampfwölkchen von ihm übriggeblieben.

Aber so stürzte er körperlos und unverwundbar auf die Erde zu in der seltsamen Begleitung dieses feurigen Meteors, denn um einen solchen handelte es sich, wie er erkannte. Die Gravitationsenergie, die frei wurde, als der im Weltraum umhertreibende Felsen schließlich auf die Erde stürzte, verwandelte sich in die kinetische Energie seines dramatischen Sturzfluges. Währenddessen versuchte die Erdatmosphäre, diesen Einbruch in ihr Reich aufzuhalten. Und um den rasenden Fall zu bremsen, entnahm sie Energie aus der Bewegung, aus der sich diese Backofenhitze entwickelte.

Wäre der Felsen um einiges kleiner gewesen, er hätte diese Reise nicht überlebt. Der feurige Flug durch die Luft hätte ihn bald seine ganze Masse gekostet, und er wäre in den höheren Schichten der Atmosphäre verbrannt. Dieser Meteor war jedoch kein kleiner Kieselstein. Er war ein beträchtlicher Brocken, dessen Masse ausreichte, um den Sturz zur Erdoberfläche zu überstehen. Dort schlug er, umgeben von einem Mantel aus flammendem Plasma, schließlich auf, wie seine Bahn es bestimmte.

Kurz vor dem Aufschlag heizten die unglaublich heißen Gase des Mantels die umgebenden Luftschichten urplötzlich auf. Diese dehnten sich schlagartig um ein Vielfaches aus und brachen wie ein Feuersturm über das umliegende Land herein. Der glühende Orkan riß die verkrüppelten Bäume aus und schleuderte sie zu Boden, wo sie sich in flammende Fackeln verwandelten.

Die immer dichtere Erdatmosphäre hatte dem Sturz des Meteors auf seinem Weg hartnäckig Widerstand geleistet. Dieser Widerstand hatte einen großen Teil seiner kinetischen Energie in Hitze umgewandelt. Sie ließ sogar den Felsen verdampfen, der dadurch immer kleiner wurde. Aber Luft ist eben nur Luft. Auf wirklichen Widerstand stieß der herabstürzende Meteor erst, als er auf der Erde aufschlug. Die ungeheure kinetische Energie war auf einer kurzen Strecke in Hitze umgewandelt worden, und die gesamte Gesteinsmasse ging in glühenden Dampf auf, vermischt mit einem gewaltigen Batzen Erde.

Aber nicht die ganze Energie verwandelte sich in Hitze. Ein Teil preßte den umgebenden Felsboden zusammen, der sogleich heftig in seine ursprüngliche Form zurückschnellte und dabei wellenförmige Bewegungen auslöste, wie ein Stein in einem Teich. Diese Wellen pflanzten sich im festen Untergrund fort und erschütterten alles, was sich auf der Erdoberfläche befand. Von der Region, in der der Meteor niedergegangen war, wurden riesige Mengen Staub und Dampf in die Luft geschleudert, die die Sonne verfinsterten.

Da fand Scrooge sich plötzlich in seinem Körper wieder. Vielleicht hatte er befürchtet, daß die Gewalt, die ihn umgab, ihn auf der Stelle vernichten würde. Aber das Geistwesen schien einen Schutzschild

ausgebreitet zu haben, der ihn vor körperlichen Verletzungen bewahrte
Gleichzeitig flammte ein riesiger Lichtschein zu Häupten der Herrin
auf und beleuchtete die Umgebung, denn das Land war infolge der
dichten Staubschicht in Dunkelheit gehüllt. Sie wandte sich noch
einmal an Scrooge.

«Jetzt weißt du, wie die potentielle Gravitationsenergie, die ein
simpler Stein bei seinem Sturz auf die Erde freisetzt, sich in andere
Energieformen umwandeln kann. Zuerst wird sie zu kinetischer Energie, und zwar um so mehr, je schneller der Stein fällt. Aber da er sich
gegen den Widerstand der Luft bewegt, wird viel von seiner Energie in
andere Formen umgewandelt. Ein großer Teil wird zu Hitze, ein
anderer Teil zu chemischer Energie, die die Bindungskräfte zwischen
den Atomen im Innern des Steins zerbricht. Ein weiterer Teil drückt
den Erdboden zusammen, und noch ein anderer Teil wird wieder zu
kinetischer Energie. Sie verdrängt große Mengen Luft und Erde, die
als brausende Stürme und gewaltige Staubwirbel über das Land hin-
wegfegen.»

So standen sie eine Weile da und beobachteten die feurigen Stürme.
Sie allein blieben unversehrt inmitten dieser Naturkatastrophe. Allmählich flauten die verheerenden Stürme ab, die lodernden Bäume
brannten herunter, und die bebende Erde beruhigte sich wieder. Als
einige Zeit vergangen war, kühlte sich die Asche ab, und das glühende
Loch im Krater des Meteors erkaltete zu leblosem Gestein. Die Landschaft war wieder öde und langweilig wie zuvor. Nichts erinnerte an
die chaotischen Ereignisse, die soeben über das Land hereingebrochen
waren, außer dem kalten Kraterloch und den bizarren Gerippen der
toten Bäume unter dem dunklen, wolkenverhangenen Himmel.

«Wie kommt es, daß alles wieder ruhig ist wie zuvor? Wo ist die
ganze Energie geblieben?» fragte Scrooge. «Wo sind die Stürme, wo ist
die Gluthitze, wo die bebende Erde? Alles ist verschwunden! Jede
einzelne Form von Energie, die Ihr genannt habt, ist vergangen. Trotz
allem, was Ihr über ihre Erhaltung gesagt habt, ist die Energie einfach
dahin! Ich werde mich nicht noch einmal täuschen lassen», schrie er in
plötzlichem Zorn. Er nahm die Kopfbedeckung der Herrin, die so
handlich geformt war wie ein Aschenbecher, hob sie eine Armlänge
über ihren Kopf und stülpte sie über ihren Strahlenkranz.

Die Geister-Herrin sank darunter zusammen und schien zu
schrumpfen. Der Aschenbecher bedeckte ihre ganze Gestalt, und als
Scrooge ihn weiter nach unten drückte, strömte das Licht darunter
hervor und überflutete den Boden. Er lehnte sich mit seinem ganzen
Gewicht darauf und drückte den Hut mit aller Kraft nach unten.
Schließlich verdeckte er den Lichtschein beinahe, der unter der Hut-
krempe hervorquoll. Der Lichtschein der Besucherin war nun schwä-

cher, aber immer noch drang etwas Licht durch, denn der Hut bedeckte sie nicht vollständig und ließ ein mattes Leuchten an den Rändern hervorschimmern. Es reichte nicht aus, um den Ort zu erleuchten, und Scrooge sah nur graue Dunkelheit um sich herum. Als er genauer hinsah, nahm ein Fleck dieser grauen Dunkelheit Gestalt an. Er war unmerklich dunkler als die Umgebung und kam auf ihn zu.

Kapitel 2
Der Schatten der Entropie

Scrooge strengte seine Augen an, um die tiefe Düsternis zu durchdringen, die ihn umgab. Er versuchte auszumachen, ob sich wirklich ein dunkler Nebelfleck auf ihn zubewegte und ob er irgendein Detail erkennen konnte. Oder war er einer Sinnestäuschung erlegen? Endlich lichtete sich der Staub- und Nebelschleier über der Landschaft ein wenig, und er sah einen Schatten auf sich zukommen, der die Umrisse einer menschlichen Gestalt annahm. Außer diesen Umrissen war jedoch nichts zu erkennen. Der Schatten bewegte sich weiter auf Scrooge zu, bis er direkt vor ihm stand. Die Staubwolken hatten sich nun verzogen und gaben den Blick auf die Umgebung frei. Er erblickte die verkohlten Bäume und weiter hinten das Unterholz, aber von der Gestalt war noch immer nur eine nebelhafte Silhouette zu sehen. Obwohl die Umrisse undeutlich blieben, ließen sie auf eine große und ziemlich kräftige Frau schließen, die in ein fließendes Gewand gekleidet war und eine Art Kopfbedeckung trug. Kurz gesagt, sie sah aus wie der Schatten der Herrin der Welt.

«Du wolltest wissen, wo die ganze Energie geblieben ist.» Scrooge brauchte einige Augenblicke, bis er merkte, daß die Gestalt ihn gemeint hatte, so teilnahmslos wirkten ihre Worte. Ihre Stimme erinnerte Scrooge an die vielen langweiligen Unterrichtsstunden, die er als Kind über sich hatte ergehen lassen müssen. Sie war so klar wie eine ferne, von vielen Echos überlagerte Lautsprecherdurchsage, wie man sie von Bahnhöfen oder von Wahlkampfveranstaltungen kennt. Mit einem Wort, es war eine Stimme, die Scrooge allzu leicht überhört hätte, wenn er nach den eben erlebten Zerstörungen nicht für jede Botschaft besonders empfänglich gewesen wäre.

«Wer seid Ihr? Und was seid Ihr?» fragte er die nebelhafte Schattengestalt. «Seid Ihr nicht einer jener Geister, die mir angekündigt wurden, um mir etwas beizubringen?»

«Das bin ich», kam die undeutliche Antwort, «ich bin der Schatten der Entropie. Das ist eine Größe, die für den Energietransfer von Bedeutung ist. Viele Menschen haben nur eine ungefähre Vorstellung von dem Begriff der Entropie, obwohl sie viele weitreichende Wirkungen hat. Du hast heute Abend bereits einen Vorgeschmack davon bekommen, wie maßgebend die Energie eines Systems für das ist, was passieren *kann*. Die Entropie bestimmt außerdem, was *wahrscheinlich* passiert, was also in der Zukunft geschehen *wird*.»

«Na gut», antwortete Scrooge. Er war nicht gerade davon angetan, sich nach seinem alptraumhaften Erlebnis erneut von zufällig vorüberkommenden Geistern ansprechen zu lassen, aber er gewöhnte sich langsam daran. «Wenn die Entropie so wichtig ist, wie Ihr sagt, dann sprecht meinetwegen weiter und sagt endlich, was Entropie ist.»

«Diese Frage läßt sich nicht so schnell beantworten», antwortete die Schattengestalt ausweichend. «Man sagt manchmal, Entropie sei ein Maß für Unordnung. Doch ich fürchte, eine solche Erklärung hilft dir nicht weiter. Damit du etwas von Entropie verstehst, müssen wir zuerst über *Wahrscheinlichkeit* sprechen.

Du fragtest, wo die Energie geblieben sei», wiederholte sie unvermittelt. «Sie ist nirgendwohin verschwunden. Du bist ganz und gar von ihr umgeben. Denn die Energie bleibt ja erhalten, wie du schon gehört hast. Es ist genausoviel Energie vorhanden wie immer, aber du kannst sie nicht mehr wahrnehmen, da sie sich gleichmäßig als Wärme verteilt hat. Die gesamte Umgebung ist jetzt etwas wärmer als vorher, aber nicht viel, denn die verfügbare Energie hat sich auf ein sehr großes Gebiet verteilt. Alles ist nun ein kleines bißchen wärmer als vorher. Der Boden, die Luft, die Bäume, sogar du, alles ist ein wenig wärmer. Da *alle* Dinge wärmer sind, hat jedes nach wie vor fast die gleiche Temperatur wie alles übrige. Deshalb bemerkst du gar nicht, daß überhaupt eine Veränderung stattgefunden hat.

Du achtest nur auf die äußere Erscheinung der Dinge, deshalb merkst du nicht, wie sich die Energie auswirkt oder wie sich deine Umwelt verändert hat. Du siehst nicht ins Herz der Materie, denn du kannst nicht die *Atome* sehen, aus denen sie besteht. Schau jetzt auf den Boden, und ich werde dir helfen, das Wesen der Materie zu beobachten.»

Scrooge schaute zu Boden, wie der Schatten ihn geheißen hatte, und sein Blick fiel auf einen Stein zu seinen Füßen. Es war ein völlig normaler Stein, nicht anders als Hunderte anderer Steine auch und keiner besonderen Aufmerksamkeit wert. Während er sich in den Steinbrocken vertiefte, wurde sein Blick auf einmal klarer als sonst. Die Einzelheiten wurden deutlicher, und die Oberfläche des Steins schien ihm entgegenzukommen. Sein Blick wurde schärfer, die Dinge wurden größer, und er konnte immer mehr Einzelheiten erkennen. Er entdeckte große Flecken, die wie farbige Flechten aussahen. Sie wuchsen heran und breiteten sich aus wie bodendeckende Pflanzen. Eine Ameise lief über den Stein. Auch sie wuchs ins Riesenhafte, als er sie beobachtete. Sie drehte ihm ihren gepanzerten Kopf zu, und ihre großen Facettenaugen blickten ihn mit dem Ausdruck eines neugierigen Hundes an. Schließlich verschwand das Insekt seitwärts aus seinem Blickfeld.

Scrooge hatte den Eindruck, daß die Oberfläche des Steins immer weiter auf ihn zukam. Ein dünner Riß an der Oberfläche wurde in seiner Wahrnehmung immer breiter und tiefer, bis er sich über einem weiten, felsigen Abgrund schweben sah. In der Tiefe erblickte er einen See. Tatsächlich hatte nur etwas Tau die Oberfläche des Steins benetzt. Scrooge kletterte zwischen schroffen Felswänden in die Tiefen der Schlucht hinunter. Bald hatte er den Grund erreicht und befand sich nun inmitten eines Gewirrs von Spalten und Felsgraten. Sie waren seltsam regelmäßig angeordnet, wie ein aus Zementblöcken errichtetes Gebirge mit geraden Kanten und scharfen quaderförmigen Vorsprüngen.

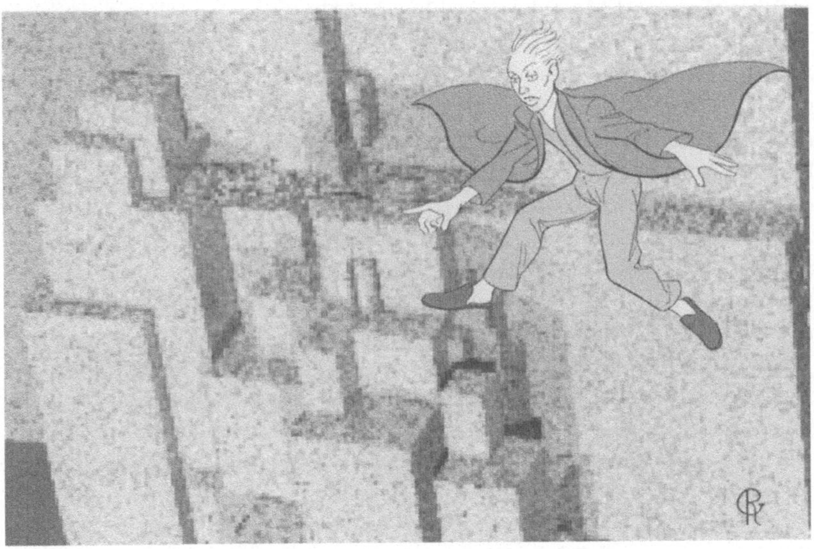

«Du siehst hier die ersten Anzeichen geometrischer Regelmäßigkeit, die durch die Kristallstruktur des Steins zustandekommt.» Die Bemerkung kam von einem Schatten hinter einem der Vorsprünge. Scrooge stellte fest, daß seine geisterhafte Begleiterin ihm in den Bereich seiner erweiterten Wahrnehmung gefolgt war. «Die Regelmäßigkeit kommt daher, daß die Atome des Kristalls regelmäßig angeordnet sind. Deine Wahrnehmung wird bald so geschärft sein, daß du die Atome selbst sehen kannst.»

Tatsächlich, die rechteckigen Formen wurden größer und verloren gleichzeitig ihr festes Aussehen. Sie lösten sich, wie es schien, in endlose Staffeln undeutlicher, kugelförmiger Gebilde auf. Ihre nur verschwommen erkennbaren Formen erinnerten an Reihen von Wasserbällen, die verstreut in einer großen Lagerhalle herumlagen. Scrooge vermutete ganz richtig, daß diese Kugeln Atome waren. Er konnte zwar keine Einzelheiten erkennen, aber es war deutlich zu sehen, daß sie in Bewegung waren. Jedes Atom schwang um einen festen Punkt in dem Gefüge. Einige schwangen heftiger, andere sanfter, aber alle bewegten sich.

«Das sind die Atome des Steins. Besser gesagt, die Atome *sind* der Stein. Alles, was du um dich herum siehst, besteht aus Atomen. Alle Substanzen, die du dir nur vorstellen kannst, bestehen aus ungeheuren Mengen unterschiedlicher Atome in verschiedenen Verbindungen, und alle Atome sind ständig in Bewegung. In festen Körpern sind die Atome starr in ihren Positionen verankert, das kannst du hier beobachten. Sie können nicht groß in die Ferne schweifen, ihre Bewegung ist auf das Hin- und Herschwingen beschränkt.

«In Flüssigkeiten ist das anders», fuhr die Schattengestalt fort. Scrooge bemerkte, wie sein Blick seitwärts abschweifte, bis er nicht mehr die regelmäßige Anordnung der Atome im Stein sah, sondern diejenigen in dem See. Auch hier fanden sich diese verschwommenen Kugeln, und sie waren fast so dicht angeordnet wie im Bereich der festen Substanz. Sie hatten jedoch keinen festen Ort, sondern bewegten sich frei umeinander herum. Die einzelnen Atome flitzten in alle möglichen Richtungen, jedes mit einer anderen Geschwindigkeit. Sie schlängelten sich umeinander herum und stießen einander zur Seite, wie Menschen in einer überlaufenen Einkaufsstraße.

«Wie du siehst, sind die Atome in Flüssigkeiten fast ebenso dicht angeordnet wie in einem festen Körper. Aber sie können sich ziemlich frei bewegen und gleiten aneinander vorbei. In Gasen liegen die Atome viel weiter auseinander und können sich ziemlich weit bewegen, bevor sie zusammenstoßen. Geschieht dies, prallen sie voneinander ab, und dabei übertragen sie Energie. Das kannst du ebenfalls sehen, da sich über dem Stein und dem Wasser Luft befindet. Luft ist ein Gas. Du mußt nur ein wenig zurücktreten, um die Atome in der Luft zu sehen.»

Ohne eigenes Zutun schien der Ausschnitt, den er beobachten konnte, aus dem Flüssigen nach oben zu wandern, und bald betrachtete Scrooge tatsächlich die Luft. Hier gab es die gleichen Atome oder wenigstens ähnliche. Sie standen nicht mehr in engem Kontakt, sondern verteilten sich großzügig im Raum. Als sie so deutlich voneinander getrennt waren, konnte er sehen, daß die Atome sich nicht einzeln, sondern paarweise im Raum bewegten. «Moleküle», raunte ihm die vertraute Stimme ins Ohr, «die Atome sind in Molekülen angeordnet. Es gibt nicht so viele verschiedene Arten von Atomen, aber sie kleben gerne in Gruppen zusammen, in sogenannten Molekülen. Das riesige

Spektrum an Stoffen, das du kennst, entsteht aus den verschiedenen Verbindungen, die sie eingehen. Die Luftmoleküle sind ziemlich einfach. Die allermeisten bestehen nur aus zwei Sauerstoffatomen oder zwei Stickstoffatomen.»

Als Scrooge diese Gruppen von Atomen beobachtete, stellte er fest, daß sie sich in ganz unterschiedlichem Tempo in alle Richtungen bewegten. Einige jagten schnell dahin, andere zogen gemächlich ihre Bahn. Da sie so viel Raum zwischen sich hatten, konnten sie sich die meiste Zeit ungehindert auf geraden Bahnen bewegen. Hin und wieder stießen zwei zusammen und flogen in verschiedene Richtungen auseinander. Und jedesmal bewegte sich das langsamere Molekül anschließend schneller, während das schnellere etwas von seiner Geschwindigkeit eingebüßt hatte.

Gelegentlich schoß eines der Moleküle in die Reihen der regelmäßig ausgerichteten Atome an der Grenze des festen Körpers. Aber es wurde jedesmal in umgekehrter Richtung und mit entgegengesetztem Impuls in das Gas zurückgeschleudert. Auf den festen Körper wurde dadurch ein entsprechender Impuls übertragen, und durch diesen fortwährenden Regen von Molekülen übte das Gas einen Druck auf den Festkörper aus.

Die kinetische Theorie

Diese Theorie erklärt viele Eigenschaften von Stoffen, besonders von Gasen. Sie geht davon aus, daß Gase aus einer sehr großen Zahl kleinster Teilchen, Atome oder Moleküle bestehen, die mit sehr großer Geschwindigkeit umeinanderwirbeln und aufeinanderprallen.

Die Wärme eines Gases ist gleich der Summe der kinetischen Energie aller Atome. Die Temperatur eines Gases ergibt sich aus der durchschnittlichen kinetischen Energie der einzelnen Atome. Wenn die Atome von der Wand des Gasbehälters zurückprallen, versetzen sie ihm einen nach außen gerichteten Stoß. Daraus entsteht der Gasdruck. Die kinetische Theorie liefert für die einfachen Eigenschaften von Gasen eine sehr gute Erklärung.

Scrooge fiel auf, daß die Atome und Moleküle, die er bis jetzt in allen möglichen Situationen gesehen hatte, immer irgendwie verschwommen wirkten. Nie konnte er Einzelheiten erkennen. Er sah zwar, daß die Atome da waren, aber er konnte nicht feststellen, was sie eigentlich waren. «Könnt Ihr meine Sehkraft noch mehr erweitern?» bat er die

Schattengestalt. «Nur noch ein wenig, dann könnte ich sehen, was diese Atome eigentlich sind. Im Augenblick kann ich nichts erkennen.»

«Nein, das kann ich nicht», war die Antwort. «Die Atome würden nie deutlicher werden, wie sehr ich deine Sehkraft auch vergrößern würde. Diese Verschwommenheit, über die du klagst, ist eine ihrer wesentlichen Eigenschaften. Einer meiner jüngeren Brüder wird dir später die Unbestimmtheit dieser Quantenwelt erklären.

Auch wenn du sie nicht klar erkennen konntest, ist dir wohl nicht verborgen geblieben, daß die Atome immer in Bewegung waren. Kinetische Energie spielt bei der Bewegung jedes Atoms der Materie eine Rolle. Diese kinetische Energie der unzähligen bewegten Atome ist dir als Wärme bekannt. Je schneller sich die Atome bewegen, desto mehr Wärme speichern sie und desto höher ist die Temperatur des Stoffes.

Du hast gewiß bemerkt, daß die Atome sich im allgemeinen ganz verschieden verhalten. Einige sind schnell, einige verhältnismäßig langsam, einige bewegen sich in diese, andere in jene Richtung. Bei diesen Bewegungen stoßen sie häufig zusammen, und dabei wird die Energie unter ihnen neu verteilt. Die Energie des Meteors steckt in dieser Bewegung. Sie hat die *durchschnittliche* Bewegungsenergie der Atome, die zu Abermilliarden im Boden zu deinen Füßen wimmeln, leicht erhöht.»

Als der Schatten schwieg, boten sich Scrooges Blick wieder die Atome in dem festen Körper dar. Jedes oszillierte mehr oder weniger intensiv auf seinem Platz innerhalb der Materie. Er sah endlose Reihen von Atomen, die sich in jede Richtung erstreckten, und jedes dieser Atome war in Bewegung. In den Bewegungen so vieler Atome steckte auf jeden Fall viel Energie, soviel war sicher.

Plötzlich änderte sich das Bild, und Scrooge fand sich mit einem scharfen Schwenk wieder in die verwüstete Ebene zurückversetzt. Mit neuem Respekt blickte er auf den unscheinbaren Stein zu seinen Füßen. Für das normale Auge war nichts Besonderes an diesem Stein, deshalb richtete er seinen Blick auf den Schatten, der dicht neben ihm stand. Auch an dem Schatten war nichts Auffälliges. Er sah ausgesprochen nach Nichts aus, fand Scrooge. Aber er ließ diesen Gedanken fallen, als der Schatten ihn wieder in dem gewohnt langweiligen Ton ansprach.

«Du hast vielleicht beobachtet, daß jedes der Atome in dem festen Körper nichts weiter tat, als um einen festen Punkt hin- und herzuschwingen, wie das Pendel einer Uhr.»

Kaum hatte sie gesprochen, da erschien auf geheimnisvolle Weise eine große Standuhr. Sie fand sich unversehens an einem verkohlten Baumstumpf neben ihnen ein und sah genauso aus wie die aus Scrooges Wohnung.

«Hier siehst du ein Pendel. Es schwingt hin und her, wie ein Pendel das eben tut. Seine Bewegung wiederholt sich wieder und wieder, ohne wahrnehmbaren Unterschied. Ich frage dich, warum wiederholt sich die Bewegung? Wenn du ein Pendel aus dem tiefsten Punkt seiner Bahn herausbewegst, aus dem Punkt, an dem es in Ruhelage hängt, weshalb beginnt es dann auf diese Weise zu schwingen?»

«Ich war immer der Meinung, daß es durch die Erdanziehungskraft zum tiefsten Punkt seiner Bahn zurückbewegt wird», antwortete Scrooge schnell. Er wollte unbedingt zeigen, daß er über die meisten Dinge mindestens so gut Bescheid wußte wie jeder andere auch.

«Oh ja, die Erdanziehungskraft», murmelte seine Begleiterin. «Deine Antwort ist natürlich richtig, für den Anfang. Ja, es ist diese Kraft, die das Pendel bewegt. Das tut sie, in der Tat. Aber was ist eine Kraft? Erkläre mir das.»

Scrooge wollte gerade antworten, «etwas, das etwas bewegt», aber in letzter Sekunde besann er sich anders. Er hatte das Gefühl, daß diese Antwort die Diskussion nicht viel voranbringen würde. Deshalb ging er in die Offensive und forderte seine Begleiterin heraus: «Na schön, offensichtlich habt Ihr etwas dazu zu sagen. Also sagt mir, was ist Kraft?»

«Das ist eine gute Frage, obwohl sie meiner vielleicht etwas ähnlich ist. Im Ganzen gesehen ist es hilfreicher, von Energie als von Kräften zu sprechen. Wenn du ein Pendel auf einer Seite nach oben ziehst, hebst du das schwere Gewicht an seinem unteren Ende über das Niveau, das seiner Ruhelage entspricht. Das vermehrt die potentielle Energie, die es aus der Gravitation bezieht. Je weiter etwas vom Erdmittelpunkt entfernt ist, desto größer ist die potentielle Energie, die es aus der Gravitation gewinnt.

Das Pendel bewegt sich zwar *nicht sehr weit* vom Erdmittelpunkt fort, aber ein wenig bewegt es sich doch. Wenn es zurückschwingt, verliert es diese potentielle Energie. Sie wird in die kinetische Energie der Pendelbewegung umgewandelt. Jeder Physiker kann dir sagen, daß die Kraft der Erdanziehung gleich der Umwandlungsrate von potentieller Energie ist. Beides ist genau das gleiche. Wenn wir etwas sehen, das von einer Kraft bewegt wird, sehen wir zugleich, daß die Natur aus irgendeinem Grund gerne die potentielle Energie verringert und in kinetische Energie umwandelt.»

«Aber das ist doch nicht alles», wandte Scrooge ein, der dieser seltsamen Erklärung genau gefolgt war. «Das Pendel kann potentielle Energie verlieren, wie Ihr sagt, und kinetische Energie gewinnen, *bis* es den unteren Scheitelpunkt seiner Bahn erreicht hat. Aber danach bewegt es sich wieder aufwärts, und die kinetische Energie verwandelt sich wieder in potentielle Energie zurück. Das ist doch genau das Gegenteil von dem, was Ihr sagt.»

«Stimmt, so scheint es. So ist es tatsächlich. Ich sollte darauf hinweisen, daß du genau das gleiche Problem hast, wenn du von Kräften sprichst. Hat das Pendel einmal seinen tiefsten Punkt erreicht und bewegt sich wieder aufwärts, bewegt es sich *gegen* die Gravitationskraft. Das muß das Pendel tun, es ist dazu *gezwungen*. Seine Wahlmöglichkeiten sind außerordentlich beschränkt. Es hat einen festen Drehpunkt und kann sich nur auf einer festgelegten Bahn bewegen. Am niedrigsten Punkt seiner Bahn besitzt es die größte kinetische Energie, aber es kann dort nicht einfach anhalten. Es bewegt sich, und weil es sich

bewegt, besitzt es einen Impuls und Energie. Da der Impuls erhalten bleibt, muß sich das Pendel weiterbewegen, und da es mit einem Drehpunkt verbunden ist, verläuft diese Bewegung wieder aufwärts. Bei seinem Aufwärtsschwung verliert es allmählich kinetische Energie, und sein Impuls wird kleiner. Die kinetische Energie wird jetzt wieder in potentielle Energie zurückverwandelt, da sich das Pendel aufwärts bewegt; dazu gibt es keine Alternative. Der Impuls wird auf den Drehpunkt übertragen und auf die Konstruktion, in die er eingebettet ist, denn der Gesamtimpuls bleibt ja erhalten. Der Drehpunkt bewegt sich gegenläufig zum Pendel hin und her, aber die Strecke, die er zurücklegt, ist winzig, weil er so viel schwerer ist.

Wenn ein Gegenstand beschleunigt oder langsamer oder aus seiner Bahn abgelenkt wird, sagen wir, daß eine Kraft auf ihn einwirkt. Es gibt andere Fälle, in denen es schwierig ist, sich eine Krafteinwirkung vorzustellen, zum Beispiel bei einer Flamme, die Licht verbreitet. Kannst du dir vorstellen, daß eine Kraft aus einem Atom das Licht herausschleudert? Daß sie das Licht herauswirft, das sich bereits in dem Atom befindet und nur aus seinem Versteck gejagt werden muß? Ich glaube nicht. In diesem Fall hilft der Begriff der Kraft nicht weiter. Ich kann mit Sicherheit sagen, daß *die Kraft dich **nicht** immer begleitet.»*

Der Schatten begann auf- und abzugehen, während er Scrooge seinen Vortrag hielt. Es war ein seltsamer Anblick. Die verschwommenen Umrisse seiner Begleiterin wogten und wallten, wie der Saum eines wehenden Rockes. Scrooge fragte sich, weshalb seine Gefährtin alle persönlichen Züge, die sie vermutlich hatte, vor ihm verborgen hielt.

«Als du vorhin so eingehend den Boden betrachtetest, hast du entdeckt, daß er aus Atomen besteht und daß die Atome sich sehr einfach verhalten. Meistens schwingen sie fortwährend um ein Zentrum, ganz ähnlich wie dieses Pendel. Aber sie können sich ihre kinetische Energie auch gegenseitig übertragen und als Ganzes verschiedene Gesamtbewegungszustände erzeugen. Wenn die Energien so ungehindert übertragen werden können, kann jeder mögliche Zustand entstehen, er muß nur immer dieselbe Gesamtmenge an Energie enthalten. Jeder dieser Bewegungszustände ist ebenso wahrscheinlich wie der andere, und einer ist so gut wie der andere.

Energie kann von einem Atom aufs andere übertragen werden. Sie kann genauso einfach wieder auf das erste Atom zurückübertragen werden. *Über die Richtung* des Energieaustauschs macht das Gesetz von der *Energieerhaltung* überhaupt keine Vorschriften. Die Wechselwirkungen zwischen Atomen sind symmetrisch und vollkommen umkehrbar. Bei einem Pendel, das regelmäßig hin und her schwingt, könntest du ja auch keine wahrnehmbare Differenz zwischen seinen früheren und seinen zukünftigen Bewegungen feststellen.

Alle Wechselwirkungen und Energieüberträge zwischen einzelnen Atomen sind mehr oder weniger umkehrbar. Energie kann genausogut in die eine wie in die andere Richtung übertragen werden. Da gibt es absolut keinen Unterschied. Ich werde dir einen Zusammenstoß zwischen zwei Atomen zeigen.»

Scrooge entdeckte, wie in dem verschwommenen, nebelartigen Körper der Geistergestalt – wenn sie denn einen Körper hatte – ein helles Fenster erschien. Es ähnelte einem kleinen Fernsehmonitor. Darauf flitzten zwei Atome umher, die zusammenstießen und voneinander abprallten. Das eine hatte nach dem Zusammenprall eine deutlich größere Geschwindigkeit, das andere war langsamer als zuvor. Scrooge fand den Zusammenprall, ehrlich gesagt, etwas enttäuschend, verglichen mit den dramatischen Autokarambolagen, die er so häufig im Fernsehen sah.

«Schauen wir uns ein anderes Bild des gleichen Zusammenstoßes an», sagte seine Begleiterin. Scrooge folgte ihr aufmerksam. Die Geschwindigkeiten und Richtungen vor und nach dem Zusammenprall schienen sich zwar ein wenig von dem vorangegangenen Beispiel zu unterscheiden, aber nicht sehr. Eigentlich konnte man gar nicht zwischen den beiden unterscheiden, fand er. «Beide Sequenzen zeigten denselben Zusammenstoß, aber in einem Fall ließ ich das Bild rückwärts laufen. Kannst du mir sagen, welches Beispiel das richtige war?»

«Nein, das kann ich nicht», antwortete Scrooge. «Es scheint keinen Unterschied zu geben. In jedem Bild stößt ein Atom mit einem anderen zusammen, das ist alles, was ich sehe.»

«Du siehst gut genug. Man kann unmöglich sagen, welche Sequenz die in der richtigen Reihenfolge ist. Die umgekehrte Version ist genauso wahrscheinlich und sinnvoll wie die richtige. Wenn du ein oder zwei Atome beobachtest, kannst du ihr Verhalten nicht nach Vergangenheit und Zukunft unterscheiden. Gewiß, sie verändern sich und verhalten sich zu verschiedenen Zeitpunkten anders, aber es gibt keinen Fortschritt, keine Entwicklung, keine Geschichte. Im Zusammenstoß zweier Atome siehst du keinen *Zeitpfeil*, nichts, das eindeutig den Weg in Richtung Zukunft weist.»

Die Schattengestalt schritt zu der Standuhr hinüber. Vermutlich blickte sie die Uhr an, aber genau ließ sich das nicht sagen. «Ein wirkliches Pendel in einer wirklichen Uhr verhält sich nicht ganz so regelmäßig, wie wir es gerne hätten. Es schwingt nicht endlos hin und her, auf und ab. Würden Uhren endlos gehen, ohne aufgezogen zu werden, bräuchten wir sie ja nicht aufzuziehen. Ein reales Pendel ist viel komplizierter als ein einzelnes Atom oder ein idealisiertes Pendel. Es enthält viele, viele Atome, und auf jedes entfällt ein wenig von der Gesamtenergie. Jedes Atom kann etwas von der Energie übernehmen, und jedes kann sie ein wenig anders verwenden. Eine wirkliche Uhr verliert Energie, oder vielmehr: scheint Energie zu verlieren. Tatsächlich wird die Energie auf die nicht wahrnehmbaren, zufälligen Bewegungen der einzelnen Atome übertragen. Die Energie wird beispielsweise durch die Reibung in den Lagern verstreut, oder durch den Widerstand der Luft, durch die sich das Pendel bewegt. Beobachte das Pendel einmal ganz genau.»

Scrooge spannte seine Sinne an und stellte überrascht fest, daß sie offenbar viel empfänglicher waren als sonst. Er konnte das Pfeifen des Windes hören, als sich das Pendel durch die Luft bewegte. Er hörte ein Quietschen in den Verstrebungen und spürte sogar eine geringfügige Erwärmung, als die Reibung die Aufhängung des schwingenden Pendels erhitzte.

«Alle Nebeneffekte, die du jetzt feststellen kannst, wirken der Bewegung des Pendels entgegen, alle nehmen ihr etwas Energie. Bei jeder Schwingung wird der Ausschlag geringer, bis das Pendel schließlich zur Ruhe kommt und bewegungslos herabhängt. Die ganze Energie, die in der Schwingbewegung enthalten war, ist verschwunden, weil sie sich in andere Formen umgewandelt hat. Welchen Weg sie auch nimmt, letzten Endes wird sie zu Wärme. Dieser Effekt ist als Zunahme der Entropie bekannt», fügte der Schatten hinzu. «Wie interessant und nützlich die Form von Energie auch immer sein mag, die du anfangs hast, früher oder später wird sie zu ungerichteter Hintergrundwärme.

Die Entropie, also die zufällige Verteilung von Energie als Wärme, nimmt ständig zu, solange die Energie nicht daran gehindert wird, sich frei in alle möglichen Formen umzuwandeln. Wenn du komplizierte Situationen mit vielen Atomen und wenigen Beschränkungen betrachtest, wirst du feststellen, daß du Vergangenheit und Zukunft leicht unterscheiden kannst. Denke nur an den Absturz des Meteors, den du vorhin erlebt hast.

Als der Meteor auf der Erde aufschlug, zerstreute sich seine kinetische Energie in alle Richtungen: als Geräusch, als Licht, als Bewegung der Luft und des Erdreichs. Jede Energieform verwandelte sich jedoch schließlich in Wärme, und das Gesamtergebnis war eine geringfügige Zunahme der Temperatur. Wäre es nicht möglich, daß sich diese Wärme in kinetische Energie zurückverwandelt? Auf allen Stufen, auf denen die Energie verteilt wurde, fanden Wechselwirkungen zwischen Atomen statt, und diese Wechselwirkungen unterscheiden nicht zwischen Vergangenheit und Zukunft. Wenn jeder Schritt des Vorgangs umkehrbar, also reversibel ist, könnte dann nicht der ganze Prozeß rückgängig gemacht werden? Könnte nicht das geschehen, was ich dir jetzt zeigen werde? Schau hin und paß auf!»

Der Schatten schwieg, und für einen Augenblick herrschte Stille. Scrooge machte, wie verlangt, die Augen auf, aber er konnte zunächst nichts Besonderes entdecken. Schließlich wurde er auf eine leichte Veränderung an einem verkohlten Ast in der Nähe aufmerksam. Am äußersten Ende des aschebedeckten Zweiges war ein kleiner, intensiv schwarzer Fleck sichtbar geworden. Die schwarze Stelle wuchs und breitete sich aus und entzündete sich in kleinen Flammen. Sie züngelten und flackerten jedenfalls wie Flammen, aber ihr Anblick war eigenartig matt und trübe. Gewöhnliche Flammen geben Licht, aber diese taten es nicht. Scrooge bemerkte, daß sie in Wirklichkeit das *Licht einsaugten*. Diese 'Anti-Flammen' zogen das Licht aus der Umgebung an und verwandelten die damit verbundene Energie in neues, lebendiges Holz. Die dunklen Flammen breiteten sich aus und wurden größer. Andere Äste gingen ebenfalls in schwarze Flammen auf, und eine schwache Luftbewegung setzte ein. Scrooge bemerkte, wie aus der Luftbewegung ein Wind wurde, der ständig zunahm und in die Richtung der Absturzstelle des Meteors blies. Dieser Wind fachte die anfänglich züngelnden Flammen zu prasselnden, schwarzen Flammenteppichen an, die die Äste verschlangen. Fasziniert sah Scrooge, daß diese Flammen nicht wie sonst, zusammen mit den Gasen, die aus dem knisternden, platzenden Holz entwichen, nach außen schlugen, son-

dern nach innen strömten. Die brennenden Äste sogen die dunklen Flammen auf und verloren allmählich ihr verkohltes Aussehen.

Scrooge fühlte wieder, wie der Boden unter seinen Füßen bebte und Schockwellen durch die Erde rasten. Sie verliefen ebenfalls in Richtung des Aufschlagsortes des Meteors. Während die Schockwellen vorbeirollten, sah er, wie die umgestürzten Bäume schwerfällig vom Boden hochgeschleudert wurden, bis sie wieder fest und aufrecht mit ihren Wurzeln im Boden standen. Brennende Zweige, die da und dort neben den Bäumen am Boden lagen, schossen unvermittelt in die Höhe und nahmen ihren Platz an den Bäumen ein, die wieder heil und ganz wurden.

Wolken aus Staub und Rauch verdunkelten die Landschaft und trieben unaufhörlich auf einen Ort zu. Dann ertönte das ferne Echo eines Donnerschlages, das ständig anschwoll und sich zu einem ohrenbetäubenden Knall steigerte. Scrooge schüttelte sich, um einen klaren Kopf zu bekommen, und blickte dorthin, von wo die ganze Unruhe ausging. Zu seinem Erstaunen bemerkte er, daß Rauch und Staub in der Atmosphäre verflogen waren, und die Bäume alle unversehrt und aufrecht standen. Im Zentrum des vorherigen Durcheinanders erblickte er den Meteor, der aber gleich darauf nicht mehr dalag, sondern mit rasender Geschwindigkeit aus dem Boden schoß. Sein Kern glühte intensiv *schwarz* und absorbierte ungeheure Mengen Hitze und Strahlung aus seiner unmittelbaren Umgebung. Scrooge beobachtete, wie das schwarze Gebilde gen Himmel flog, bis es in einer Wolkenbank verschwand, die für kurze Zeit dunkler wurde, als der rückwärts brennende Transitreisende ihr Licht von innen verschluckte.

«Das ist ein Phänomen», sagte die hohle, dumpfe Stimme neben ihm, «das man nicht sehr häufig sieht. Eigentlich sieht man es nie. Es zeigt, wie sich die Umkehr der Zeit in großem Maßstab auswirken würde. Daß so etwas in Wirklichkeit passiert, ist sehr unwahrscheinlich, das mußt du zugeben.»

«Unwahrscheinlich?!» entrüstete sich Scrooge, «es ist vollkommen *unmöglich*. So etwas passiert nie.»

«Nein, es ist nicht unmöglich, sondern nur *unwahrscheinlich*», antwortete der Schatten. «Ich gebe zu, Derartiges wird nicht geschehen, aber nicht, weil es unmöglich wäre. Auch nicht, weil es ein physikalisches Grundgesetz gäbe, das eine Energieübertragung, die eine solche Katastrophe rückgängig machen würde, verbieten würde. Sie ist nur unwahrscheinlich.»

«Aber das kann nicht lediglich unwahrscheinlich sein. Unwahrscheinliche Dinge geschehen ja von Zeit zu Zeit, aber so etwas geschieht niemals», ereiferte sich Scrooge. «Ich kann das Unmögliche sehr wohl vom Unwahrscheinlichen unterscheiden, das versichere ich Euch!»

«Da wäre ich mir nicht so sicher. Es hängt ganz davon ab, *wie* unwahrscheinlich etwas ist. Unwahrscheinlich ist nicht gleich *unwahrscheinlich*, nicht wahr? Kaufst du ein Los bei einer Tombola, ist es unwahrscheinlich, daß ausgerechnet du den ersten Preis gewinnst, aber *jemand* wird ihn gewinnen. Wenn du am Strand ein bestimmtes Sandkorn herausfinden willst, indem du einfach per Zufall eines aufklaubst, ist es unwahrscheinlich, daß du das richtige findest. Ebenso unwahrscheinlich ist aber auch, daß das einer anderen Person gelingt. Die umgekehrt verlaufende Szene, die ich dir gerade gezeigt habe, ist sogar noch unwahrscheinlicher. Daß *dies* wirklich passiert, *irgendwo* auf den zahllosen Sternen im Weltall, zu *irgendeinem* Zeitpunkt im Verlauf seiner Geschichte, ist *sehr viel* unwahrscheinlicher als die Wahrscheinlichkeit, daß du von allen Stränden der Erde zufällig ein bestimmtes Sandkorn herausfindest. Es ist, wie gesagt, ganz und gar unwahrscheinlich.»

Überwältigt von dem Gedanken an die riesigen Größenordnungen, die hier im Spiel waren, hielt die Schattengestalt neben Scrooge einen Augenblick inne. Sie gab einen hohlen Seufzer von sich und fuhr fort. «Es ist *so* unwahrscheinlich, daß du ziemlich sicher sein kannst, daß es nicht geschieht. Aber nur, weil es so *unwahrscheinlich* ist. Die Tatsache, daß etwas nicht geschieht, ist kein Beweis dafür, daß es nicht geschehen *kann*, nur dafür, daß es unwahrscheinlich ist und deshalb nicht geschehen *wird*. Wie unterscheidet sich denn letzten Endes das Unmögliche von der letzten, äußersten Grenze des total Unwahrscheinlichen?»

«Nun denn», spann Scrooge den Faden weiter, «gehen wir einmal davon aus, daß Energie sich genausogut in die eine wie in die andere Richtung übertragen läßt und daß eine solche Umkehrung, wie Ihr sie mir vorgeführt habt, tatsächlich *möglich* ist. Warum ist sie dann so unwahrscheinlich? Wenn die grundlegenden Vorgänge so vollkommen reversibel sind, wie Ihr sagt, muß ich doch annehmen, daß jedes Geschehen ebenso die eine wie die andere Richtung nehmen kann. Warum ist ein Zustand, in dem die Energie zum großen Teil als Wärme vorliegt, so viel wahrscheinlicher als ein Zustand, in dem sie restlos zu kinetischer Energie des Meteors wird?»

«Der eine Zustand *ist nicht* wahrscheinlicher als der andere», entgegnete die dumpfe Stimme.

«Unsinn!» versetzte Scrooge. «Ihr widersprecht Euch selbst. Erst sagt Ihr, die Rückverwandlung der ganzen Energie bis hin zu dem Flug des Meteors sei sehr unwahrscheinlich. Und das will ich gerne glauben, denn etwas Derartiges habe ich nie erlebt. Jetzt sagt Ihr jedoch, eine solche Rückverwandlung in den ursprünglichen Zustand sei nicht weniger wahrscheinlich als ein Endzustand, in dem sich alle Energie mehr oder weniger in Hitze verwandelt hat. Das ist alles andere als überzeugend für mich. Es widerspricht sowohl meiner Erfahrung als auch Euren vorherigen Bemerkungen.»

«So scheint es vielleicht. Aber meine Aussage ist richtig. Ich sagte, die Umwandlung in einen *bestimmten* Endzustand, in dem sich alle Energie in Hitze verwandelt hat, sei nicht wahrscheinlicher als die Rückverwandlung zu den Ausgangsbedingungen. Du solltest dir aber klarmachen, daß wir für einen solchen Zustand genau definieren müssen, wie sich *jedes* Atom bewegt. Ein solcher Zustand muß auf atomarer Ebene *jedes* einzelne Atom und seine *genaue* Bewegung beschreiben. Diese genaue Beschreibung wird Mikrozustand genannt. Jeder Zustand dieser Art, der im voraus so genau definiert ist, ist alles andere als wahrscheinlich. Es sind sehr, sehr viele solcher Zustände möglich, für dich würden sie jedoch alle genau gleich aussehen. Du weißt nie, was auf dieser Mikroebene oder dicht daneben wirklich los ist. Unter diesen unberechenbaren Bedingungen kann ein Objekt sehr, sehr viele Zustände annehmen, die praktisch nicht zu unterscheiden sind.

So sehr auch der innere Zustand des Objekts von einem zum anderen übergehen kann- wobei jeder Zustand ebenso wahrscheinlich ist wie jeder andere, so ist es doch sehr unwahrscheinlich, daß sich das Objekt in einen der *vergleichsweise* sehr wenigen Zustände verwandelt, die *du* unterscheiden kannst. Es ist nicht *unmöglich*, daß das passiert, aber es ist äußerst unwahrscheinlich, weil alles dagegen spricht.

Der Zustand, bei dem Energie sich als Hitze verstreut, als wahllose und ungerichtete Bewegung aller Atome, ist bei weitem der *wahrschein-*

lichste. Praktisch heißt das, daß sich alle Energie früher oder später in Hitze verwandelt, und dann bleibt es im großen und ganzen dabei. Das ist der *Hitzetod*, das endgültige Schicksal des Universums.»

Der zweite Hauptsatz der Thermodynamik

Dieses wichtige physikalische Grundgesetz wird oft in dem Sinne zitiert, daß die Unordnung in einem abgeschlossenen System ständig zunimmt. Als physikalisches Gesetz trifft das im allgemeinen zu, aber es ist gefährlich, es als Metapher zu gebrauchen und zu sagen, daß alle Dinge zum Scheitern verurteilt seien.

Die statistische Mechanik begründet dieses Gesetz damit, daß wir von den Vorgängen um uns her vieles nicht wahrnehmen können. Alle Dinge bestehen aus Atomen und Molekülen, die dauernd in Bewegung sind. Wenn wir Materie vollständig beschreiben wollten (mit klassischen, nicht mit quantenmechanischen Methoden), müßten wir *jedes einzelne Atom* in seiner Bewegung definieren. Eine solche Beschreibung heißt in der Fachsprache ein Mikrozustand. Aber in der Praxis können wir einen Mikrozustand überhaupt nicht von einem anderen unterscheiden. Es ist uns *egal*, was die einzelnen Atome tun.

Wenn die Energie ungehindert von einem möglichen Mikrozustand auf einen anderen übertragen werden kann, dann ist der eine so wahrscheinlich wie der andere. Die wichtigste Aussage der Gleichgewichts-Thermodynamik ist, daß alle möglichen Mikrozustände gleich wahrscheinlich sind. Aber wir erkennen nicht die einzelnen Mikrozustände, sondern nur riesige Gruppen von ihnen als dasselbe physikalische System. Das wahrscheinlichste System ist jenes, das die größte Gruppe einer Klasse von Mikrozuständen umfaßt. Es ist damit das *wahrscheinlichste*, aber die Zahl der beteiligten Mikrozustände ist derart groß, daß das *wahrscheinlichste* das so gut wie *einzig mögliche* ist.

Man kann zeigen, daß die Zahl der Mikrozustände für einen heißen und einen kalten Körper, die in Verbindung stehen, sehr viel geringer ist als für zwei Körper gleicher Temperatur. Deshalb fließt die Wärme von dem heißen zum kälteren Körper. Dabei kühlt der heiße Körper ab, und der kältere erwärmt sich, bis es schließlich kein heiß oder kalt mehr gibt: Alles wird *dieselbe Temperatur* haben. Das ist der Hitzetod.

Kapitel 3
Hitzetod

«Hitzetod!» wiederholte Scrooge bestürzt. Er erinnerte sich plötzlich, wie er dieses Wort als Zielbahnhof auf der Stirnseite eines U-Bahn-Zuges gelesen hatte, und nun, da er es wieder hörte, erschien es ihm noch beängstigender. «Das hört sich nach einer fürchterlichen, apokalyptischen Zukunftsvision an. Wollt Ihr sagen, daß die Wissenschaft uns ein Ende in einem flammenden Inferno voraussagt, wie die mittelalterlichen Visionen vom Höllenfeuer?»

«Ganz und gar nicht», antwortete die hohle Stimme seiner Gefährtin. «Das ist durchaus nicht, was ich sagen will. Ich behaupte nicht, daß die Erde in glühendem Feuer untergeht, ich spreche eher vom Tod der Hitze selbst oder zumindest vom Verschwinden der Temperaturunterschiede. Wir finden im gegenwärtigen Zustand des Universums viele Abstufungen zwischen heiß und kalt, und genau diesen Temperaturunterschieden verdanken wir die ganze Vielfalt von Bewegung auf der Erde, auch das Leben. Im Endzustand des Hitzetodes gleichen sich diese Unterschiede aus. Statt Hitzetod sollte es besser heißen: 'lauwarmer Tod'.

Der Ursprung von Leben und Bewegung auf der Erde ist die Sonne, dieser glühende Hitzeball, der seine Strahlen auf die Erde sendet. Das Sonnenlicht nährt das Wachstum der Pflanzen. Die Tiere ernähren sich von Pflanzen oder sie fressen andere Tiere, die wiederum Pflanzen gefressen haben. In jedem Fall kommt die Energie, durch die sie leben und sich bewegen, von der Sonne. In der Urgeschichte wurde ein Teil der Sonnenenergie in Pflanzen gespeichert, und diese Pflanzen verwesten schließlich, um uns später die sogenannten fossilen Brennstoffe, Kohle und Öl, zu bescheren. Diese Brennstoffe liefern jetzt die Energie für eure Autos und Industrieanlagen, und sie erzeugen einen großen Teil der elektrischen Energie, die ihr so großzügig verbraucht.»

«Unsere Energie stammt nicht allein aus fossilen Brennstoffen», widersprach Scrooge. «Ein großer Teil schon, das gebe ich zu, aber etwas Strom kommt auch von Solar- oder Wasserkraftwerken, von den Windfarmen und aus den Atomkraftwerken.»

«Die ersten drei, die du genannt hast, leiten ihre Energie ebenfalls von der Sonne her. Bei der Solarenergie liegt es auf der Hand. Die beiden anderen Energiequellen beziehen ihre Kraft aus dem Wetter, aus der Bewegung von Wind und Wasser. Diese Bewegung wird ebenfalls durch Temperaturunterschiede verursacht, nämlich durch den Temperaturunterschied zwischen der Tagseite der Erde, die von der Sonne erwärmt wird, und der Nachtseite, die im Schatten liegt.

Bei deinem letzten Beispiel, der Kernenergie, liegen die Dinge allerdings anders. Atomkraftwerke beziehen ihre Energie nicht von der Sonne, sondern aus Energieniveaus im Innern von Atomkernen. Dort ist die Energie sogar noch extremer konzentriert als im Sonnenlicht. Die effektive Temperatur ist in diesem Fall noch höher als die der Sonne.»

Die gewaltige Gestalt des Schattens stand aufrecht in dem fahlen Sonnenlicht, das die Landschaft erhellte. Aber sie verschluckte das Licht, das auf sie fiel. Sie reflektierte keinen Schimmer des Lichts, doch sie begann auch nicht zu leuchten. Mit seinem neuerworbenen Wissen sah Scrooge die Figur als eine Allegorie der Erde. Sie trank das Licht und die Kraft der Sonne, und immer verlangte sie nach mehr. Seine dunkle Gefährtin sprach aus, was Scrooge dachte.

«Wie du siehst, fließt die Energie unaufhörlich aus Regionen hoher Temperatur in kühlere Gebiete. So kühlen sich die wärmeren Regionen im Laufe der Zeit ab, und die kalten Gebiete erwärmen sich. Am Ende herrscht überall die gleiche Temperatur. Alle Gebiete sind dann im Gleichgewicht, und es findet kein Netto-Energiefluß mehr zwischen ihnen statt. Du mußt dich darauf einrichten, daß alle Dinge früher oder später die gleiche Temperatur haben, oder anders gesagt, daß sich die Atome in jedem Gegenstand im Durchschnitt mit derselben Energie bewegen.»

Der Schatten kam näher an Scrooge heran, und seine Stimme, die gewöhnlich dumpf und langweilig klang, bekam einen fast lebhaften Ausdruck. «In großem Maßstab, also auf der makroskopischen Ebene, die deiner Wahrnehmung entspricht, wird alles eine endgültige, schreckliche, vollkommene Eintönigkeit annehmen. Du blickst in die Zukunft und siehst: Sie wird *langweilig*.

Das heißt nicht, daß auf der mikroskopischen Ebene alles eintönig wird. Dort herrscht so ziemlich dieselbe Vielfalt wie vorher. Nicht alle Atome in jedem Körper werden die gleiche Energie haben. Sie werden weiterhin ihre Energien austauschen, einige werden gewinnen, andere verlieren, so daß der Körper sich fortwährend von einem inneren Bewegungszustand in einen anderen verwandelt. Aber du würdest nichts davon merken.

Teile von Materie, die sich in Ruhe befinden und die gleiche Temperatur besitzen, wirken auf dich vielleicht vollkommen inaktiv. Sie tun nichts, und sie verändern sich nicht. So scheint es wenigstens. Aber dies ist nur der oberflächliche Schein. Die Atome, aus denen sie bestehen, sind noch immer aktiv, ja, die einzelnen Atome sind genauso aktiv wie bei großen, sichtbaren Veränderungen. Sie stoßen im Innern der Materie zusammen, das eine Atom verliert, das andere gewinnt Energie. Das geht unaufhörlich so weiter: Permanent wird Energie ausgetauscht zwischen den Atomen, die ständig in Bewegung sind. Nimmt alles die gleiche Temperatur an, wird also genausoviel Energie ausgetauscht wie vorhin, als der Meteor auf der Erdoberfläche aufschlug. Aber die Energie ist breiter gestreut, und die Auswirkungen bleiben für dich unsichtbar.»

Der Schatten machte eine Pause und blickte Scrooge prüfend an. Scrooge war noch nie von einer unbekannten Schattengestalt prüfend angeblickt worden, daher irritierte ihn diese Erfahrung ein wenig.

«Die Energie wird am Ende mehr oder weniger gleichmäßig auf die zufälligen Bewegungen aller Atome verteilt sein. Das geschieht nicht aufgrund irgendeines absoluten Gesetzes. Es geschieht einfach, weil ein solches Ergebnis so vielen verschiedenen, aber nicht unterscheidbaren Mikrozuständen des Systems entspricht, daß es eigentlich keine *Chance* gibt, etwas anderes zu finden.

Jeder bestimmte Mikrozustand im Endzustand des Systems ist unwahrscheinlich. Müßtest du im voraus genau angeben, wie sich jedes Atom bewegt, wäre es in *hohem Maße* unwahrscheinlich, daß deine Voraussage zutrifft. Daß aus der ungeheuren Zahl von Möglichkeiten eine bestimmte tatsächlich eintritt, ist höchst unwahrscheinlich. Aber *irgend etwas* wird geschehen, das steht fest. Welche Zustände sich auch immer ergeben, sie werden nicht von langer Dauer sein, sondern sich in andere umwandeln, denn weiterhin wird Energie übertragen. Man kann nicht im einzelnen vorhersagen, wie sich die Atome bewegen werden, aber sie werden sich auf jeden Fall bewegen und ihre Energie unter sich auf die eine oder andere Weise aufteilen. Die Mikrozustände der Welt werden sich weiterhin genausooft verändern wie immer, aber für dich werden sie alle gleich aussehen. Diese Veränderungen werden keine sichtbaren Auswirkungen haben. Das ist der entscheidende Punkt. Die einzelnen Atome kannst du nicht sehen, du nimmst nur ihr *durchschnittliches* Verhalten wahr, ihre *durchschnittliche* Energie, die du Temperatur nennst, und die ändert sich kaum.»

«Halt, wartet mal», wandte Scrooge ein. «Ihr sagt, daß die Energie gleichmäßig verteilt wird, weil es so viele Möglichkeiten gibt, wie dies geschehen kann. Aber weshalb ist das so? Warum ist es so wahrscheinlich, daß sich die Energie so wahllos auf die Bewegungen all dieser Atome verteilt?»

«Das ist eine Frage der Freiheit. Wenn sich ein Objekt von Ort zu Ort bewegt, dann hat es eine bestimmte Menge kinetische Energie, die in dieser sichtbaren Bewegung gespeichert ist. Da dieses Objekt aus

Atomen besteht, wird ein Teil der kinetischen Energie, die jedem dieser Atome eigen ist, in dieser Bewegung gebunden sein.»

«Das ist der Punkt, den ich nicht verstehe!» unterbrach Scrooge. Er wollte diese Frage klären, bevor der Schatten einen neuen Gedanken entwickeln konnte, durch den er kaum klüger würde. «Ihr sagt, wenn Energie als Hitze verlorengeht, oder sollte ich sagen: gebunden wird, wird sie unter allen Atomen in dem Objekt aufgeteilt. Jetzt sagt Ihr, daß auch die kinetische Energie eines bewegten Objekts unter den Atomen verteilt wird. Wo ist da der Unterschied?»

«Wie ich schon sagte, das ist eine Frage der Freiheit. Wenn die Atome an der kinetischen Energie eines bewegten Körpers teilhaben, haben sie keine Freiheit darin, wie diese Energie unter ihnen aufgeteilt wird. Alle Atome *müssen* sich mit derselben Durchschnittsgeschwindigkeit wie der ganze Körper vorwärts bewegen, denn jedes Atom ist Teil des Ganzen und darf nicht hinter ihm zurückbleiben oder ihm vorauseilen. In diesem Fall haben die Atome keine freie Wahl. In einem Hitzezustand dagegen bewegen sich die Atome ziellos und unabhängig voneinander. Es gibt viele Atome, und jedes ist frei, so viel oder so wenig Energie aufzunehmen, wie es bekommen kann, und es kann sich in jede gewünschte Richtung bewegen. Die Zahl der möglichen Richtungen, in die sich ein Atom bewegen kann, ist sehr, sehr groß, und da die Bewegungen alle unabhängig voneinander sind, schränkt das Verhalten des einen Atoms die Wahlmöglichkeiten des anderen nicht wesentlich ein. Ein Gegenstand, der groß genug ist, daß du ihn sehen kannst, enthält eine riesige Zahl von Atomen, und die Zahl der Permutationen all ihrer möglichen Bewegungszustände, also der möglichen Mikrozustände des ganzen Gegenstandes, ist wahrlich sehr groß. Die Zahl ist unendlich viel größer als die Zahl der Möglichkeiten von Atomen, die im Gleichschritt marschieren müssen, weil sie die kinetische Energie eines bewegten Körpers teilen. Deshalb wird es nie zufällig passieren, daß eine große Anzahl von Atomen, die sich ganz ziellos durch den Raum bewegen, sich auf einmal gemeinsam auf eine Art bewegen. Das *könnte* vielleicht geschehen, aber du kannst mit großer Sicherheit sagen, daß es nicht geschehen *wird*.

Das Problem ist, daß jedem Atom *so viele* Wahlmöglichkeiten offenstehen. Daß seine Wahl gerade auf eine bestimmte Möglichkeit fällt, ist deshalb höchst unwahrscheinlich. Das ist genauso, als hättest du dich in einem Irrgarten oder in einem Labyrinth verlaufen und wandertest ziellos von Raum zu Raum. Je mehr Räume und je mehr Wege es gibt, desto schwieriger wird es, wieder herauszufinden.»

Bei diesen Worten fand sich Scrooge in einen quadratischen Raum versetzt, mit einem Tisch und vier Stühlen und vier Bildern, an jeder

Wand eines. Es gab vier Türen. Er öffnete eine, und schon stand er wieder draußen neben dem Schatten in der öden Landschaft.

«Das war nicht sehr schwer», bemerkte Scrooge. «Schon die erste Tür, die ich öffnete, führte hinaus.»

«Weil es nur einen Raum gab», antwortete der Schatten. «Wie ich schon sagte, es wird immer schwieriger, je mehr Räume vorhanden sind. Versuch' doch einmal, ob du es bei hundert Räumen auch so leicht schaffst.»

Gleich darauf sah sich Scrooge in scheinbar denselben Raum zurückversetzt. Es gab einen Tisch und vier Stühle, und auch die vier Bilder an den Wänden. Wieder gab es vier Türen. Scrooge öffnete eine von ihnen aufs Geratewohl und ging hindurch. Er befand sich in einem Raum mit einem Tisch und vier Stühlen, vier Bildern an den Wänden und vier Türen. Schnell trat er auf eine der Türen zu und ging hindurch. Er befand sich in einem Raum mit einem Tisch und vier Stühlen ...

Scrooge ging schnell von Raum zu Raum. Jede Tür führte in einen Raum, der aussah wie der vorige. Er ging nun systematisch vor und nahm nun immer die erste Türe links. Er ging weiter und weiter, bis er sicher war, durch weit mehr als hundert Räume gegangen zu sein, aber noch immer zeigte sich kein Ausgang. Schließlich wurde ihm klar, daß er womöglich im Kreis durch immer dieselben Räume lief. Deshalb begann er, einfach irgendeine Türe zu nehmen, aber der Erfolg war auch nicht größer. Als er restlos erschöpft war vom vielen Herumsuchen, fand er sich unversehens wieder außerhalb des Labyrinths neben der Schattengestalt.

«Da siehst du, wie es ist», sagte sie. «Wenn ein Irrgarten hundert Räume hat, findest du wahrscheinlich nicht so schnell heraus. Es würde weit mehr als hundertmal so lange dauern wie bei einem einzigen Raum. Bald wird dir klar, daß du viele Male durch dieselben Räume läufst, wenn du nur dem Zufall folgst. Willst du schnell aus einem Irrgarten herausfinden, mußt du einem Plan folgen, und das tun Atome nicht. Sie haben kein Gedächtnis, und nie würden sie mit Brotkrumen eine Spur legen, um nicht noch einmal denselben Weg zu gehen. Die Bewegungen der Atome beruhen allein auf Zufall, und sie haben *nicht* bloß zwischen hundert Möglichkeiten zu wählen, sondern zwischen Millionen und aber Millionen. Es gibt praktisch keinen Ausweg für sie.»

«Ihr habt gesagt, all diese vielen verschiedenen thermischen Zustände seien für uns nicht zu unterscheiden», hakte Scrooge nach, der seinen Fragen eine andere Richtung geben wollte. «Wie ist das möglich? Wenn in einem Körper soviel Aktivität und Verschiedenheit herrscht, dann muß ich diese Aktivität doch feststellen können, wenn ich ihn betrachte.»

«Nein», antwortete seine Lehrmeisterin. «Denn ein Durchschnittsverhalten kannst du überhaupt nicht sehen. Du kannst nur lokale Verschiedenheiten feststellen, und das auch nur bei einem Maßstab, der dem Auge zugänglich ist. Deine Wahrnehmung von der Welt ist ungenau und unzuverlässig. Wenn du dich in einem vollkommen dunklen Raum befindest, sagst du, *'ich kann nichts sehen'*. Blendet dich ein Licht, sagst du, *'das Licht ist zu hell, ich kann nichts sehen'*. Das sind zwei extreme Gegenbeispiele für Licht, das du sehen kannst. Beide Male kannst du nichts sehen, weil sich kein Kontrast bietet. Und noch etwas kommt hinzu: Wenn du das Gesamtbild eines Objekts ins Auge faßt, reduzieren sich all die feinen Einzelheiten auf ein Mittelmaß, und du siehst sie nicht. Wenn du eine große, einfarbige Fläche auf einem gedruckten Bild anschaust, nimmst du nichts Besonderes wahr. Aber in Wirklichkeit besteht die Farbfläche aus vielen kleinen Punkten in verschiedenen Grundfarben. Sie sind so klein, daß du sie nicht sehen kannst. Was du wahrnimmst, ist lediglich der allgemeine, einfarbige Gesamteindruck.

Die Energie eines Objekts ist nur erkennbar, wenn dieses Objekt sehr viel mehr Energie besitzt als seine Umgebung oder umgekehrt, wenn es sehr viel weniger besitzt. Sie hebt sich nur ab, wenn ein Kontrast besteht bei einem Maßstab, den du wahrnehmen kannst. Nicht viel anders ist es ja mit deinen Besitztümern, auf die du so stolz bist. Deine Wohnung, dein Auto, jedes Stück deiner Einrichtung, alles ist von höchster Qualität, und das gibt dir ein Gefühl der Sicherheit und des Erfolges. Aber nur, weil *du* all diese Dinge besitzt, und andere nicht. Wären diese Besitztümer gleichmäßig in der Bevölkerung verteilt und jeder besäße dasselbe wie du, hätten sie nicht mehr den gleichen Wert als Statussymbole, und du hättest kein Interesse an ihnen. Durch diesen Unterschied, daß du diese Dinge besitzt und *andere nicht*, haben sie eine Bedeutung für dich.

Ganz ähnlich ist es mit der Energie. Wenn Energie an einem bestimmten Ort oder in einer bestimmten Aktivität konzentriert ist und wenn sich deshalb das durchschnittliche Verhalten der Atome an diesem Ort von ihrem durchschnittlichen Verhalten an einem anderen Ort unterscheidet, dann hast du eine außergewöhnliche Situation. Du erkennst sie als irgendwie anders. Die Energie, die der abstürzende Meteor besaß, hatte sich anschließend auf die Bewegungsenergie *aller* Atome und Moleküle deiner Umgebung übertragen. Die durchschnittliche Energie am einen Ort war dieselbe wie an einem anderen, und deshalb war sie nicht mehr wahrnehmbar. Komm, ich will es dir zeigen.»

Scrooge hatte gerade etwas in der Gegend herumgeschaut, aber bei diesen Worten war er sofort wieder präsent, und er bemerkte, wie ihm der Schatten zu Leibe rückte. Bevor er reagieren konnte, hatte ihn die nebelhafte Gestalt vollständig eingehüllt. Alles um ihn wurde trübe, und er konnte nichts mehr erkennen. Einen Augenblick lang war er verwirrt, aber dann klärte sich sein Blickfeld wieder. Allerdings klärte es sich nicht ganz, seine unmittelbare Umgebung blieb weiter sehr undeutlich und verschwommen. Er sah sich um, konnte jedoch nichts Genaues erkennen. Dann blickte er zufällig nach unten, und seine momentane Verwirrung wurde sofort von einem intensiven Schwindelgefühl abgelöst. Voller Entsetzen sah er tief unter sich die Straßen und Häuser einer Stadt. Seine Umgebung hatte verschwommen und undeutlich gewirkt, weil sie verschwommen und undeutlich *war*. Er schwebte offenbar in einer Wolke hoch über der Erde dahin.

Scrooge krallte seine Finger verzweifelt in die dünnen Dunststrähnen, die ihn umgaben, und suchte etwas, das ihn davor bewahren konnte, kopfüber in den Tod zu stürzen.

«Entspann dich», murmelte es dumpf neben ihm. «Entspann dich, du fällst nicht herunter. Dies ist nur eine Vision, und du bist nicht in Gefahr.» Scrooge schaute in die Richtung, aus der die Stimme kam, und sah auf einer Wolkenbank eine unmerklich dunklere Stelle im Nebel, die es sich dort bequem gemacht hatte. Seine Gefährtin war also noch bei ihm und schien sehr gelöst, wie sie es sich so auf ihrer wolkigen Couch bequem machte. Aber, dachte Scrooge, sie konnte sich hier oben leicht zu Hause fühlen, war sie doch selbst kaum fester als diese Wolken.

Nachdem ihm dieser Gedanke durch den Kopf gegangen war, fiel ihm auf, daß er selbst auch nicht herabgestürzt war und offensichtlich auch nicht herabstürzen würde. Er fühlte sich zunehmend sicherer und richtete seine Aufmerksamkeit auf das Bild tief unter sich.

Wie er schon in den ersten Momenten der Panik festgestellt hatte, schwebte er in beträchtlicher Höhe über einer Stadt. Er konnte die Konturen von Straßen und Plätzen sowie das Band eines Flusses erkennen, der sich zwischen den Häusern entlangschlängelte. Da und dort traten eine Kirche oder ein öffentliches Gebäude durch ihre auffallende Größe hervor, aber im großen und ganzen herrschte ein eintöniges Grau.

Nun, da er sich dazu durchringen konnte hinunterzuschauen, fiel sein Blick auf einen großen Markt oder Platz. Darauf zeichnete sich ein Muster aus Punkten ab, die sich andauernd bewegten. Der Anblick erinnerte ihn an das Gewimmel der Bewohner eines Ameisenhügels, bis er erkannte, daß es sich genau darum handelte. Er beobachtete die Einwohner einer Stadt, die eilig ihren Geschäften nachgingen. Zweifellos, dort unten überquerten ganz verschiedene Menschen in rascher Folge den Platz. Die einen eilten dem einen, die anderen einem anderen Ziel zu. Aber als er ihnen eine Weile zugesehen hatte, fiel ihm auf, daß das Bild von seinem hochgelegenen Aussichtspunkt aus vom einen zum anderen Mal ganz ähnlich aussah. Er war sich bewußt, daß jeder der vorwärtseilenden Punkte ein einzelner Mensch war und deshalb von seinen Mitmenschen ganz verschieden. Die Unterschiede zwischen den Menschen sind weit größer als die Unterschiede zwischen den Atomen, die sich in Wirklichkeit sehr ähnlich sind. Doch aus der Perspektive seines hochgelegenen Aussichtspunktes sahen die Menschen alle gleich aus.

Er betrachtete das Bild eine Zeitlang und beobachtete die monotone Gleichförmigkeit, wie sie von einer fast unendlichen Vielfalt hervorgerufen wird, wenn ihre Einzelheiten nicht deutlich zu erkennen sind. Die Menschen kamen und gingen, alle wanderten durch sein Blickfeld, aber er nahm nichts weiter wahr als eine unbedeutende Fluktuation.

Plötzlich ging auf dem Platz unten in der Tiefe eine deutliche Veränderung vor. In den Bewegungen der unruhigen Menge auf dem Platz entwickelte sich eine gewisse Gleichförmigkeit. Eine dicht gedrängte Masse von Punkten bewegte sich gleichmäßig über den Ort des Geschehens und kroch wie ein einziger Körper durch die Stadtlandschaft. Er fragte sich, wodurch diese Abweichung von der allgemeinen Anonymität hervorgerufen wurde, und plötzlich verstand er den Grund. Er blickte auf eine Prozession herab. Viele Menschen gingen in Reih und Glied in derselben Richtung auf ein gemeinsames Ziel zu. Sie marschierten im Takt zu den Klängen einer Musikkapelle, die dem Zug voranging. Scrooge verstand sofort die Bedeutung dieses Phänomens. Die Menschen, die an diesem Prozessionszug teilnahmen, bewegten sich weder schneller noch mit mehr Energie als die übrigen Individuen in der anonymen Masse auf dem Platz. Sie fielen ihm jedoch auf, weil sie sich gemeinsam bewegten, weil jeder seine Bewegung den Mitmarschierenden an seiner Seite anpaßte. Sie hoben sich allein durch die Einschränkung der Freiheit hervor, sich in alle Richtungen zu bewegen. Er verstand nun voll und ganz, wie die ständige Aktivität und Vielfalt der Atome auf der mikroskopischen Ebene einen vollkommen gleichförmigen Eindruck hervorrufen kann, wenn das Gesamtbild aus der Entfernung betrachtet wird.

Er teilte seine neue Einsicht seiner so vollkommen gleichförmigen Begleiterin mit, und diese bestätigte seine Überlegungen. «Natürlich, du hast vollkommen recht, wenn du sagst, daß das unübersichtliche Gewimmel tief unten in der Stadt aus ganz verschiedenen Menschen besteht. Laß uns zu ihnen herabsteigen, damit wir die Unterschiede einmal ganz deutlich sehen können.» Während der Schatten sprach, blies ein Windstoß die Wolke auseinander, in deren Schoß sich Scrooge allmählich ganz geborgen gefühlt hatte. Scrooge ruderte wild mit Armen und Beinen und stürzte in die Tiefe. Da war er nun, der tiefe Sturz zur Erde hinab, vor dem er sich so gefürchtet hatte. Er blickte auf die Erde unter sich. Die Umrisse wurden größer und kamen immer näher, aber langsamer, als er erwartet hatte. Tatsächlich, die Häuser und Straßen kamen sehr gemächlich auf ihn zu, und er schwebte sanft zur Erde, wie ein fallendes Blatt. Er fühlte kaum einen Stoß oder Aufprall, als sein Füße schließlich die Oberfläche einer Straße berührten.

Nach dieser wahrhaft sanften Landung wanderte Scrooge durch die Straßen, immer in Begleitung der Schattengestalt, die seine Aufmerksamkeit gelegentlich auf einen der Vorübergehenden lenkte. Sie begegneten einem alten Mann, einem Jogger mit weißem Haar, aber gesundem, blühendem Gesicht. Er überholte sie mit einer Energie, die manchen Jugendlichen hätte vor Neid erblassen lassen. Dann kamen sie an einem jungen Mann im Rollstuhl vorüber. In seinem schlaffen Gesicht spiegelte sich die Trauer des Gelähmten. Ein Stück weiter trafen sie einen anderen jungen Mann, der nur so strotzte vor Gesundheit. Er verstaute gerade das bespannte Gerüst eines Drachens hinten in seinem Auto, wo bereits die großen Sauerstoffflaschen einer Tauchausrüstung lagen. Dann wies der Schatten auf einen Mann mittleren Alters, der eine Zigarette ausdrückte. Kaum hatten sie ihn erblickt, krümmte er sich unter einem schweren Hustenanfall, aber sobald er wieder Atem geschöpft hatte, zündete er sich eine neue Zigarette an.

Der Schatten lenkte Scrooges Aufmerksamkeit auf viele Menschen, alle waren von Art und Gestalt sehr verschieden. «Es reicht!» rief er. «Ihr habt mir genug gezeigt. Ich sehe jetzt, daß die Menschen von nahem betrachtet recht unterschiedlich sind, allein schon nach Alter, sozialer Herkunft und ihren Beschäftigungen. Wer könnte angesichts dieser Verschiedenheit und Vielzahl von Eigenschaften sagen, sie seien alle gleich?»

«Sieh einmal in die Schaufensterscheibe da drüben», forderte ihn der Schatten auf. Scrooge blickte in das Glas, aber das Fenster war schwarz, und er konnte nur sein eigenes Spiegelbild erkennen.

«Ich sehe nichts», wunderte er sich, «nichts, außer meinem eigenen Gesicht.»

«Da siehst du die Antwort auf deine Frage», erwiderte der Geist. «Denn du, Scrooge, kanntest all diese Menschen, die ich dir gezeigt habe, und *du* hast sie alle für gleich erachtet. Jedes Leben war dir in allen Einzelheiten bekannt, als sie sich wegen einer Versicherung an dich wandten. Nach deinem Urteil waren sie alle gleich. Trotz ihrer vielen Unterschiede war für dich jeder Mensch nichts weiter als ein zu großes Risiko. Die Entfernung an sich ist nicht der einzige Grund für die begrenzte Sichtweise des Menschen.»

Scrooge mußte zugeben, daß er die vielen Unterschiede zwischen den Menschen bei vielen Gelegenheiten ignoriert hatte. Selbst wenn er von Angesicht zu Angesicht mit ihnen sprach, konzentrierte er sich gewöhnlich nur auf das, was sein Geschäft betraf.

«Nun», fuhr die Erscheinung fort, «wenn schon Menschen mit ihren vielen Unterschieden als Teile einer gestaltlosen Menge, als undifferenzierte Menschenmasse wahrgenommen werden können, wieviel mehr bleibt einem dann wohl bei dem fröhlichen Wärmetanz der Atome verborgen. Du bemerkst nicht das geringste Anzeichen der vielgestaltigen und ständig wechselnden Aktivität in einem Festkörper, und deshalb hältst du ihn bloß für eine tote, gleichförmige Masse, ohne jeden Reiz oder Aktivität. Die Energie in einem Körper, der sich in einem Gleichgewichtszustand befindet, bewegt sich zwischen den zufälligen Bewegungen der verschiedenen Atome unaufhörlich und völlig unbemerkt hin und her und ist dabei gefangen wie in einem Käfig. Du bemerkst lediglich die Auswirkungen der Energie, die eine niedrige Entropie besitzt und auf einen Zustand beschränkt und konzentriert ist. Diese Energie kann sichtbare Resultate hervorbringen. Sie ist *die zur Verfügung stehende Energie* und damit der Teil der vorhandenen Gesamtenergie, mit der man Dinge in Gang setzen kann, Dinge, wie sie sich ein zweckorientierter und ehrgeiziger Mensch wie du eben wünscht. Die Nutzenergie ist die Energie, die du noch kontrollieren kannst. Sie ist noch nicht Teil des sorg- und ziellosen Wärmetanzes der

Atome. Diese Nutzenergie kann noch deinen Zwecken dienen und dazu verwendet werden, Dinge in großem Maßstab geschehen zu lassen, eben diese Art von roboterhaften Großprojekten, bei denen sich alles im Gleichschritt bewegt und die du als nützlich bezeichnen würdest.»

«Wie kommt es denn zu diesem Unterschied zwischen diesen beiden Formen von Energie?» fragte Scrooge. «Aus welchem Grund steht uns ein Teil für nützliche Zwecke zur Verfügung und ein anderer nicht?»

«Eine gute Frage!» antwortete die Gestalt. «Warum ist überhaupt eine Energie so gut reguliert und gebändigt, daß sie nutzbar ist? Was ist die Ursache für die ordnende Kraft, die darin zum Ausdruck kommt? Das sind alles schwierige Fragen. Die Unterscheidung ist auf jeden Fall nicht absolut, denn der Zweite Hauptsatz der Thermodynamik besagt, daß bei jedem Versuch, Nutzenergie einzusetzen, ein Teil davon immer in das Wärmereservoir fließt und dadurch die Entropie, also »die generelle Unordnung» des Universums, erhöht. Immer wenn du Energie nutzt, um einen Zweck zu erreichen, das ist traurig, aber wahr, geht ein Teil der Energie, die dir ursprünglich zur Verfügung stand, verloren. Bei jedem Gerät fließt Energie von warm nach kalt und gleicht die Unterschiede zwischen beiden aus.»

«Aber Wärme fließt nicht immer aus heißen in kalte Regionen», protestierte Scrooge. «Der Kühlschrank in meiner Küche pumpt Wärme aus dem kalten Inneren nach draußen in den wärmeren Raum.»

«Bei manchen Geräten fließt tatsächlich etwas Wärme in die umgekehrte Richtung, wie du sagst. Natürlich wird bei einem Kühlschrank die Wärme aus dem kalten Innenraum in den wärmeren Außenraum gepumpt. Um diesen Vorgang zu starten und aufrechtzuerhalten, muß dann jedoch eine weit größere Energiemenge umgewandelt werden. Die Verringerung der Entropie in den gekühlten Nahrungsmitteln wird mehr als aufgewogen durch die Zunahme der Entropie, die sich aus der Umwandlung elektrischer in ungerichtete Wärmeenergie ergibt, die in den Raum abgestrahlt wird. Es wäre zwecklos, eine Kühlschranktür offenstehen zu lassen, um einen Raum zu kühlen, denn der Kühlschrank erzeugt *immer* mehr Wärme, als er wegnehmen kann. Willst du einen Raum kühlen, mußt du dafür sorgen, daß die überschüssige Wärme an einen anderen Ort geleitet wird, weit weg von dem Raum, den du kühlen willst. Immer wenn du einen Motor oder eine Maschine betreibst, geht Energie für den späteren Bedarf verloren, das geschieht zwangsläufig. Diese Energie ist nicht vernichtet, denn die Energie bleibt erhalten und kann nicht vernichtet werden. Aber sie wird dem immer größer werdenden Wärmereservoir zugeführt, und es gibt keine Möglichkeit, sie von dort zurückzugewinnen.»

Die Hauptsätze der Thermodynamik

Es gibt drei Hauptsätze der Thermodynamik, der erste und der zweite wurden bereits erwähnt. Von dem dritten ist nicht oft die Rede, und man könnte meinen, er wäre nur formuliert worden, damit eine Dreizahl von Gesetzen entsteht.
Wir erfahren später, daß Newton drei Bewegungsgesetze formuliert hat. Drei scheint eine beliebte Zahl für Gesetze zu sein.

Erster Hauptsatz: Die Energie eines abgeschlossenen Systems ist konstant.

Zweiter Hauptsatz: Geht ein abgeschlossenes System von einem Zustand in einen anderen über, nimmt seine Entropie in der Regel zu. (Seine Entropie nimmt entweder zu, oder sie bleibt mindestens gleich.) Mehr Energie geht als ungerichtete Wärmeenergie verloren, sie fließt von hohen zu niedrigeren Temperaturbereichen.

Dritter Hauptsatz: Die Entropieänderung nähert sich dem Betrag Null, wenn sich die Temperatur dem absoluten Nullpunkt nähert.

«Schau dir dieses Stück Kohle an», sagte der Schatten plötzlich und deutete auf einen Brocken Kohle, der neben dem Tor zum Hof einer Kohlenhandlung lag. Bei seinen Worten begann die Kohle zu glühen, und ein kleiner Rauchfaden stieg von ihr auf. «Die Energie, die dir aufgrund der chemischen Energie in der Kohle zur Verfügung steht, hat viele Anwendungsmöglichkeiten. Durch die Technologie deiner Gesellschaft scheinen die Wahlmöglichkeiten unbegrenzt. Was man mit der Energie von einem Stück Kohle alles machen kann, grenzt an ein Wunder. Sieh den dienstbaren Geist, der in diesem Brocken steckt!»
Der Rauchfaden, der von dem glühenden Stück Kohle aufstieg, wurde stärker und reichte bis in den Himmel. Seine Dichte nahm zu, bis er jedenfalls so fest aussah wie der Schatten, der Scrooge begleitete. Scrooge schaute nach oben und sah, wie sich eine gewaltige Figur aus Rauch über ihm auftürmte. Sie verschränkte die Arme über ihrem massiven und rußgeschwärzten Brustkasten. Als er staunend in die Höhe blickte, beugte sich die Gestalt zu ihm herab und sprach: «Oh Herr, was ist Euer Begehr? Welche Wundertaten soll ich für Euch vollbringen? Wünscht Ihr ein Fernsehgerät, einen CD-Player oder ein Luxusauto? Bittet nur darum, oh Herr, und Euer Wunsch soll in Erfüllung gehen. Aber bedenkt Euch wohl, oh mein Herr, bevor Ihr

wählt. Jeder Wunsch, den ich erfülle, kostet mich ein Stück meiner Leistungskraft. Sie läßt sich nie wieder ersetzen.»

Aus den Händen der machtvollen Gestalt ergoß sich ein Strom von Gebrauchsgütern. Da gab es Fernsehgeräte, Mobiltelefone, Computeranlagen – kurz, einen ganzen Schwall von Waren. Scrooge sah von jedem Gegenstand das gleiche Modell, das er selbst besaß. Der Stapel von Wunschgegenständen, der sich vor ihm türmte, entsprach genau der Inventarliste seiner Besitztümer. Als er fragend zu dem dienstbaren Geist aufblickte, sah er mit Bestürzung, daß die Gestalt rapide dahinschwand. Der massive Körper schrumpfte unaufhaltsam zusammen und wurde immer schwächlicher. Zu seinem Entsetzen fiel er vor seinen Augen in sich zusammen und löste sich schließlich in Luft auf. Kein Rauch stieg mehr auf, und als er in den Hof blickte, sah er, daß alle Kohle bis auf das letzte Stück verbrannt war. Nur ein Haufen Schlacke war übriggeblieben. Er glühte schwach und strahlte einen kaum wahrnehmbaren Rest von Wärme aus.

«Da siehst du, wohin Technologie letzten Endes führt», sagte der Schatten neben Scrooge. «Mit einer gehörigen Portion Genialität kann man eine Menge erreichen. Doch egal, was du tust und wie du es tust, immer kommt es dabei zu einer Energieübertragung und zu einer Zunahme der Entropie. Nutzenergie, also potentiell nützliche Energie, geht verloren und wird unwiederbringlich in Hintergrundwärme umgewandelt. Ist sie einmal dorthin entschwunden, läßt sie sich nie wieder zurückgewinnen. Keine Anlage und keine Maschine können ohne eine Differenz in der Energiekonzentration betrieben werden, aus der Nutzenergie entsteht. Ist die Nutzenergie einmal verbraucht, wird keine Maschine mehr arbeiten, wie genial sie auch immer konstruiert sein mag.»

«Aber doch, natürlich!» widersprach Scrooge. «Selbst wenn die Vorräte fossiler Brennstoffe, wie Kohle, verbraucht sein sollten, kann unsere Zivilisation so weitermachen wie bisher. Sie muß sich nur auf erneuerbare Energiequellen umstellen. Statt aus Kohle und Öl können wir unsere Energie aus dem Wind, den Wellen und direkt aus dem Sonnenlicht beziehen. Wir können Benzin gewinnen, indem wir neue Pflanzen anbauen, und wenn wir auch nicht warten können, bis sie sich wie in ferner Vergangenheit in Kohle und Öl verwandelt haben, so können wir immer noch Holz verbrennen und das Benzin für unsere Autos aus Pflanzen gewinnen. Ich habe Berichte über all diese Methoden der Energiegewinnung gelesen.»

«Ja, den endgültigen Verlust der Nutzenergie könnte man gewiß lange Zeit hinausschieben. Für sehr lange Zeit sogar, wenn man zu einer effektiven Nutzung der Sonnenstrahlung kommt. Aber mehr als hinausschieben ist nicht möglich. Die Sonne besitzt einen riesigen Vorrat an Nutzenergie. Sie ist sehr heiß und verströmt ihre Energie in die Kälte des Weltraums. Sie ist sehr groß, sehr heiß, und ihre Hitze erneuert sich ständig durch die nuklearen Prozesse in ihrem Innern. Die Sonne ist groß, aber endlich, und sie kühlt wie jeder heiße Körper unaufhaltsam ab, und zwar in dem Maße, wie sie ihre Energie verliert. Strenggenommen wird sie laufend kälter, denn durch die nuklearen Reaktionen, die in ihrem Innern stattfinden, wird die intensive Energie in den Atomkernen im Sonneninneren laufend verbraucht. Auch wenn es noch lange dauert, eines Tages wird selbst die Energie der Sonne zur Neige gehen. Du brauchst nur einen Blick in die Zukunft zu werfen, dann siehst du, was geschieht.»

Oh nein, geht das schon wieder los, dachte Scrooge und schaute sich um. Da bemerkte er, daß es in der Straße, in der sie standen, dunkel wurde. Ziemlich schnell sogar, überlegte er. Kaum hatte er diesen Gedanken zu Ende gebracht, da war auch schon die finstere Nacht hereingebrochen, und Scrooge sah einen sternenübersäten Himmel über sich. Aber die Sterne standen nicht fest an einem Ort, wie es für Sterne üblich ist, sondern sie kreisten mit deutlich wahrnehmbarer und zunehmender Geschwindigkeit am Himmel. Als neue Sterne über dem Horizont aufstiegen, verblaßten sie, und der Himmel wurde heller. Ohne Übergang brach die Morgendämmerung an, und die Sonne ging auf. Einen Augenblick später stand sie bereits im Zenit, Wolken zogen schnell über den Himmel und spielten Fangen vor der glühenden Scheibe. Es blieb nur kurze Zeit hell, dann verschwand die Sonne hinter dem Horizont, und die Sterne wanderten wieder über den Himmel.

In schneller Folge wurde es Tag, dann Nacht und wieder Tag. Der Rhythmus des Wechsels wurde immer schneller, bis sich Tag und Nacht wie gegensätzliche Blinkzeichen abwechselten, ähnlich dem Stroboskoplicht in einer Diskothek. Aber das Tempo steigerte sich weiter, bis Tag und Nacht in einem gleichförmigen Dämmerlicht verschwammen. Scrooge verlor jedes Zeitgefühl, doch er war sich undeutlich bewußt, daß in jedem Augenblick Jahrhunderte vergingen. Dieser Zustand hielt einige Zeit an, wie lange, wußte er nicht. Plötzlich und ohne Ankündigung kehrte sein Zeitgefühl zurück, und er stand in hellem Tageslicht. Die Sonne schien vom Himmel wie immer, aber die Umgebung hatte sich verändert. Hatte er zuvor auf einer Straße in der Stadt gestanden, so befand er sich jetzt auf dem offenen Land. Weit und breit war kein Zeichen von Zivilisation zu erblicken. Doch bei genauerem Hinsehen entdeckte er die verfallenen Überreste eines Gemäuers, die aus dem Gras eines nahegelegenen Hügels ragten. Er wollte sie gerade genauer untersuchen, als die Jahrhunderte wiederum in rasender Geschwindigkeit an ihm vorüberzogen, wie er es zuvor erlebt hatte.

Scrooge konnte nicht sagen, wie lange diese Beschleunigung des normalen Zeitflusses gedauert hatte, und war noch halb benommen, als die Welt urplötzlich zu ihrer normalen Gangart zurückfand. Es wurde dunkel, und die Nacht war noch wie jede andere Nacht auch. Die Sterne befanden sich an ihrem üblichen Platz, soweit er das beurteilen konnte, allerdings hatte er sich nie viel mit Sternbeobachtung beschäftigt. Der Mond stand hoch am Himmel, auch daran hatte sich nichts geändert. Er hatte gerade noch Zeit, sich ein wenig umzusehen, da begann der Strudel der Veränderung von neuem.

Dieser wechselhafte Zustand wurde zum Grundmuster seiner Existenz. Unbestimmte Zeiträume verbrachte er in einem Zustand der Zeitlosigkeit (obwohl er überzeugt war, daß jedesmal viele Jahrtausende verstrichen), wobei nach jedem dieser Zeitabschnitte eine kurze Pause eintrat, die ihm Gelegenheit gab, die jeweiligen Verhältnisse auf der Erde in Augenschein zu nehmen. Von einer Pause zur nächsten nahm er große Veränderungen in dem Gebiet um sich herum wahr. Das Meer, das er im einen Augenblick noch fern am Horizont gesehen hatte, plätscherte im nächsten in einer tiefen Bucht zu seinen Füßen. Als er sich das nächste Mal bei Tageslicht umschauen konnte, hatte sich das Meer wieder auf einen fernen, blauen Streifen zurückgezogen, und er befand sich inmitten einer weiten Ebene. Bei der nächsten Gelegenheit hatte sich zwischen ihm und dem fernen Ozean eine Reihe von Hügeln gebildet. Diese atemberaubenden Veränderungen, die sich sogar in der geologischen Struktur des Landes vollzogen, ließen ihn die immensen Zeiträume erahnen, die zwischen den Unterbrechungen seiner Reise in die Zukunft liegen mußten. Aber er konnte keinen Anhaltspunkt dafür entdecken, ob die Erde noch von Menschen bewohnt war. Zuweilen sah er für einen Moment etwas am Himmel fliegen, aber er konnte nicht erkennen, ob es weit entfernte Flugzeuge waren oder irgendwelche fliegenden Wesen, die er nicht kannte.

Von all diesen tiefgreifenden Prozessen schien der Himmel weitgehend unberührt. Doch allmählich stellte Scrooge auch hier Veränderungen fest. Die Sonne, sah aus wie immer, vielleicht leuchtete sie ein wenig heller. Aber der Mond, den er nachts sah, schien geschrumpft, oder er war jedesmal ein Stück weiter fortgerückt.

Irgendwann einmal, nach einer ungeheuren Zeitspanne, die er nicht im geringsten einzuschätzen vermochte, konnte er den Mond überhaupt nicht mehr entdecken. «Was wohl aus ihm geworden ist?» grübelte er laut vor sich hin. Da bemerkte er noch etwas, das sich nicht verändert hatte: eine Stimme, die ihm Antwort gab auf seine Frage. Der Schatten, der Urheber seiner Erfahrung, oder besser, seiner Visionen, weilte noch immer an seiner Seite.

«Der Mond hat die Erde verlassen», sagte er. «In all den Jahren hat sich die Gravitation des Mondes auf die Erde ausgewirkt und in den Ozeanen Gezeiten hervorgerufen. Ja, sogar in den festen Körpern auf der Erde und selbst auf dem Mond traten Gezeitenwirkungen auf. Die Unwucht von Ebbe und Flut wirkte wie eine Bremse auf die Erdrotation, und dabei hat sich ein Teil der Rotationsenergie auf den leichteren Körper, den Mond, übertragen und ihn weiter von der Erde weggeschleudert. Diese Gezeitenbremse rührt die Gewässer der Ozeane auf. Das Wasser wird dabei leicht erwärmt, so wie sich beim Bremsen eines Autos die Bremsbeläge erwärmen. Diese Umwandlung der Rotationsenergie der Erde geschieht langsam, sehr langsam, aber unaufhaltsam. Die Rotationsgeschwindigkeit der Erde hat langsam, aber stetig abgenommen, und der Mond hat sich weiter entfernt. Aber der Energieverlust der Erde hat sich nicht vollständig auf den Mond übertragen. Wie immer wurde viel Energie in Wärme umgewandelt. Sie entstand durch Reibung bei der Bewegung der Gezeiten. Auch wenn der Mond seine erdnahe Position verlassen hat, gibt es weiterhin Gezeiten auf der Erde. Sie werden durch die Gravitation der Sonne erzeugt und kosten die

Erde ebenfalls Rotationsenergie, bis sie eines Tages in einer festen Position verharrt und eine Seite der Sonne zukehrt. So, wie eine Seite des Mondes immer zur Erde weist.»

Scrooge sagte nichts. Irgendwie gab es dazu nicht viel zu sagen.

Schließlich bemerkte er, daß die Sonne jedesmal am Himmel stand, wenn er wieder Gelegenheit zu seinen Beobachtungen hatte. Offenbar wurde es nicht mehr dunkel. Er vermutete, daß die Erde aufgehört hatte, sich zu drehen, und daß er sich zufällig auf der Seite befand, die der Sonne zugewandt war. Lange Zeit änderte sich wenig. Scrooge hatte den Eindruck, als wäre zwischen den aufeinanderfolgenden Beobachtungspausen mehr Zeit vergangen als vorher. In einer jener Phasen, in denen er jene verschwommenen Wahrnehmungen erlebte, die mit diesen Reisen durch unvorstellbare Zeiträume verbunden waren, wurde das diffuse Licht auf einmal röter und intensiver. Als der rasende Galopp durch die Zeit wieder unterbrochen wurde und er sich umsehen konnte, erblickte er ein riesiges, rotes Gestirn. Es bedeckte den halben Himmel und sandte eine gewaltige Strahlung aus, die die Erde in weitem Umkreis verbrannt hatte.

«Das ist das nächste Stadium. Es hat begonnen, als die Sonne ihren gesamten Vorrat an Wasserstoff in Helium umgewandelt hatte.» Mit einer Unausweichlichkeit, die der des Hitzetodes in nichts nachzustehen schien, war der Schatten an seiner Seite und erklärte ihm, was er sah. «Der Wasserstoff lieferte den Brennstoff für die nuklearen Reaktionen, die das Feuer der Sonne so lange nährten. Als er verbraucht war, hörten diese Reaktionen auf. Die Sonne kollabierte durch ihre eigene Schwerkraft und setzte hierbei potentielle Gravitationsenergie frei. Dadurch wurde sie heißer als je zuvor. Diese neuen, extremen Temperaturen entzündeten einen neuen nuklearen Prozeß. Jetzt brannte das Helium und setzte Energie frei. Dies ist ein nukleares Feuer, das schneller brennt und Energien ungeheuren Ausmaßes erzeugt. Die Strahlung erzeugt bei diesem Vorgang einen nach außen gerichteten Druck, durch den sich die Sonne, wie du siehst, um das Hundertfache ihrer vorherigen Größe ausdehnt. Aber auch der Vorrat an Helium ist begrenzt. Deshalb kann der riesige Ausstoß von Energie nicht so lange dauern wie in dem Stadium davor.»

Während des nächsten Zeitabschnitts seiner rasenden Reise in die Zukunft sah Scrooge, wie der intensiv rote Glutball plötzlich aufflakkerte, und als er sich das nächste Mal umschauen konnte, sah er nur eine kalte und dunkle Landschaft um sich herum. Er glaubte, die Erde hätte sich gedreht, und die Sonne wäre deshalb nicht sichtbar für ihn. Aber seine Gefährtin klärte ihn auf.

«Du kannst die Sonne immer noch sehen. Sie steht dort drüben am Horizont, zu deiner Rechten.» Scrooge blickte in die angegebene Richtung und sah einen kleinen hellen Punkt, der sich kaum von den übrigen Sternen am Himmel unterschied. «Die Sonne hat ihren gesamten Brennstoffvorrat an Helium verbraucht und schnell die nachfolgenden Stadien durchlaufen. Alle Energie, die in ihren Atomkernen steckte, ist erschöpft, und als Energiequelle bleibt ihr nur noch die Gravitation. Sie kann nichts weiter tun als allmählich abkühlen und kollabieren. Dabei strahlt sie den größten Teil ihrer Hitze ab, bis sie sich im Gleichgewicht mit dem umgebenden Raum befindet.»

In der nächsten Pause konnte Scrooge überhaupt keine Überbleibsel der Sonne mehr entdecken. Zwar standen noch andere Sterne am Himmel, aber nach jedem Zeitabschnitt waren es weniger. Von Zeit zu Zeit erschien ein neuer Stern und lebte für eine Weile, eine ungeheuer lange Zeit für gewöhnliche Maßstäbe. Doch für Scrooge, den unsterblichen Beobachter, dauerte sie nur einen Augenblick. Schließlich flammte jeder Stern mit einem gleißenden Licht auf und erlosch, und mit jedem Mal wurde die Zahl der Sterne kleiner. Das Universum wurde sehr dunkel und leer.

«Da siehst du das endgültige Gleichgewicht», kam unvermeidlich die Stimme des Schattens. «Die Energiemenge im Universum ist dieselbe wie immer. Aber sie verteilt sich jetzt auf den ungeheuer großen und leeren Raum, genauso wie sich die Energie des Meteors durch den Absturz, den du erlebt hast, auf die örtlichen Gegebenheiten der Erde verteilt hat. Auch in diesem Fall kannst du die Energie nicht mehr ohne weiteres wahrnehmen, weil sie nicht mehr konzentriert ist und keine Kontraste mehr existieren. Alles hat die gleiche Temperaturstufe erreicht, und so wird es bleiben. Es gibt nichts mehr zu sagen, und das Leben des Universums ist am ...»

Die dumpfe Stimme verstummte plötzlich. Auch wenn sie langweilig und ermüdend geklungen hatte, war sie doch die einzige Gesellschaft in dieser trostlosen Situation gewesen, und nun war auch sie verschwunden. Die Nacht war dunkel, obwohl dieser Gedanke nicht ganz korrekt war, wie Scrooge sich eingestehen mußte. Es gab weder Tag noch Nacht, denn das wäre ja ein Kontrast gewesen, und Kontraste gab es nicht. Es herrschte nur Dunkelheit, und nun, da der Schutz seiner Lehrmeisterin fehlte, setzte eine schreckliche Kälte ein. In Ermangelung eines besseren Planes sah er sich in der Dunkelheit um und entdeckte, entgegen aller Vernunft, ein Bett. Er versuchte nicht, sich seine Gegenwart zu erklären, sondern kroch hinein, schmiegte sich in die Kissen und schlief ein.

Der zweite Besuch

Darin begegnet Scrooge dem unsteten Geist der Zeit. Er führt ihn in ein Reich ein, das weniger dem Sein als dem Werden angehört, in das Reich des Wandels und der Vielfalt im Universum.

Während ihn sein erster Besucher mit dem Gebiet der Energie und der Entropie, mit konstanten Größen und Gleichgewichtsbedingungen vertraut machte, bringt ihm der zweite die Unbeständigkeit, den Wandel und die Schöpfung nahe.

Scrooge erfährt, wie Bewegung und sogar Zeit relativ ist; daß die Zeit keine absolute Größe ist, sondern von der Bewegung des Beobachters abhängt. Er lernt, wie die Zusammenhänge zwischen Ursache und Wirkung so weit reichen können, daß eine vollständige Kenntnis der Gegenwart auch die Vergangenheit und Zukunft enthüllt, daß es also dann weder etwas Neues noch einen freien Willen gibt. Und schlußendlich muß er einsehen, wie auch das absolut Festgelegte vollkommen unvorhersehbar sein kann und wie Chaos wiederum in Schöpfung zu münden vermag.

Der unstete Geist der Zeit unterrichtet Scrooge über das Leben, das Universum und das Geheimnis des Jetzt.

Kapitel 4
Relativ gesehen

Als Scrooge erwachte, fand er sich in seinem Bett und in seinem Schlafzimmer wieder. Er war zwar nicht mehr in der tiefen Dunkelheit am Ende aller Zeiten verloren, aber auch in seinem Schlafzimmer war es dunkel. Es war so dunkel, daß er vom Bett aus kaum das durchsichtige Fenster von den undurchsichtigen Wänden des Raums unterscheiden konnte. Seine Augen suchten die Dunkelheit zu durchdringen, als die nahe Turmuhr viermal für die volle Stunde schlug. Dann gab die Glocke mit tiefem, dumpfem und melancholischem Klang die Uhrzeit an. Auf die Minute genau zuckten Lichtblitze durch den Raum, und er spürte eine Präsenz.

Scrooge fühlte, daß er nicht alleine war, aber er konnte nicht sehen, wer oder was zu ihm gekommen war. Jedenfalls war ein anderes Wesen mit ihm im Raum, da war er sich sicher – aber wo? Er glaubte eine Gestalt an der Tür gesehen zu haben, aber blitzschnell schoß sie zum Fenster. Als er zum Fenster herüberblickte, war die Gestalt schon wieder verschwunden und zum Bügelbrett hinübergeflitzt. Jedesmal, wenn Scrooges Blick seinen neuen Besucher beinahe erfaßt hatte, verschwand er aus seinem Blickfeld und sauste unruhig im Zimmer umher wie ein verrückter Kolibri.

Scrooge drehte und verrenkte seine genarrten Augen, während er den blitzschnellen Bewegungen seines unsichtbaren Gastes zu folgen versuchte. Gerade als er glaubte, er könne nie mehr ruhig in eine Richtung schauen, ließ sich der Geist – denn um einen solchen handelte es sich – an Scrooges Bett nieder, kaum einen Meter von seinem Gesicht entfernt. Dieser Geist hatte die Gestalt eines jungen Mannes, fast eines Knaben, er war schlank und hatte feine, zarte Gliedmaßen. Scrooge konnte sehen, daß die Gestalt nun offenbar zur Ruhe gekommen war, denn verharrte sie jetzt nicht an einer Stelle direkt vor seinen Augen? Das Merkwürdige aber war, daß die Gestalt sich zwar nicht auch nur einen Millimeter von der Stelle rührte, aber dennoch nicht ruhig *schien*. Der Geist verhielt sich vollkommen bewegungslos, aber seine Haare flatterten um seinen Kopf, als wehten sie im stürmischen Wind. Er trug ein langes Gewand, das ebenfalls um ihn herumflatterte, es bauschte sich in diesem Wind, der offenbar auch während seiner augenblicklich ruhigen Haltung um ihn herum war. Während Scrooge noch schaute und staunte über diesen Windzug, war doch sonst keine Bewegung zu sehen, änderte sich plötzlich die Richtung, in der Haare und Umhang wehten. Sie flatterten auf einmal seitwärts, wie in einem plötzlichen Seitenwind, obwohl sonst kein Anzeichen irgendeiner Bewegung im Raum zu sehen war. Nach einigen Augenblicken änderte sich die Richtung erneut, und – flip, flap – wehten Haare und Umhang zur anderen Seite.

«Hallo, Geist, haltet endlich still!» rief Scrooge. «Wie soll ich etwas von Euch lernen, wenn Ihr nicht stillhaltet? Ich kann mich nicht konzentrieren, wenn ich dauernd abgelenkt werde. Bitte haltet endlich still und sagt, was Ihr zu sagen habt, denn die Zeit läuft uns davon.»

Als er das hörte, lachte der Geist. Es war ein helles, ansteckendes Lachen, voller Lebendigkeit und Lebenslust. «Oh Mensch, willst du mich über Zeit und Bewegung belehren? Ich weiß, wenn du Geschäftsleute berätst, empfiehlst du ihnen gerne, Gutachten über Zeit und Bewegungsabläufe anfertigen zu lassen. Aber was weißt du eigentlich wirklich darüber? Man könnte mich den Geist von Zeit und Bewegung nennen, den Geist des Wandels. Deine vorigen Besucher haben dich in die Lehre von der Energie und den Gleichgewichtszuständen eingeführt, also in die Wissenschaft vom Sein. Ich hingegen werde dich ein wenig mit der Wissenschaft des Werdens bekannt machen.

Du wolltest, daß ich mich ruhig verhalte», fügte er hinzu. «Hast du vielleicht eine Vorstellung davon, was du damit meinst? Woran erkennst du, ob sich etwas bewegt oder nicht?»

«Dumme Frage!» brauste Scrooge auf. «Wenn sich etwas bewegt, sehe ich doch, daß es sich bewegt. Sehe ich keine Bewegung, steht es still. Das ist doch wohl eindeutig!»

«Mißtraue allem, was zu eindeutig ist. Alles ist relativ! Folge mir! Folge mir, die Nacht ist jung wie ich. Folge mir, und ich werde dir zeigen, was ich meine.»

Das Wesen streckte eine dünne und knabenhafte Hand aus. Scrooge nahm sie und befand sich augenblicklich außerhalb seines Schlafzimmers an der Seite seines Gefährten. Zusammen flogen sie über die

Stadt. Sie flogen über Häuser und Straßen und gingen bald über einem kleinen Vorortbahnhof nieder. Ein Zug fuhr gerade ab, er war fast leer zu dieser späten Stunde. Sie landeten auf dem Bahnsteig, neben einer Wagentüre des Zuges, der immer schneller aus dem Bahnhof rollte.

«Lauf!», schrie der Geist Scrooge ins Ohr. «Lauf, so schnell du kannst, dann erreichst du den Zug noch, ehe er den Bahnhof verläßt.» Scrooge sprintete den Bahnsteig entlang, getrieben von dem automatischen Reflex, den ein abfahrender Zug in jedem Städter auslöst, der glaubt, etwas zu versäumen. Dabei mußte er unaufhörlich daran denken, daß er diesen Zug eigentlich gar nicht erreichen wollte und daß es ihm einerlei war, ob er ohne ihn abfuhr.

«Warum mache ich das?» fragte er sich laut, während er sich anstrengte, mit der Tür Schritt zu halten und die Klinke herabzudrücken.

«Schneller, und sprich nicht», sagte der Geist. Die Erscheinung schien doch älter zu sein, als Scrooge anfangs geglaubt hatte. Sie sah aus wie ein Teenager, der mit seinen langen Beinen mühelos neben dem fahrenden Wagen herlief. Scrooge rannte, spannte alle Muskeln an und blieb gleichauf mit der Tür des immer schneller fahrenden Zuges. Schließlich konnte er sich in den Wagen schwingen und die Tür hinter sich schließen. Keuchend lehnte er sich dagegen.

Der Geist erschien neben ihm im Abteil und sagte freundlich: «Du kannst ein wenig verschnaufen. Aber ich möchte dich darauf aufmerksam machen, daß du die ganze Zeit auf gleicher Höhe mit dieser Tür warst, als du neben dem Zug herranntest. Du bist aus Leibeskräften gerannt, um am gleichen Ort zu bleiben.»

«Aber ich befinde mich doch nicht am gleichen Ort!» schnaufte Scrooge, «ich sitze in einem fahrenden Zug und bleibe deshalb ganz bestimmt nicht am gleichen Ort. Wir bewegen uns die ganze Zeit, indem der Zug fährt.»

«Woher weißt du denn, daß wir jetzt fahren?» entgegnete der Geist. «Was ist Bewegung, wenn nicht ein Wechsel des Ortes, und wie definieren wir einen Ort? Gewöhnlich, indem wir angeben, wie weit ein Ding von einem anderen entfernt ist, nicht wahr? Wenn du mit einem anderen Menschen über die Lage von Dingen sprechen willst, mußt du dich mit ihm über eine Methode verständigen, ihre Positionen zu messen, damit man sagen kann, wo sich etwas befindet. Das ist genauso, als wolltest du die Lage eines geographischen Punktes beschreiben. Du würdest seine Breiten- und Längengrade angeben, also Entfernungen, die an zwei rechtwinklig zueinander stehenden Achsen abzulesen sind. Du mußt auch ein *Bezugssystem* für die Richtungen angeben. Außerdem könnte der Ort auf einem Berg liegen. Deshalb müßtest du auch eine Entfernung auf einer Achse angeben, die im rechten Winkel zu den beiden anderen steht, also die Höhe über dem Meer. Wenn du einen Gegenstand bestimmen willst, der sich frei in einem dreidimensionalen Raum bewegt, mußt du drei Richtmaße angeben, mit denen du seinen Ort mißt. Jedes dieser drei Richtmaße weist in eine Richtung, die im rechten Winkel zu den beiden anderen steht, und alle treffen sich in einem gemeinsamen *Ursprung.* Das ist der Punkt, von dem aus du deine Messungen in die drei verschiedenen Richtungen vornimmst. Diese Richtmaße oder *Achsen* sind imaginär, aber der Punkt ihres Ursprungs und die Richtungen sind real. Die drei Entfernungen zwischen dem Ursprung und irgendeinem Punkt, der an diesen drei Achsen gemessen wird, sind die *Koordinaten* dieses Punktes.

Wenn alle Punkte in einer flachen Ebene liegen, wie auf einer Landkarte, genügen zwei Koordinaten. Stell dir vor, daß auf der Oberfläche ein rechtwinkliges Gitternetz eingetragen ist, von dem du diese Koordinaten ablesen kannst. Du kennst das von den Längen- und Breitengraden auf Landkarten. Paß auf!»

Der Geist machte eine Handbewegung, und in dem Abteilraum wurde ein Gitter aus feinen grünen Linien sichtbar. Es sah aus wie eine in einen Film eingeblendete Computergraphik. Die Linien bildeten das Netz einer flachen Ebene, die in der Luft schwebte. Darüber waren hier und da ein paar leuchtende Symbole für Bäume verteilt, die eine Landschaft andeuten sollten. Plötzlich bewegte sich eine kleine Spielzeugeisenbahn mit Lokomotive und zwei bunt angemalten Wagen gleichmäßig über das Gitternetz.

«Du siehst unbewegliche Objekte, wie diese Bäume, die immer dieselbe Position auf dem Gitter einnehmen. Die Eisenbahn dagegen bewegt sich von einem Gitterpunkt zum nächsten, denn sie *bewegt* sich relativ zu dem Gitter. Wir wollen noch ein anderes bewegtes Objekt hinzufügen.»

Neben einem der Wagen erschien nun eine kleine, rennende Spielzeugfigur, die Scrooge auffallend ähnlich sah. In einer lustigen Animation stolperte sie vorwärts und fuchtelte mit den Armen, während sie neben dem Zug herrannte. Scrooge wußte nicht, ob er das besonders lustig finden sollte.

«Nun haben wir zwei Objekte, die sich bewegen, jedenfalls soweit wir das nach dem Gitter der Landschaft erkennen können. Aber das ist nicht das einzige Gitter, das uns zur Wahl stand. Wir hätten den Ursprungsort auch an die Spitze der kleinen Lokomotive verlegen können, dann hätten wir ein anderes Gitter bekommen.»

Und nun erschien ein Gitter von blassen roten Linien. Diese Linien bewegten sich über die grünen Maschen der Landschaft und blieben immer auf gleicher Höhe mit der Eisenbahn. Das neue Gitter war mit der Eisenbahn verbunden, deshalb veränderten weder die Bahn noch die kleine Scroogefigur ihre Position zueinander. Alles bewegte sich gemeinsam vorwärts.

«Wir haben ein feststehendes grünes Gitternetz – gewöhnlich nennen wir das ein *Bezugssystem* –, das sich in bezug auf die Landschaft in Ruhe befindet, und ein rotes *Bezugssystem* in Bewegung. Es bewegt sich mit der kleinen Eisenbahn. Aber wer könnte mit Bestimmtheit sagen, daß sich das rote bewegt und das grüne sich in Ruhe befindet? Könnte sich nicht auch das rote in Ruhe befinden?»

Als er das sagte, hielten die roten Linien an und standen zusammen mit der Eisenbahn plötzlich still. Da die roten und die grünen Linien sich in einer bestimmten *relativen* Bewegung zueinander befanden, bewegten sich nun die grünen Linien samt den Baumsymbolen in umgekehrter Richtung und mit gleicher Geschwindigkeit wie zuvor die Spielzeugeisenbahn.

Bezugssysteme

Man kann die Lage eines Objekts dadurch kennzeichnen, daß man ihm eine Koordinate x zuordnet. Das ist der Abstand des Objekts von dem Nullpunkt, den man in dem gewählten Bezugssystem festgelegt hat. Wenn das Objekt sich relativ zu diesem System bewegt, wird dieser Abstand mit zunehmender Zeitdauer größer (vorausgesetzt, das Objekt bewegt sich in einer bestimmten Richtung). Dann ist

$$x = x_0 + vt.$$

Darin bedeutet x_0 die Lage des Objekts genau in dem Augenblick, in dem man angefangen hat, seine Bewegung mit der Stoppuhr zu messen. t steht für die Zeit, die seit diesem Augenblick abgelaufen ist, und v ist die Geschwindigkeit relativ zum Bezugssystem.

Wenn man aber das Objekt von einem Bezugssystem aus beobachtet, das sich mit der gleichen Geschwindigkeit bewegt wie das Objekt, erscheint dieses als ruhend. Von dem neuen System aus gemessen, ist seine Geschwindigkeit u gleich der vom ersten System aus gemessenen Geschwindigkeit v minus der Relativgeschwindigkeit V zwischen den beiden Systemen. Der Wert von u ergibt sich aus der Formel

$$u = v - V.$$

Wenn sich das zweite System zusammen mit dem Objekt bewegt, ist $v = V$, und u wird null. Aber die obige Beziehung gilt auch dann, wenn v und V unterschiedliche Werte besitzen. Dieses Gesetz wird als die Galileische Addition von Geschwindigkeiten bezeichnet.

«Aus deiner Sicht befindet sich unser Zug in Ruhe. Könnte das nicht der Wirklichkeit entsprechen? Kannst du sehen, daß sich der Zug bewegt? Schau dich um. Die Sitze, die Gepäcknetze, die Tür: Bewegt sich irgend etwas? Und sieh aus dem Fenster. Du siehst die Häuser neben den Schienen. Siehst du nicht ganz deutlich, daß sie sich immer schneller rückwärts bewegen? Würdest du nicht sagen, daß dieser Wagen steht und daß sich die Welt da draußen bewegt?»

«Natürlich nicht!» antwortete Scrooge. «Es ist doch sonnenklar, daß sich die Welt nicht bewegt. Das weiß ich doch!»

«Aber woher weißt du das? Vorhin sagtest du doch, daß du es siehst, wenn sich etwas bewegt. Nun, hier siehst du, daß sich die Welt da draußen bewegt, während du hier im Wagen keinerlei Bewegung feststellen kannst. Beweist dir das nicht, daß der Wagen steht?»

«Nein, das tut es nicht», beharrte Scrooge, obwohl es ihm jetzt schwerfiel, neue, überzeugende Argumente vorzubringen. Er war sich ganz sicher, daß sich der Zug bewegte und *nicht* die Häuser neben den Gleisen. Aber seine frühere Behauptung schien dem zu widersprechen. Als er darüber nachgrübelte, brauste der Zug über eine Unebenheit in den Geleisen, und er wurde in den Gang des Abteils geschleudert. «Das ist der Beweis!» rief er. «Würde der Wagen stehen, würden wir kein Schaukeln fühlen und keine Stöße, wie diesen eben.»

«Ein gutes Argument!» entgegnete der Geist. «Aber selbst wenn du das als Beweis dafür nimmst, daß sich der Wagen bewegt, folgt daraus noch nicht, daß sich der Boden in einer ruhenden Position befindet. Könnten sich nicht *beide* bewegen, der Wagen und der Boden, wenn auch mit verschiedenen Geschwindigkeiten? Jedesmal wenn sich an deiner Bewegung etwas *ändert*, fühlst du eine Beschleunigung, und deshalb kannst du sagen, daß deine Bewegung sich verändert hat. Du könntest sagen, daß der Zug eine Kurve beschreibt, denn du fühlst die Beschleunigung, die mit dem Wechsel in der Bewegungsrichtung verbunden war. Wenn aber keine Änderung in der Bewegung eintritt, fühlst du nichts.

Bewegung ist relativ. Wenn du etwas siehst, das sich dauernd in der gleichen Entfernung von dir befindet, befindet es sich *relativ* zu dir in Ruhe. Siehst du aber, daß die Entfernung kleiner und kleiner wird, je länger du hinschaust, bewegt es sich auf dich zu. Oder umgekehrt, du bewegst dich darauf zu. Du kannst zwar angeben, daß eine relative Bewegung vorhanden ist, aber du weißt nicht, wer sich bewegt und wer in Ruhe ist. Eine Änderung der Position in der Zeit ist ein Zeichen von Bewegung, ja, es definiert Bewegung geradezu und auch Geschwindigkeit. Wenn du etwas über die Geschwindigkeit dieses Zuges aussagen müßtest, würdest du es wahrscheinlich in *Kilometern* pro *Stunde* tun.

Wenn du siehst, daß die übrige Welt vor deinem Fenster vorbeizieht, so wie jetzt, dann weißt du, daß eine relative Bewegung vorhanden ist, mehr aber auch nicht. Du kannst glauben, daß der Erdboden stillsteht und der Zug sich bewegt, aber welchen Beweis hast du für diesen Glauben?»

Scrooge fand, daß er dazu genug Grund hatte und sagte: «War nicht das plötzliche Schlingern des Zuges vorhin ein Beweis dafür, daß er sich bewegt? Ihr habt selbst gesagt, das sei ein Beweis gewesen.»

«Das zeigte uns in der Tat, daß es eine *Änderung* in der Bewegung gab, aber das heißt nicht unbedingt, daß sich der Zug *jetzt* bewegt. Vielleicht bewegte er sich vorhin, und jetzt, nach der Bewegungsänderung, steht er still. Vielleicht stand der Zug aber auch vorher still und bewegt sich jetzt. Und es kann sein, daß er sich vorher bewegte und jetzt auch, daß sich jetzt aber auch der Erdboden bewegt, wer will das wissen? Gewiß ist nur, daß es Bewegung gibt, aber alles ist relativ. Der Zug bewegt sich *relativ* zum Boden. Er hat sich vorher in einer anderen Richtung bewegt, *relativ* zu der jetzigen Bewegung. Relative Bewegung kannst du beobachten – zweifellos, aber absolute Bewegung – das ist unmöglich. Du weißt nicht, was wirklich stillsteht und was nicht.»

Scrooge war ganz verwirrt von diesen haarspalterischen Betrachtungen. Dabei war doch eigentlich alles ganz offensichtlich: «Züge sind dazu da, daß sie fahren. Deshalb steht fest, daß der Zug fährt. Die Erde ist sehr groß und stabil. Deshalb ist klar, daß die Erde stillsteht. Bedarf es da noch weiterer Beweise?»

«Du hältst es für erwiesen, daß sich die Erde nicht bewegt, aber muß das so sein? Vielleicht glaubst du das nur, weil die Erde so *groß* ist und du im Vergleich zu ihr nur ein Winzling? Du weißt, daß es schwierig ist, die Bewegung von etwas zu ändern, das groß und schwer ist. Deshalb glaubst du unbewußt, daß es sich nicht bewegen kann. Ich möchte dir etwas zeigen, was dich vielleicht überzeugt. Komm mit.»

Scrooge erwartete wieder eine magische Transformation, wie er sie nun schon mehrfach erlebt hatte, aber statt dessen kam das Phantom auf ihn zu. Scrooge wurde sich plötzlich bewußt, daß die Erscheinung sich verändert hatte, seit er sie zum ersten Mal gesehen hatte. Der Geist schien in der kurzen Zeit herangewachsen und gereift. Er war jetzt kein schmächtiger Bursche mehr, sondern ein großer, muskulöser junger Mann, der ihn überragte. Dieser so dynamisch-körperliche Geist packte Scrooge mit festem Griff am Kragen, stieß die Tür des Wagens auf und warf ihn hinaus. Der Zug, der gerade wieder durch eine verlassene Station kam, hatte seine Geschwindigkeit zum Glück gedrosselt, und Scrooge landete taumelnd auf dem Bahnsteig, wo ihn der Schwung stolpernd vorwärts riß. Dann richtete er sich auf, drehte sich um und zeigte dem Geist seine Empörung über diese Behandlung eines vielversprechenden Mitglieds der Geschäftswelt. Doch die Traumgestalt schenkte Scrooges Protesten keine Beachtung, sondern drängte ihn ohne große Umstände aus dem Bahnhof.

Schon bald kamen sie auf den Parkplatz eines großen Supermarktes. Der Laden lag verlassen da, wie zu erwarten, denn es war immerhin mitten in der Nacht. Über eine Mauer beleuchteten Straßenlaternen den Parkplatz und zeigten, daß die große nasse Asphaltfläche fast leer war. Nur fünf Fahrzeuge waren geparkt. Im Schutz der fernen Mauer drängten sich drei Autos und ein Kleinlaster zusammen, als ob sie sich gegenseitig beschützen und vor dem fünften Fahrzeug verstecken wollten. Dieses fünfte Fahrzeug stand mitten auf dem Parkplatz, ja, man müßte sagen, es nahm ihn *vollständig in Beschlag*. Die bedrohlichen Umrisse eines Ufos nahmen fast den ganzen Platz ein. Die Straßenlaternen spiegelten sich ölig glänzend auf der regennassen Metalloberfläche des großen, kuppelförmigen Rumpfes. Er ruhte auf massiven hydraulischen Landebeinen, und selbst bei der schwachen Beleuchtung war zu erkennen, daß sie tief in den Asphalt des Parkplatzes gerammt waren, sehr zum Unwillen der Direktorin des Supermarkts, die die Löcher am nächsten Tag entdeckte.

Während Scrooge das merkwürdige Gefährt staunend betrachtete, öffnete sich hoch oben im Rumpf eine Tür, und eine Leiter mit Metallsprossen senkte sich auf die Erde. Auf ihr kam eine kleine Gestalt herab. Doch vielleicht wirkte der Neuankömmling nur wegen seines ungeheuer großen Fluggeräts so klein, dachte Scrooge. Die Gestalt erreichte den Boden des Parkplatzes und ging auf sie zu. Als sie näher kam, sah Scrooge, daß sie tatsächlich klein war, etwa anderthalb Meter groß. Sie war auch deshalb ungewöhnlich, weil sie ganz aus Metall bestand.

«Das ist unser Pilot», sagte der Geist. «Wie du siehst, ist er ein Roboter, aber er ist sehr erfahren. Er ist viel herumgekommen.»

Er sah wirklich aus, als wäre er viel unterwegs gewesen, und zwar schon lange. Er wirkte ausgesprochen erschöpft, sein Körper war stellenweise verbeult und um die Gelenke herum etwas rostig. Seine Stimme klang krächzend, als ob sie lange nicht mehr gebraucht worden wäre, und er lispelte.

«Hallo», sagte er, «ßön, euch tßu ßehen. Würdet ihr euch an Bord bemühen, wir können ßofort ßtarten.»

Die kleine metallene Gestalt führte sie die Treppen empor und einen metallverkleideten Gang entlang, der in den Kontrollraum führte. Eine Wand war mit riesigen Instrumententafeln bestückt, davor standen gepolsterte Sitze für die Mannschaft. Sie waren auf so etwas wie ein riesiges Fenster oder eine Art Bildschirm ausgerichtet, obwohl

die nahtlose metallene Außenhaut der Maschine keine Öffnung erkennen ließ. Auf dem Bildschirm erkannte man einen dunklen, regennassen Parkplatz.

«Achtung, alle Mann anßnallen», kommandierte der Roboter, der
offenbar auch der Kapitän des Schiffes war. Scrooge und sein Lehrmeister nahmen gehorsam Platz und legten die breiten Gurte an. Für
die Geistergestalt war das vermutlich nur eine höfliche Geste, sie hatte
ja wohl keinen Schaden zu befürchten.

Kaum waren sie angeschnallt, als der Parkplatz unter ihnen weg-
sackte. Der Druck der Beschleunigung war kaum zu spüren, aber die
Stadt schrumpfte schnell unter ihnen zusammen. Bald war der Parkplatz nur noch ein kleiner dunkler Fleck, und die Häuser und Straßen
ringsum wurden so klein wie bei einer Spielzeugeisenbahn. Nach
kurzer Zeit waren keine einzelnen Gebäude mehr zu erkennen. Die
Stadt lag da wie eine große dunkle Landkarte, und mitten hindurch
floß die Themse. Im Handumdrehen sah Scrooge die charakteristischen Linien der englischen Küste, aber sie wurden immer dünner, je
höher das Raumschiff in den Himmel jagte. Schließlich flogen sie hoch
über den Wolken und sahen, so weit das Auge reichte, die deutliche
Erdkrümmung am Horizont. Bald lag der Erdball wie eine Weihnachts-

dekoration aus blauem Glas mit verwirbelten weißen Streifen unter ihnen. Zwischen den weißen Wolkenfeldern schaute stellenweise Land hervor. Von England war nichts mehr zu sehen, es lag natürlich unter einem der dichtesten Wolkenbänder.

«Da liegt die Erde», erklärte der Geist überflüssigerweise. «Hast du den Eindruck, daß sie stillsteht?»

Eigentlich stand sie ziemlich still. Das Bild der Erde war sehr eindrucksvoll. Wie schön sie war, als sie so vor ihnen im Raum schwebte. Trotzdem, es gab keinen Anhaltspunkt dafür, daß sie sich bewegte, und Scrooge sagte das.

«Hab' etwas Geduld!» antwortete sein Begleiter ein wenig gereizt. «Du mußt schon etwas länger hinschauen. Das Tempo der Veränderung hängt von der Perspektive ab. Für eine Eintagsfliege ist ein Tag ein ganzes Leben. Im Leben eines Mammutbaums ist ein Jahrhundert nur eine kurze Episode. Ich bin der Geist der Zeit, und deshalb werde ich jetzt deine Zeitwahrnehmung manipulieren, damit du Veränderungen sehen kannst, die sich gewöhnlich so langsam vollziehen, daß du sie nicht bemerkst.»

Der Geist hatte kaum geendet, da sah Scrooge, wie sich die Erde tatsächlich schnell um ihre Achse drehte. Auf den Kontinenten und Ozeanen wurde es Tag und Nacht und wieder Tag, in ununterbrochener, schwindelerregend schneller Abfolge. England und andere Länder flitzten vorüber wie verschwommene Zeichen auf einem Kreisel.

«Nun», fragte der Geist noch einmal, «steht die Erde immer noch still für dich?»

«Wenn sich die Erde wirklich so dreht», fing Scrooge an, obwohl er wußte, daß es so war. «Ich meine, wenn sich die Erde so schwindelerregend schnell dreht, warum fühlen wir dann nicht dasselbe Schlingern, das ich in dem Eisenbahnwagen zu spüren bekam, als *er* in die Kurve ging?»

«Aber du merkst es doch!» versetzte der Geist. «Weil sich die Erde dreht, beschreibt die Stadt London für alle Zeiten einen Kreis, den Kreis einer Erdumdrehung. Dadurch entsteht eine Beschleunigung, wie du sie im Zug erlebt hast. Aber hier haben wir es mit einer konstanten Beschleunigung zu tun, denn die Erde dreht sich andauernd und gleichmäßig. Durch die Beschleunigung wird die Wirkung der Gravitation leicht verringert, aber das merkst du nicht, weil der Effekt nur klein ist und auch, weil du nie gefühlt hast, wie stark die Gravitation ist, wenn die Erde sich *nicht* dreht. Am Äquator ist die Wirkung am stärksten, weil die Erdoberfläche dort am weitesten von der Rotationsachse der Erde entfernt ist. Die Erdachse verläuft durch die beiden Pole, infolgedessen bewegen sich die am Äquator gelegenen Gebiete mit der größten Rotationsgeschwindigkeit. Der Mississippi fließt zum Äquator, und seine Mündung ist weiter vom Erdmittelpunkt entfernt als seine Quelle. In diesem Sinne kann man sagen, daß der Fluß bergauf fließt, denn die zunehmende Beschleunigung der Erdrotation schleudert das Wasser nach außen in Richtung Äquator.»

Auf einmal und ganz unvorbereitet schoß das Raumschiff von dem rotierenden Erdball fort und stieg weit hinauf über die Ebene, auf der die Planeten um die Sonne kreisen. Der Blick von oben zeigte sowohl die Sonne als auch die Erde und mehrere andere Planeten. Scrooge konnte sehen, daß die Erde sich nicht nur wie ein Kreisel um die eigene Achse dreht, sondern in einer weiten Umlaufbahn auch um die Sonne kreist.

«Ich möchte dich noch einmal fragen, steht die Erde still? Die Antwort ist offensichtlich nein. Wenn die Erde nicht stillsteht, wie ist es dann, sagen wir, mit der Sonne? Du kannst von hier aus erkennen, daß die Erde und andere Planeten dauernd um die Sonne kreisen. Aber steht die Sonne still? Bei einem noch größeren Blickfeld würden wir erkennen, daß sich auch die Sonne bewegt. Sie dreht sich auf einer riesigen, langsamen Umlaufbahn um das Zentrum unserer Galaxie, jene große Anhäufung von Sternen, an deren Rand sich dein Sonnensystem befindet. Wären wir noch weiter entfernt, könnten wir sehen, daß sich die Galaxie innerhalb einer lokalen Gruppe von Galaxien bewegt. Und das ließe sich endlos fortsetzen.»

«Gibt es denn einen wirklichen Ruhepol?» fragte Scrooge. «Wo ist denn ein ruhendes Zentrum im Universum, von dem aus alle Entfernungen und Bewegungen gemessen werden?»

«*Nirgendwo!* So etwas gibt es nirgends», kam die Antwort. «Es gibt keinen ruhenden Mittelpunkt des Universums. Es gibt keine absolute Position, nur relative Entfernungen. Und es gibt auch keine absolute Bewegung, nur eine relative. Alles ist relativ. Genausogut könntest du dich selbst zum Zentrum ausrufen und alle Entfernungen und Geschwindigkeiten von deiner Position aus messen. Diese Wahl wäre so gut wie jede andere. In Wirklichkeit sehen sich ja bereits die meisten Menschen als Mittelpunkt des Universums.»

Während sie so sprachen, ließ ihr Raumschiff die Erde und das Sonnensystem immer weiter hinter sich. Sie flogen durch eine riesige Wolke fein verteilten interstellaren Gases, ohne daß ihre ungeheure Geschwindigkeit sich merklich verringerte. Das Gas war offenbar außerordentlich fein verteilt, dennoch fürchtete Scrooge bei dieser Geschwindigkeit um die Sicherheit ihres Raumschiffs. Er konnte auf dem Bildschirm ein unbestimmtes Glühen erkennen. Was immer es war, es umhüllte ihre fliegende Untertasse, und Scrooge vermutete, daß es sich um eine Art Schutzvorrichtung handelte.

Er beobachtete gerade dieses sanfte Glühen, da wurde er von einem grellen, roten Blitz erschreckt, der wie ein gleißender Lichtstrahl ihre Bahn kreuzte. Er konnte ihn als einen feinen, leuchtend roten Lichtstrahl sehen, der durch sein Blickfeld schoß, weil das umgebende Gas einen winzigen Bruchteil des intensiven Lichts streute. Er wollte soeben eine Bemerkung darüber machen, als ein weiterer Strahl, genauso hell wie der erste, aufleuchtete.

«Wir haben Gesellschaft bekommen», sagte der Geist. «Da draußen sind nicht ein, sondern *zwei* andere Raumschiffe, und wir sind Zeugen ihrer Konversation. Sie kommunizieren über Laserstrahlen und haben gerade die üblichen Höflichkeitsfloskeln ausgetauscht. Du hast natürlich bemerkt, daß die beiden Lichtpulse aus entgegengesetzten Richtungen kamen.»

«Wie hätte ich das bemerken können?» fragte Scrooge gereizt. «Alles, was ich erkennen konnte, waren helle Linien, die das Dunkel durchbrachen. Aus welchen Richtungen sie kamen, weiß ich nicht.»

«Natürlich, natürlich», seufzte die Erscheinung. «Ich habe vergessen, daß du eine begrenzte Fähigkeit hast, Bewegungen wahrzunehmen, auch wenn sie sich direkt vor deinen Augen abspielen. Ich werde deine Zeitwahrnehmung etwas beschleunigen, damit du schnelle Bewegungen besser mitbekommst.»

Kaum hatte er geendet, als alle Dinge um Scrooge in ihrer Bewegung erstarrten. Die blinkenden Lämpchen der Kontrollinstrumente blieben in derselben Position, und der Pilot verharrte wie eine Metallstatue vor seinen Instrumenten. Auch außerhalb des Raumschiffes schien alles erstarrt, obwohl der Unterschied weniger deutlich war. Der Weltraum ist so unermeßlich groß, daß Scrooge vorher mit seinem normalen Zeitempfinden keine Veränderungen hatte wahrnehmen können.

Nach einer Weile vollkommener Passivität bemerkte Scrooge, wie ein weiterer Laserstrahl durch sein Blickfeld schoß. Das Licht bewegte sich selbst für sein verändertes Zeitempfinden sehr schnell, doch jetzt konnte er wenigstens seine Bewegung erkennen. Er sah, wie die glühenden Gasatome schnell im Strom des Lichts dahineilten. Der Lichtpuls bewegte sich von links nach rechts, und er konnte die komplexe Sequenz kurzer Impulse erkennen, die eine Botschaft von einem Raumschiff zum anderen übermittelte. Sie schoß an seinem Auge vorüber wie eine exotische Schnur mit glänzenden, roten Perlen. Kurz darauf kam auf dem gleichen Weg eine ähnliche Schnur zurück, nur in der entgegengesetzten Richtung.

«Hast du die Geschwindigkeit der beiden Laserpulse bemerkt?» Der Geist war die einzige Erscheinung in Scrooges Umgebung, die sich mit normaler Geschwindigkeit bewegte. Das war kaum überraschend, denn er war es, der die Veränderung in Scrooges Zeitgefühl ausgelöst hatte, er schien die Zeit kontrollieren zu können. Der Geist war jetzt eine reife, beeindruckende Gestalt, ein Mann, der die erste Blüte der Jugend hinter sich hatte. Er trug volles Haar, einen Schnurrbart und machte den Eindruck eines Mannes von Bildung.

«Ja», antwortete Scrooge auf die Frage. Er hatte die Laserpulse recht genau beobachtet, denn sie waren die einzigen Zeichen von Bewegung, die er jetzt wahrnehmen konnte. «Soviel ich sehen konnte, bewegten sich beide gleich schnell, aber in entgegengesetzte Richtungen.»

«Genau!» rief die Geistergestalt aus, und auf der Stelle blinkten die Kontrollämpchen auf den Instrumententafeln wieder mit gewohnter Schnelligkeit. Der Pilot erwachte aus seiner Erstarrung und lehnte sich seitlich aus seinem Sitz, um ein Kontrollinstrument nachzujustieren. Die Demonstration war offenbar vorüber, Scrooge fragte sich etwas ratlos, was er nun gelernt hatte.

«Kommt es dir nicht merkwürdig vor, daß die beiden Lichtimpulse sich mit gleicher Geschwindigkeit fortbewegen?» fuhr sein Lehrmeister fort. «Immerhin kam der eine von einem Schiff, das sich auf uns zubewegt, und der andere von einem Schiff, das uns folgt. Unsere relativen Geschwindigkeiten sind in beiden Fällen sehr verschieden. Das Schiff, das auf uns zukommt, hat eine weitaus größere relative Geschwindigkeit als das hinter uns herfliegende. 'Ein Schuß von achtern ist ein weiter Schuß', um eine alte Seemannsweisheit zu zitieren. Wenn diese Schiffe mit sehr unterschiedlichen relativen Geschwindigkeiten reisen und jedes Schiff Lichtpulse aussendet, die sich mit gleicher *relativer* Geschwindigkeit zu dem Schiff bewegen, ist es da nicht seltsam, daß diese Lichtpulse für uns die gleiche Geschwindigkeit haben?»

Scrooge öffnete den Mund, um zu antworten, aber der Geist fuhr ohne Unterbrechung fort. «Natürlich erscheint es seltsam. Es *ist* seltsam. Seltsam, aber wahr. Die Lichtgeschwindigkeit ist immer gleich, unabhängig davon, wer die Messung vornimmt, das ist eine Tatsache, um die du nicht herumkommst. Unabhängig davon, wie du dich bewegst, unabhängig davon, wie schnell sich die Lichtquelle relativ zu dir bewegt, immer wirst du feststellen, daß sich das Licht genau mit derselben Geschwindigkeit fortbewegt.»

«Aber das ergibt keinen Sinn!» widersprach Scrooge.

«Es muß keinen 'Sinn ergeben'. Es ist die *Wahrheit,* und die Wahrheit über das Universum muß sich nicht nach dir richten und 'Sinn ergeben'. Es ist nun einmal so. Du verstehst vielleicht nicht, warum es so *ist.* Aber es lohnt sich, über die *Folgen* nachzudenken, die sich aus dieser Tatsache ergeben.

Egal wie du dich bewegst, egal von welchem *Bezugssystem* aus du es beobachtest: Wir beobachten immer, daß sich das Licht exakt mit der gleichen Geschwindigkeit bewegt. Das ist *eine* Beobachtung, die nicht relativ ist. Die Lichtgeschwindigkeit ist *speziell*, und damit ist sie die Grundlage von Einsteins 'spezieller Relativitätstheorie'.

Das spezielle Verhalten der Lichtgeschwindigkeit hat nichts mit dem Licht als solchem zu tun. Nicht das *Licht*, sondern die *Geschwindigkeit* ist speziell. Sie definiert eine absolute Geschwindigkeitsgrenze im Raum, und nichts kann sich schneller bewegen, unter keinen Umständen. Geschwindigkeit, also relative Geschwindigkeit, kann nicht unendlich zunehmen. Willst du mit deinem Raumschiff immer schneller werden, indem du dauernd beschleunigst, wird jeder außenstehende Beobachter wahrnehmen, wie sich deine Geschwindigkeit dieser Geschwindigkeitsgrenze immer mehr annähert, aber sie wird sie niemals überschreiten. Kein Beobachter wird jemals sehen, daß du schneller reist, unabhängig davon, wie schnell die Beobachter sich selbst bewegen.»

«Warum legt Ihr so großen Wert auf einen außenstehenden Beobachter?» fragte Scrooge. «Welche Geschwindigkeit beobachtet *Ihr* für Eure eigene Bewegung?»

«Die siehst du überhaupt nicht», erklärte die Geistergestalt geduldig. «Deine eigene Geschwindigkeit kannst du nie beobachten. Du kannst nur die Bewegung anderer Dinge beobachten, die sich an dir vorüberbewegen. Alle Bewegungen sind relativ, aber du kannst dich nicht relativ zu dir selbst bewegen. Wenn alles mit gleicher Geschwindigkeit an dir vorüberzieht, dann kannst du das so interpretieren, daß du dich bewegst und alles andere stillsteht. Aber das ist eine *Interpretation*. Du kannst dich niemals allein in Bewegung sehen, weder von dir fort noch auf dich zu. Zur Beobachtung relativer Bewegung wäre noch zu sagen, daß du dich dabei immer im Ruhepunkt deines eigenen Universums befindest.»

«Nun gut», sagte Scrooge nachdenklich und versuchte es mit einem neuen Gegenargument. «Nach allem, was Ihr mir über relative Geschwindigkeit erzählt habt, verstehe ich nicht, wie es *möglich* ist, daß jede Geschwindigkeit von allen Beobachtern als gleich groß wahrgenommen wird. Ihr habt behauptet, Geschwindigkeit sei die Entfernung, die man in einer gegebenen Zeit zurücklegt. Aber wenn jemand auf mich zukommt, nimmt seine Entfernung zu mir ab, entfernt er sich, nimmt sie zu. Wie ist es unter diesen Bedingungen möglich, daß *jede* Geschwindigkeit für jeden Beobachter gleich groß erscheint?»

Die Konstanz der Lichtgeschwindigkeit

Experimente haben ergeben, daß die Ausbreitungsgeschwindigkeit des Lichts immer gleich ist. Das gilt unabhängig davon, wer der Beobachter ist oder wie er sich bewegt. Zunächst erschien das verrückt! *Dieselbe* Geschwindigkeit ergab sich rechnerisch aus den Maxwellschen Gleichungen für elektromagnetische Felder. Auch hier schien die Lichtgeschwindigkeit ganz unabhängig von der Bewegung des Beobachters zu sein. Heute gilt es als einwandfrei erwiesen, daß die Lichtgeschwindigkeit konstant ist, unabhängig davon, wer sie mißt und wie die Beobachter sich bewegen.

Einsteins spezielle Relativitätstheorie beruht auf dieser im Experiment bewiesenen *Tatsache*. Die Schwierigkeit ergibt sich daraus, daß sich der Abstand von einem bestimmten Punkt natürlich ändert, wenn man sich auf ihn zu oder von ihm weg bewegt. Wenn aber die Lichtgeschwindigkeit konstant ist, folgt daraus, daß sich die *Zeit* ändern muß, denn Geschwindigkeit ist ja gleich Entfernung geteilt durch Zeit. Die Bedeutung der speziellen Relativitätstheorie liegt in der Erkenntnis, daß Zeitintervalle ebenso wie Entfernungen von der Bewegung des Beobachters abhängen.

Einsteins Theorie ist verwirrender als die frühere Galileische Relativität, in der zwar der Raum relativ war, nicht aber die Zeit. Sie ist jedoch die *einfachste* Möglichkeit, die Lichtgeschwindigkeit konstant zu machen, denn konstant scheint sie ja zu sein.

«Deine Frage beantwortet sich von selbst. Wenn die Beobachter verschiedene Entfernungen, aber gleiche Geschwindigkeiten wahrnehmen und wenn Geschwindigkeit gleich Entfernung geteilt durch Zeit ist, dann folgt daraus, daß sie auf verschiedene Zeiten kommen. Das ist die einzige Möglichkeit. Die Schlußfolgerung aus der speziellen Relativitätstheorie lautet: *Zeit ist relativ.*

Das ist der wesentliche Punkt bei der Konstanz der Lichtgeschwindigkeit. Verschiedene Beobachter nehmen tatsächlich wahr, daß das Licht unterschiedliche Entfernungen zurücklegt. Bewegt sich der Beobachter auf das Licht zu, ist die Entfernung, die es bis zum Treffpunkt zurücklegt, geringer. Bewegt er sich von dem Licht fort, nimmt die Entfernung zu. Die Zeit, die das Licht von einem Punkt zum anderen benötigt, wird jedoch von den beiden Beobachtern unterschiedlich gesehen, und der Quotient, Weg durch Zeit, der die Geschwindigkeit ergibt, ist für beide gleich.»

«Niemals! Das kann nicht stimmen», widersprach Scrooge heftig. «Zeit ist Zeit! Daran können wir nichts ändern. Die Zeit vergeht mit einer bestimmten Rate, die für jeden gleich ist. Wenn etwas eine absolute Größe ist, dann die Zeit!»

«Deine Bemerkung über die Rate, mit der die Zeit vergeht, werde ich übergehen, denn diese Rate ist ein Maß dafür, wie sich etwas in der Zeit ändert. Wie willst du messen, wie sich die Zeit mit der Zeit ändert?» antwortete der Geist streng. Für einen jungen Mann, der nur wenig älter war als Scrooge, wäre dieser pedantische Ton höchst unangebracht gewesen, aber der Geist schien jetzt noch älter geworden zu sein. Er war ein Mann in reifen Jahren mit einem grauen Schnurrbart und wild zerzausten Haaren, und aus seinen Worten sprach große Autorität.

«Es gibt *keine* absolute Zeit. Genausowenig wie es einen absoluten Ort oder eine absolute Geschwindigkeit gibt. Diese Größen sind alle von dem Standort abhängig, von dem du sie beobachtest. Es ist dem Universum nicht leichtgefallen, die Lichtgeschwindigkeit für alle Beobachter konstant zu machen. Dazu mußte es Verzerrungen von Raum und Zeit in Kauf nehmen, die in deinen Augen gewiß schwerwiegend sind. Offenbar hat das Universum über die Konstanz der Lichtgeschwindigkeit eine ganz eigene Meinung.»

Der Geist machte eine Pause und richtete seine funkelnden Augen auf Scrooge. Er wollte, daß sich seinem Schützling die verblüffende Natur dieser Tatsache tief einprägte: Das Licht breitet sich für alle Beobachter mit der gleichen konstanten Geschwindigkeit aus.

«Licht ist eine Art elektrische Wellenbewegung und damit den Schallwellen oder den Wellen auf der Oberfläche eines Teiches verwandt. In diesen anderen Fällen aber hängt die Geschwindigkeit, mit der sich die Wellen fortpflanzen, von vielen Dingen ab: von Temperatur und Luftdruck, davon, ob sich Öl auf der Wasseroberfläche befindet, und allem möglichen anderen. Beim Licht ist das nicht der Fall. Die Lichtgeschwindigkeit kann mit Hilfe der Maxwellschen Gleichungen berechnet werden, die alle beobachtbaren elektrischen Erscheinungen beschreiben. Das Ergebnis ist ein einziger Wert ohne 'Bedingungen oder quid pro quo', ohne Vorbehalte in bezug auf die Bewegung der Lichtquelle, des Beobachters oder von etwas anderem. Das legte die Vermutung nahe, daß es trotz aller Annahmen über die Relativität des Raums ein absolutes Bezugssystem für die einzigartige Geschwindigkeit des Lichts gibt. Die Natur hat die Notwendigkeit dieses gesuchten Bezugssystems umgangen, indem sie dem Licht in *jedem* Bezugssystem dieselbe Geschwindigkeit verlieh. Die Lichtgeschwindigkeit *ist* für alle Beobachter gleich. Das erfordert Verzerrungen von Raum und Zeit, die tatsächlich nachgewiesen werden können.

Die Lorentz-Transformation

⚠ Mit der Galilei-Transformation $x' = x + vt$ kann man eine Koordinate x' eines bestimmten Systems aus der in einem anderen System gemessenen Koordinate x und der Zeitkoordinate t berechnen, wenn sich die beiden Systeme mit der relativen Geschwindigkeit v bewegen. Es gibt noch eine andere Gleichung in der Gruppe der Galilei-Transformationen, die zumeist nicht aufgeführt, sondern einfach vorausgesetzt wird, nämlich daß $t' = t$ ist. Es wird vorausgesetzt, daß die Zeit immer gleich ist.

Die Galilei-Transformation wird aber niemals die gleiche Geschwindigkeit für einen Gegenstand ergeben, wenn man die Geschwindigkeiten von verschiedenen, bewegten Bezugssystemen aus mißt. Wenn die Lichtgeschwindigkeit c immer dieselbe sein soll, muß man eine andere Art von Transformation verwenden, die *Lorentz-Transformation*:

$$x' = \gamma\,(x + vt),$$

$$t' = \gamma\left(t + \frac{vx}{c^2}\right).$$

Hier ist γ ein ziemlich komplizierter Zahlenfaktor, der für kleine Geschwindigkeiten sehr nahe bei eins liegt. Er wird aber sehr groß, wenn sich die Geschwindigkeit an die Lichtgeschwindigkeit annähert. Für kleine Geschwindigkeiten v, wobei v sehr viel kleiner als c ist, stimmt die Lorentz-Transformation praktisch mit der Galilei-Transformation überein. Bei großen Geschwindigkeiten unterscheiden sie sich jedoch stark voneinander.

Die verschiedenen Voraussagen, die sich aus der Lorentz-Transformation ergeben, können experimentell überprüft werden. Sie haben sich alle ganz unerwartet als richtig erwiesen.

Die Veränderlichkeit der Zeit führt bei großen Geschwindigkeiten noch zu anderen seltsamen Verzerrungen. Jedes Objekt mit der erforderlichen Geschwindigkeit für diese Effekte erscheint für den ruhenden Beobachter kürzer, als es wäre, wenn sich der Beobachter parallel zu ihm bewegen würde. Und dies ist keine optische Täuschung! Solltest du ein Objekt sehen, das sich nahezu mit Lichtgeschwindigkeit bewegt, würdest du eine seltsame Erfahrung machen, denn in der Zeit, die das Licht bis zu deinem Auge benötigt, hätte es sich ein großes Stück weiter fort bewegt. Du würdest immer nur sehen, wo es *war*, und nicht, wo es *ist*, selbst in deinem stationären Bezugssystem. Aber auch nachdem du alle diese Effekte berücksichtigt hast, die mit der Zeit zusammenhängen, in der das Licht die Entfernung bis zu dir zurücklegt, stellst du immer noch fest, daß das Objekt offenbar kürzer geworden ist. Welche Messungen auch immer du vornimmst, es scheint kürzer, und du mußt schließlich feststellen, es *ist* kürzer. Für dich ist die reduzierte Länge eine Tatsache, aber ein Beobachter, der sich parallel zu dem Objekt mitbewegt, wird es in seiner normalen Länge sehen.»

«Wie ist das möglich?» protestierte Scrooge schwach. Er sah sich im Namen des gesunden Menschenverstandes und der Normalität zu einem Einwand genötigt, obwohl sein Vertrauen in diese beiden Institutionen erschüttert war.

«Wie ist das möglich?» echote sein Lehrer ungeduldig. «Du könntest genausogut fragen 'wie ist das *nicht* möglich'. Du mußt begreifen, daß die Natur so ist, wie sie ist, und daß deine Wünsche und Vorurteile in dieser Sache wenig Gewicht haben. Es hat keinen Sinn zu räsonieren, wie oder warum etwas stimmen könnte oder ob es stimmen sollte. Die Beobachtung zeigt uns, daß die Längenkontraktion eine Tatsache ist, und damit muß die Sache ein Ende haben.»

Der Geist funkelte ihn einen Augenblick an und fuhr dann fort: «Noch interessanter und seltsamer ist der Effekt der *Zeitdilatation*, der Zeitdehnung. Beobachtest du ein Objekt, das sich fast mit Lichtgeschwindigkeit bewegt, stellst du fest, daß die Zeit langsamer vergeht. Uhren gehen langsamer, Menschen altern langsamer, alles geschieht langsamer. Dabei hat sich jedoch nichts in den Dingen selbst verändert, das sollte ich vielleicht betonen. Ein Beobachter, der sich zusammen mit diesen Gegenständen bewegt, würde keine Veränderung feststellen, denn es gibt keine. Was sich ändert, ist die Natur der Zeit selbst, wenn sie von einem sich schnell bewegenden Beobachter gemessen wird. Auch das ist keine Illusion. Sieh selbst!»

Der Geist sprach kurz mit dem Piloten, der sich daraufhin an den Instrumenten zu schaffen machte. Eine kleine Weile verging. Aber in der Nähe seines Lehrmeisters war Scrooge mit seinem Urteil über die Zeit vorsichtig geworden. Es genügt zu sagen, daß er nach einiger Zeit die immer größer werdende Scheibe eines fernen Planeten sah und davor einen komplexen metallischen Gegenstand, der mit hellen Positionslichtern geschmückt war. Er wurde größer und verwandelte sich vor seinen Augen, bis er sich deutlich als eine große, unregelmäßig geformte Raumstation entpuppte, die auf einer Umlaufbahn um den Planeten kreiste. Als Scrooge und seine Begleitung näher kamen, konnten sie in der verwirrenden Vielfalt der äußeren Formen eine klare Gliederung der einzelnen Elemente erkennen. Da gab es Beobachtungskuppeln und Eingangstore, helle Warnlichter und geheimnisvolle Markierungen auf der Oberfläche. Die ganze riesige Konstruktion war wie ein Puzzle von Druckkabinen und Verbindungsgängen, von Rohrleitungen und äußeren Vorrichtungen für unbekannte Zwecke. An einem Ende des Zentralkörpers der Station öffnete sich ein riesiges Portal, in das gerade ein kleines Raumschiff schwebte. Es schrumpfte zu winziger Größe angesichts der gigantischen Ausmaße dieser Konstruktion.

Kapitel 5
Die Barriere der Lichtgeschwindigkeit

Scrooges Raumschiff folgte dem anderen Schiff durch das offene Portal in eine weiträumige Landebucht. Er und die Geistergestalt hefteten sich sogleich an die Fersen des einzigen Passagiers, der das andere Raumschiff verließ. Scrooge hatte erwartet, daß die diensthabenden Mannschaften in dem Hangar von dem fremden, untertassenähnlichen Fahrzeug, das ihrem Schiff so dichtauf gefolgt war, überrascht und verwirrt gewesen wären. Aber niemand sagte oder tat etwas. Das Phantom hatte ihre Gedanken offenbar derart verwirrt, daß sie einfach nicht akzeptieren konnten, was sie sahen.

Die Person, der sie nachgingen, war ein junger Mann mit scharfen Gesichtszügen und entschlossenem Blick. Er wirkte wie ein Held aus jenen Abenteuerromanen, die Scrooge in seiner Jugend gelesen hatte. Sie folgten seinen athletischen Schritten einen langen Gang mit Metallwänden entlang, bis er vor einer Türe stehenblieb und anklopfte. Nach kurzem Warten ging er hinein, Scrooge und sein Begleiter huschten hinterher. Sobald er eingetreten war, blieb er in militärischer Haltung vor einem Tisch stehen. Dahinter saß ein älterer Mann mit einem eckig geschnittenen, fast weißen Bart. Der junge Mann erstattete ihm Bericht in einer Sprache, die Scrooge gänzlich unbekannt war.

Er sah den Geist fragend an, der bewegungslos neben ihm stand. Die Situation sollte ihm offensichtlich etwas verdeutlichen, aber er konnte sich nicht vorstellen, was. «Lieber Geist der Zeit, klärt mich bitte auf, wenn es Euch beliebt. Was ist so bemerkenswert daran, das Gespräch dieser beiden Herren zu beobachten?»

«Nichts weiter, als daß sie Zwillingsbrüder sind.»

«Zwillinge, wie ist das möglich? Der eine sieht doch wesentlich älter aus als der andere.»

«Du hast recht. Genauso ist es.»

«Wollt Ihr damit sagen, daß der eine mit Hilfe irgendeines verrückten medizinischen Tricks lange nach seinem Bruder zur Welt kam, obwohl sie genetisch Zwillinge sind?»

«Nein, das natürlich nicht. Sie sind Zwillinge und kamen zur selben Zeit und am selben Ort zur Welt. Doch als sie älter wurden, schlugen sie verschiedene Laufbahnen ein. Der eine wurde Pilot und flog den größten Teil seines Lebens mit hohen Geschwindigkeiten durch den Weltraum, Geschwindigkeiten, die nahe an die Lichtgeschwindigkeit heranreichten. Sein Bruder bekam einen Posten in der Verwaltung und blieb die meiste Zeit seines Lebens in dieser Raumstation, die seinen Heimatplaneten gemächlich umkreist. Auf diesem langweiligen und eintönigen Posten sieht er seinen Bruder nur selten, es sei denn, der Bruder reist gerade ab und beginnt erst mit seiner langen Beschleunigung auf Lichtgeschwindigkeit, oder er trifft ihn, wenn er von einer Reise zurückgekehrt ist. In der Zeit zwischen diesen seltenen Begegnungen ist der jüngere Bruder immer in Bewegung, und er bewegt sich nahezu mit Lichtgeschwindigkeit. Manchmal entfernt er sich schnell, manchmal kehrt er schnell zurück. In der Zwischenzeit reist er in alle möglichen Richtungen und geht seinem Gewerbe auf den Routen zwischen den Planeten nach. Relativ zu seinem älteren Zwillingsbruder ist der jüngere Bruder immer in Bewegung, und zwar immer fast mit Lichtgeschwindigkeit. Deshalb altert er viel langsamer.»

«Einen Augenblick!» unterbrach Scrooge. «Habt Ihr mir nicht dauernd erklärt, alle Bewegung sei relativ, und jedes Bezugssystem würde sich bewegen? Würde in diesem Fall der raumfahrende Bruder nicht sehen, wie sich sein an den Schreibtisch gefesselter Zwillingsbruder ebenso schnell von *ihm* fortbewegt? Und sollte daher nicht *er* sehen, daß sein Bruder jünger bleibt? Ihr habt Euch solche Mühe gegeben, mir klarzumachen, daß die Situation symmetrisch sei und daß es keinen Grund gebe, ein Bezugssystem dem anderen vorzuziehen.»

«Was du sagst, wäre vollkommen richtig, wenn wir es nur mit zwei in Bewegung befindlichen Bezugssystemen zu tun hätten», räumte das Phantom ein. «In diesem Fall würde man tatsächlich eine vollständige Symmetrie zwischen den beiden erwarten. Weil wir in unserem Fall aber eine deutliche Asymmetrie zwischen den beiden Brüdern sehen, wird diese Situation das *Zwillingsparadoxon* genannt. Es sollte dir jedoch klar sein, daß in unserem Fall keine Symmetrie zu existieren braucht, weil ja zwangsläufig mehr als bloß zwei Systeme beteiligt sind. Die Ergebnisse der speziellen Relativitätstheorie gelten nur für Beobachtungen, die von sogenannten *Inertialsystemen* aus vorgenommen wurden. Das sind Bezugssysteme, die sich mit gleichförmiger konstanter Geschwindigkeit bewegen und nicht beschleunigen. In dem Zugabteil konntest du die Beschleunigung nur spüren, weil der Zug seine Richtung änderte und eine Kurve fuhr. Du wurdest dadurch auf die Seite geschleudert. Das unterschied den 'fahrenden' Zug von dem 'ruhenden' Boden, oder besser: den 'beschleunigenden' Zug von dem 'inertialen' Boden, denn der Boden muß nicht unbedingt in Ruhe sein. Die *allgemeine* Relativitätstheorie gilt für beschleunigte Bezugssysteme.

Du kannst nach dieser Theorie nicht unterscheiden, ob du dich in einem Bezugssystem befindest, das beschleunigt, oder in einem Inertialsystem, in dem du eine *Kraft* erfährst. Die spezielle Relativitätstheorie bezieht sich jedoch nur auf Bezugssysteme, die *nicht* beschleunigen, und wir beziehen uns auf diese Theorie, wenn wir sagen, daß der Zwilling, der in Bewegung ist, langsamer altert.»

«Wie könnt Ihr nur so etwas behaupten?» fragte Scrooge. «Mein Cousin zum Beispiel ist ungefähr in meinem Alter. Er kam in der gleichen Woche zur Welt wie ich, und er lebt ein langweiliges, ereignisloses Leben mit weit weniger Aktivitäten als ich. Soweit ich weiß, ist er immer noch genauso alt wie ich. Ich bin trotz meiner ganzen Betriebsamkeit nicht einen Tag jünger als er.»

«Das hast du doch wohl nicht im Ernst erwartet!» entgegnete der Geist. «Du darfst nicht vergessen, daß die vielen seltsamen Veränderungen im Zusammenhang mit der speziellen Relativitätstheorie allein von der Konstanz der Lichtgeschwindigkeit herrühren. Sie treten nur auf, wenn sich die Beobachter mit relativen Geschwindigkeiten nahe der Lichtgeschwindigkeit bewegen. Ich kann mir nicht vorstellen, daß du alle Tätigkeiten in diesem Tempo ausführst. Wäre es so, würdest du in gut einer Sekunde deinen Mond erreichen. Das würden jedenfalls die auf der Erde zurückgebliebenen Beobachter messen. Du selbst würdest bei dieser Geschwindigkéit eine noch kürzere Zeit registrieren.»

Bei diesem Gedanken schwieg Scrooge für eine Weile, und die Erscheinung sprach weiter über den Zwilling, der mit so großer Geschwindigkeit reiste. «Wenn sich zwei Menschen relativ zueinander schnell, aber *stetig* bewegen, dann, so sagt die Spezielle Relativitätstheorie, sieht *jeder* den *anderen* langsamer altern. Würden sie sich weiterhin mit dieser gleichförmigen, konstanten Geschwindigkeit voneinander fortbewegen, so wäre die Situation zwar symmetrisch, aber sie würden sich nie mehr begegnen und könnten deshalb keinen direkten Vergleich anstellen. Sollten sie sich später doch wieder treffen, muß sich *mindestens* einer von beiden *nicht* gleichförmig bewegt, sondern seine Bewegungsrichtung geändert haben. Er muß umgedreht sein, um zurückzukommen. Der zu Hause gebliebene Zwilling hat sich Tag für Tag friedlich im selben Inertialsystem aufgehalten. Da er seine Bewegung im Raum nicht beschleunigt hat, gelten für *ihn* die Verhältnisse der speziellen Relativitätstheorie, so wie sie für alles und jeden innerhalb der vielen Bezugssysteme gelten, in denen sich sein Bruder zu verschiedenen Zeiten aufhält. Sein Beobachtungsort liegt immer in demselben, stabilen Bezugssystem, und deshalb sieht er die Dinge von einem bestimmten Standpunkt aus. Er nimmt wahr, daß sein Zwillingsbruder langsamer altert, während er reist, egal in welche Richtung, und wenn sie sich wieder begegnen, stellt er fest, daß sein Zwillingsbruder viel jünger *ist*. Sein Bruder wechselt ständig von einem Bezugssystem zum anderen, und es ist viel schwieriger, auf die Zeit zu schließen, die für seine Wahrnehmung vergangen ist. Aber wenn er zurückkehrt und im Bezugssystem seines Bruders wieder zur Ruhe kommt, dann wird die verstrichene Zeit, gemessen im Bezugssystem seines Bruders, wieder dieselbe sein.

Für die beiden Brüder ist Zeit tatsächlich relativ.

In der Praxis», fügte er hinzu, «ist es jedoch gar nicht so leicht, diese hohen Geschwindigkeiten zu erreichen, bei denen die Effekte der *Zeitdilatation* (Zeitdehnung) auftreten. Komm mit, ich will es dir zeigen.»

Der Geist drehte sich auf dem Absatz um und verließ den Raum. Schnell schritt er durch die langen Gänge, durch die sie gekommen waren, und Scrooge eilte hinter ihm her. Die Zwillinge bemerkten nicht, daß sie sich entfernten, sowenig wie sie zuvor ihr Kommen bemerkt hatten.

Zeitdilatation

Der Effekt der Zeitdilatation (Zeitdehnung), der dem Zwillingsparadoxon zugrunde liegt, läßt sich nur mit großer Mühe aus beiden Perspektiven darstellen. Aber es ist durchaus möglich. Er wurde mit Hilfe von Atomuhren, die mit schnellen Flugzeugen rund um die Erde geflogen wurden, experimentell geprüft und mit großer Genauigkeit bestätigt. Aber auch das schnellste Düsenflugzeug fliegt mit höchstens einem Hunderttausendstel der Lichtgeschwindigkeit. In diesem Rahmen tritt nur eine minimale Zeitdehnung auf. Der Effekt kann dennoch nachgewiesen werden, weil die Atomuhr extrem genau ist, aber es ist eine sehr schwierige Messung. Sehr viel überzeugendere Ergebnisse erzielte man, wenn man Teilchen statt Flugzeuge verwendete. Geladene Teilchen wie Protonen können nahezu auf Lichtgeschwindigkeit beschleunigt werden. Dadurch wird die Zeit um einen Faktor hundert oder mehr verändert. Diesen Faktor kann man messen, weil einige Teilchen eine Art Uhr in sich tragen. Sie besitzen eine genau definierte Lebensdauer, nach der sie zerfallen. Wenn diese Teilchen mit hoher Geschwindigkeit in einem Teilchenbeschleuniger wieder und wieder auf ihrer Kreisbahn rasen, nimmt ihre gemessene Lebensdauer zu. Sie wächst genau um den Faktor, den die spezielle Relativitätstheorie Einsteins für die Geschwindigkeit der Teilchen voraussagte.

Der Geist redete weiter, während sie durch die langen metallenen Gänge liefen, die zurück zu ihrem Raumschiff führten.

«Wenn du an das einzigartige Phänomen der konstanten Lichtgeschwindigkeit denkst, hast du dich da schon einmal gefragt, was du sehen würdest, wenn du dich in einem Raumschiff befändest, das bis auf Lichtgeschwindigkeit und darüber hinaus beschleunigt?»

«Das kann ich mir nicht vorstellen», antwortete Scrooge. «Aber wenn die Lichtgeschwindigkeit so groß ist, ist es gewiß nicht leicht, noch schneller zu sein.»

«Oh, in diesem Punkt hast du absolut recht. Es ist nicht leicht. Es ist sogar völlig *unmöglich*. Egal, wie lange eine Rakete, oder was auch immer, beschleunigt, sie kann niemals die Lichtgeschwindigkeit überschreiten. Das ist einfach so – ganz unabhängig von dem Bezugssystem, von dem aus die Rakete beobachtet wird. Die Lichtgeschwindigkeit ist für alle Beobachter gleich, deshalb wird eine *geringere* Geschwindigkeit für alle Beobachter *geringer* sein, wenn auch nicht für jeden unbedingt um den gleichen Betrag.»

Sie erreichten den letzten Gang, der direkt zu der Landebucht führte.

Während sie diese letzte Wegstrecke entlangeilten, bemühte sich Scrooge, das Rätsel der Lichtgeschwindigkeit zu verstehen. «Meint Ihr, die Mannschaft müßte feststellen, daß das Schiff in der Nähe der Lichtgeschwindigkeit aus irgendeinem Grunde nicht weiter beschleunigen kann? Würden die Männer plötzlich feststellen, daß die Triebwerke nicht mehr arbeiten?»

«Nein, das natürlich nicht! Die besondere Eigenschaft der Lichtgeschwindigkeit besteht in der Art, wie sie von Beobachtern in verschiedenen Bewegungszuständen wahrgenommen wird. Aber die Mannschaft des Raumschiffes würde weder das Schiff noch sich selbst in Bewegung sehen, denn sie würde sich *nicht relativ* zu sich selbst bewegen. Sie würde sich selbst immer als ruhend betrachten und deshalb nichts Außergewöhnliches feststellen. Die Maschinen würden arbeiten wie immer. Das Schiff würde beschleunigen, und die Besatzung würde die Beschleunigung fühlen, genau wie zu Beginn der Beschleunigung, als es sich für außenstehende Beobachter noch langsam bewegte. Für die Insassen des Schiffes würde und könnte sich nichts geändert haben. Die Beschleunigung würde andauern wie zuvor.»

Sie erreichten das Ende des Ganges und gingen quer durch den Hangar zu ihrem untertassenförmigen Raumschiff. Die diensthabenden Mannschaften der Landebucht beachteten sie genausowenig wie die fliegende Untertasse in ihrer Mitte. Immer wenn sie die Halle durchqueren mußten, machten sie einen weiten Bogen um das Fluggerät herum. Offensichtlich bemerkten sie es nicht einmal.

«Ihr meint also, die Menschen in dem Schiff würden weiterhin eine Beschleunigung wahrnehmen, außenstehende Beobachter aber nicht? Ist denn die Schubkraft, die das Schiff vorantreibt, von anderen Bezugssystemen aus nicht sichtbar?» fragte Scrooge ziemlich ratlos, als sie ihr Fahrzeug erreichten und die Gangway hochstiegen.

«Wieder falsch! Der Schub der Motoren wäre in allen Bezugssystemen gut sichtbar. Die Rakete würde nach wie vor starken Schub bekommen, während sie sich der Lichtgeschwindigkeit nähert. Alle Beobachter würden das sehen. Dein Irrtum besteht in dem Glauben, die *Geschwindigkeit* des Schiffes müßte stetig zunehmen, nur weil es fortwährend angetrieben wird!»

Scrooge wollte gerade ins Innere des Raumschiffes treten, aber nun blieb er ungläubig stehen.

«Wie dumm von mir!» rief er sarkastisch. «Ich war wirklich der Meinung, daß ein Fahrzeug schneller wird, wenn es ordentlich angetrieben wird!»

Sein Lehrer ging an Scrooge vorbei und führte ihn in den Kontrollraum der fliegenden Untertasse. «Eine Kraft bewirkt, daß der *Impuls* zunimmt», fuhr er ruhig fort. «Meine ältere Schwester, die *Herrin der Welt*, hat dir doch erklärt, was ein Impuls ist und wie er sich bei niedrigen Geschwindigkeiten bemerkbar macht. Sie sagte, daß sich der Impuls proportional zur Geschwindigkeit verhält, folglich muß die Geschwindigkeit größer werden, wenn der Impuls durch eine Krafteinwirkung zunimmt. Bei niedriger Geschwindigkeit entspricht die Zunahme des *Impulses*, die durch eine Kraft bewirkt wird, der Zunahme der Beschleunigung: also einer Zunahme der *Geschwindigkeit* des Objekts, das diese Kraft antreibt. Beide Behauptungen sind richtig, da der Impuls proportional zur Geschwindigkeit ist. Wirkt eine Kraft auf einen Körper, der sich fast mit Lichtgeschwindigkeit bewegt, nimmt der Impuls durch die Kraft zu, genauso wie bei niedriger Geschwindigkeit. Der Unterschied besteht darin, daß der *Impuls* zwar unendlich zunehmen kann, nicht aber die *Geschwindigkeit*. Sie kann niemals die Lichtgeschwindigkeit überschreiten.»

Inzwischen hatten sie in den Sitzen vor den Instrumententafeln Platz genommen. Ihr metallischer Steuermann betätigte eine Anzahl von Knöpfen, und ein fernes Hupen drang von außen an ihre Ohren. Die Arbeiter, die sich im Bereich des Hangars aufhielten, liefen in kopfloser Flucht davon. Sie räumten den Bereich, bevor er sich wirklich leerte. Das heißt, bevor die Luft herausgepumpt wurde, wie es immer geschah, wenn sich die Schleuse in den leeren Weltraum öffnete. Als das große Schleusentor langsam aufglitt, hob ihre Maschine lautlos ab, schwebte hinaus und ließ den Satelliten hinter sich zurück. Als sie aus dem Sichtfenster blickten, sahen sie, wie die vielen erleuchteten Luken der Raumstation unter ihnen immer kleiner wurden.

«Es zeigt sich», sprach der Geist weiter, als ob er nicht in seinen Ausführungen unterbrochen worden wäre, «daß der Impuls zwar bei niedrigen Geschwindigkeiten der Geschwindigkeit proportional ist, aber bei hohen Geschwindigkeiten stimmt das nicht mehr. Der Impuls eines Objekts kann nahe der Lichtgeschwindigkeit unbegrenzt zunehmen. Wenn du an der Definition festhältst, daß der Impuls gleich der Geschwindigkeit eines Objekts multipliziert mit seiner Masse ist – was für einen niedrigen Geschwindigkeitsbereich gilt –, würdest du feststellen, daß die Masse nahe der Lichtgeschwindigkeit rasant zunimmt. Aber diese Betrachtung führt uns nicht weiter. Deshalb fassen wir die Masse lieber als unveränderliche Eigenschaft eines Körpers mit dem im Ruhesystem dieses Körpers gemessenen Wert auf, wo er sich zwangsläufig im Ruhezustand befindet. Die Abhängigkeit des Impulses von der Geschwindigkeit ist komplizierter, als vorhin deutlich wurde, obwohl sie nicht von der Abhängigkeit unterschieden werden kann, die sich aus dem Produkt der Masse und der Geschwindigkeit des Körpers bei niedrigen Geschwindigkeiten ergibt.»

«Aber wie kann sich das Wesen des Impulses verändern?» unterbrach Scrooge. «Wenn der Impuls eines bewegten Körpers sich bisher aus seiner Masse multipliziert mit seiner Geschwindigkeit ergab und wenn das sinnvoll und richtig war, dann ist es doch so. Wie könnt Ihr jetzt sagen, daß es anders sei?»

«Man weiß nie mit absoluter Gewißheit, ob ein physikalisches Ergebnis oder eine Gleichung vollkommen und endgültig richtig ist», räumte das Phantom ein. «Nichts fällt uns als der Weisheit letzter Schluß in den Schoß. Alles muß im Experiment entdeckt und durch wiederholte Beobachtung überprüft werden. Man kann nie mit letzter Gewißheit beweisen, daß die Theorien zutreffen, die man entwickelt hat, man kann nur mit letzter Gewißheit zeigen, daß sie falsch sind, wenn ihre Voraussagen nämlich nicht mit dem übereinstimmen, was man beobachtet. Man kann bestenfalls sagen, daß die Theorien *bisher* mit dem übereinstimmen, was man beobachtet. Es kann aber sein, daß alle Beobachtungen unter eingeschränkten Bedingungen vorgenommen wurden, und daß die Theorie unter diesen Umständen eine *gute Annäherung* an die wirkliche Situation darstellt. Solange alle Beobachtungen, im Vergleich zur Lichtgeschwindigkeit, bei kleinen Geschwindigkeiten stattfanden, stimmte die bisherige Definition des Impulses wunderbar mit den Beobachtungen überein. Aber sobald man zu sehr hohen Geschwindigkeiten übergeht, trifft sie nicht mehr zu, und daraus ergibt sich die Notwendigkeit für eine neue Formulierung. Die neue Formulierung muß mit der alten ausreichend in den Bereichen übereinstimmen, in denen sie gilt, aber sie kann unter anderen Bedingungen ein ganz anderes Verhalten beschreiben.»

«Also kann ich von der Wissenschaft kein endgültiges Urteil erwarten?» bedauerte Scrooge.

«Ich fürchte nein. Jedes Forschungsergebnis, und mag es noch so solide begründet sein, kann eine noch tiefere und noch bemerkenswertere Wahrheit in sich bergen. Dies macht die Sache nur noch interessanter. Du findest heraus, daß sich der Impuls eines Körpers nicht immer streng proportional zu seiner Geschwindigkeit verhält, sondern unendlich zunehmen kann, auch wenn seine Geschwindigkeit begrenzt ist. Mit der Energie ist es ähnlich. Egal, wieviel Energie du einem Körper zuführst, du kannst ihn niemals über die Lichtgeschwindigkeit hinaus beschleunigen. Die Energie eines massiven Körpers nimmt ständig zu, je näher er der Lichtgeschwindigkeit kommt.»

«Dann kann ich also davon ausgehen, daß die Effekte der speziellen Relativitätstheorie bedeutungslos sind, solange sich mein Beobachtungsgegenstand nicht nahezu mit Lichtgeschwindigkeit bewegt», zog Scrooge Bilanz, der fühlte, daß er wenigstens soviel verstanden hatte.

«Das ist im großen und ganzen richtig», pflichtete ihm der Geist bei. «Doch es gibt einen wichtigen Unterschied im Verhalten von Energie und Impuls, und der zeigt sich überraschenderweise bei *niedriger* Geschwindigkeit. Wenn sich die Geschwindigkeit eines Objekts der Lichtgeschwindigkeit nähert, wachsen seine Energie und sein Impuls über jedes Maß hinaus. Sinkt seine Geschwindigkeit jedoch auf Null, fällt auch sein Impuls auf Null, nicht aber seine Energie! Nach der Formel, die genau beschreibt, wie sich bei hohen Geschwindigkeiten die Energie mit der Geschwindigkeit ändert, ist die Energie nicht Null, wenn sich das Objekt in Ruhe befindet, wie man glauben könnte. Für die Energie ergibt sich weiterhin ein sehr hoher Wert, man nennt das die *Ruheenergie* oder *Ruhemasse* des Objekts. In der Masse jedes Körpers ist eine riesige Menge Energie enthalten. Eine der Schlußfolgerungen aus der speziellen Relativitätstheorie besagt, daß Masse gleich Energie und Energie gleich Masse ist. Sie sind gewissermaßen Aspekte ein und derselben Sache. Gewöhnlich spielt diese große Energiemenge, die in der Ruhemasse eines Körpers steckt, keine Rolle, denn normalerweise ist man nicht damit konfrontiert, daß sich die Masse der Dinge ändert, und daher ist diese Energie auch nicht *nutzbar*. In den meisten Fällen verändern die Gegenstände ihre Masse nicht, es sei denn, es brechen Stücke ab, oder von außen wird etwas hinzugefügt. Dann machen diese Stücke die Änderung der Energie der Ruhemasse aus. Sonst macht sich die Masse nicht bemerkbar.

Würde ein massiver Körper Lichtgeschwindigkeit erreichen, würde seine Energie unendlich groß werden, wie klein seine Masse auch sein mag. Die ganze Energie des Universums würde dafür nicht ausreichen. Bei unserem nächsten Reiseziel sehen wir die Probleme, die dadurch entstehen.»

Relativistische Energie und Impuls

⚠ Wenn man Objekte beschreibt, die sich mit sehr hoher Geschwindigkeit bewegen, muß man kompliziertere Formeln für Impuls und Energie verwenden.
Der Impuls p errechnet sich aus der Formel:

$$p = \gamma\, mv \text{ anstelle von } p = mv.$$

Für die Energie E gilt:

$$E = \gamma\, mc^2.$$

Das Symbol γ bezeichnet einen ziemlich komplizierten Zahlenfaktor, der schnell größer wird, je mehr sich die Geschwindigkeit v der Lichtgeschwindigkeit c annähert.
Der linke Ausdruck für den Impuls reduziert sich auf die vertrautere Formel rechts, wenn die Geschwindigkeit so niedrig ist, daß γ praktisch gleich eins ist.
Die Formel für Energie vereinfacht sich zu $E = mc^2$, wenn die Geschwindigkeit null ist. Wenn die Geschwindigkeit niedrig, aber größer als null ist, läßt sich die Energie schreiben als

$$E = mc^2 + \frac{1}{2}mv^2.$$

Das *zweite* Glied dieser Gleichung ist die normale Formel für die kinetische Energie bei niedrigen Geschwindigkeiten.
Das *erste* Glied wird als «Ruheenergie» bezeichnet und ist sehr viel größer, wenn v klein ist.
Auch ruhende Objekte besitzen eine gewaltige Energie, die durch die berühmte Gleichung $E = mc^2$ gegeben ist. Die traditionelle Newtonsche Mechanik kennt dieses Gesetz nicht, da sie von einer unveränderlichen Masse ausgeht und deshalb die Energie nicht freigesetzt werden kann.

Ihre fliegende Untertasse schoß mit hoher Geschwindigkeit durch den
Raum, der immer das gleiche Bild bot. Endlich tauchte direkt vor ihnen
der helle Fleck eines weit entfernten Sterns auf. Er wurde immer heller,
bis eine Sonne auf ihrem Beobachtungsschirm erschien. Der Schirm
zeigte außerdem, daß die nähere Umgebung ungewöhnlich dicht mit
Asteroiden aller Größen angefüllt war, sie reichten von kleinen
Felsbrocken bis zu richtigen Planeten. Sie drängten sich auf so engem
Raum, daß man meinen konnte, jemand hätte sie in der Vergangenheit
zum Zeitvertreib hier gesammelt. Die meisten sahen sehr zerklüftet aus
und waren durch große Schrammen und Krater verunstaltet. Einige
zeigten Schrunden, die wie offene Wunden klafften und tief ins Innere
der Planeten reichten, als ob man sie aufgeschlitzt hätte, um ihnen das
Herz herauszureißen.

In diesem Durcheinander von astronomischen Trümmern schwebte ein Körper, dessen Oberfläche glatt schien, auch wenn er keine
Kugelgestalt hatte. Er war lang und dünn wie eine überdimensionale
Nadel, die durch die Überreste der Planeten driftete. Aus der Entfernung sah das Gebilde wie ein Raumschiff aus. Aber Scrooge hatte das
Gefühl, daß es etwas anderes sein *mußte*, denn als ein naher Planet vor
dem langen, dünnen Objekt vorüberzog, zeigte sich, daß seine Länge
ebenso groß war wie der Durchmesser des Planeten.

«Warum sind wir hier, und was ist dieses lange Objekt?» fragte
Scrooge, der es langsam leid war, je nach Laune des Phantoms durchs
Universums geschleppt zu werden.

«Das ist ein Raumschiff.»

«Aber das ist absurd! Unmöglich! Es ist riesengroß. Es muß über sechzehntausend Kilometer lang sein! Wieviel Passagiere soll es denn befördern? Es könnte bestimmt die ganze Bevölkerung seines Heimatplaneten aufnehmen. Ist das der Zweck, für den es gebaut wurde?»

«Nein, es hat nur einen einzigen Passagier, den Piloten. Die Konstrukteure haben sämtliche Rohstoffe ihres Sonnensystems verbraucht, nur um dieses eine Raumschiff zu erbauen, das gerade einem Repräsentanten ihrer Rasse Platz bietet, und um es bis möglichst nahe auf Lichtgeschwindigkeit zu beschleunigen. Um das zu erreichen, mußten sie das größte Raumschiff bauen, das ihnen möglich war.

Auch bei einem Raumschiff bleibt der Impuls erhalten, wie bei jedem bewegten Gegenstand. Diesen Umstand macht sich ein Raumschiff zunutze, wenn es in den leeren Raum hinauskatapultiert wird, denn dort ist nichts, wovon es sich abstoßen könnte. Nehmen wir an, du stehst auf der Erde und fängst an zu rennen, dann behält das System *»Erde plus du»* seinen Gesamtimpuls bei, wie du bereits gehört hast. Während du vorwärts rennst, nimmt die Erde einen ebenso großen Impuls in die entgegengesetzte Richtung auf. Allerdings ist die Masse der Erde so gewaltig, daß dieser rückwärts gerichtete Impuls unbemerkt bleibt. Genauso muß das System *»Raumschiff plus ausgestoßene Gase»* seinen Gesamtimpuls beibehalten. Der Schwerpunkt des Gesamtsystems kann sich nicht bewegen, aber sobald die verbrannten Gase aus den Raketendüsen herausgeschleudert werden, bekommt das Raumschiff einen vorwärts gerichteten Impuls, der den entgegengesetzten Impuls der verbrannten Gase ausgleicht. Tritt der Düsenstrahl *sehr* schnell aus, bewegt sich auch das Raumschiff recht flink voran, obwohl es vergleichsweise schwer ist.

Soll ein Raumschiff schließlich nahezu mit Lichtgeschwindigkeit fliegen, muß es eine enorm große Ausgangsmasse mit an den Start bringen. Diese Masse muß groß genug sein, eine ausreichende Materialmenge mitzuführen, die für den Rückstoß benötigt wird und im Gleichgewicht mit dem ungeheuren Vorwärtsimpuls der Endstufe des Raumschiffs stehen muß. Die Konstrukteure haben versucht, diesen Rückstoßimpuls so klein wie möglich zu halten: Treibstofftanks und andere unnötige Teile werden abgeworfen, sobald sie ihren Zweck erfüllt haben, damit kein Treibstoff zur Beschleunigung überflüssiger Masse vergeudet wird. Um den hohen Rückstoßimpuls zu erzeugen, mit dem der ausgestoßene Treibstoff die Rakete verläßt, muß das Raumschiff eine riesige Menge an Energie in Form von Treibstoff mit sich führen. All diese Überlegungen sprechen für eine Ausgangskonstruktion von extremer Größe.»

«Aber das ganze Vorhaben ist doch absurd! Aus welchen Gründen machen sie so etwas überhaupt? Warum unternehmen sie derart selbstzerstörerische Anstrengungen, um auf Lichtgeschwindigkeit zu kommen? Und das auch noch für nur einen einzigen Passagier!»

«Du würdest die Philosophie dieser Wesen gewiß sehr seltsam finden, Scrooge. Sie kommt am besten in ihrem alten Sprichwort zum Ausdruck:

' ♌❄✈☠☺ !! '

Leider kann man dieses Motto kaum übersetzen. Aber in deiner Sprache würde es etwa lauten:

'Weil es machbar ist!' »

Sie nahmen ohne Zögern Kurs auf das gigantische Schiff und steuerten auf sein Vorderteil zu. Hatten sie ihre fliegende Untertasse bisher selbst für ein großes Schiff gehalten, so schien sie, als sie an der massiven Flanke dieses monströsen Raumschiffes entlangflogen, zu einer winzigen Mücke zusammenzuschrumpfen. Sie flogen über den gewölbten Rücken einer Zündstufe von der Größe eines Kontinents, danach folgten weitere Zündstufen von abnehmender Größe. Schließlich erreichten sie die letzte Stufe, die nur noch so groß wie ein Flugzeugträger war, und schließlich das Schiff selbst. Es war ein kleines Pünktchen, kaum hundert Meter lang und saß wie eine Kühlerfigur an der Spitze dieses gewaltigen Energiereservoirs.

Als sie auf gleicher Höhe mit der kleinen Pilotenkanzel am äußersten Ende des Monsters angekommen waren, wandte sich der Geist Scrooge zu und ergriff seinen Arm. Für Sekundenbruchteile war Scrooge verwirrt, er sah alles seltsam verzerrt und verschwommen. Es dauerte einen kleinen Moment, bis er sich an das neue Bild gewöhnt hatte, das ihm seine Augen lieferten, aber bald erkannte er, daß er und sein ständiger Begleiter sich in einer sehr engen Kabine befanden. Sie war in der Tat so klein, daß darin offensichtlich kein Platz für sie war. Der kleine Raum wurde vollständig von dem Piloten eingenommen, und der war selbst nicht groß. Er maß im Stehen vielleicht einen Meter, schätzte Scrooge, aber er war sich dessen nicht sicher. Der Körperbau dieses Wesens war so seltsam, daß er nicht abschätzen konnte, wie groß es wirklich war.

«Wie kommt es, daß wir in diese Kabine passen, die doch offensichtlich so genau auf den Piloten zugeschnitten ist? Wie sind wir überhaupt von unserem Schiff hier herübergekommen?»

Scrooge dachte an seine letzten Erlebnisse und sprach mit großer Erregung.

«Ihr habt mir erzählt, daß man nur soundso schnell von einem Ort zum anderen kommt, und betont, was physikalisch möglich ist und was nicht. Aber wie es scheint, bin ich auf irgendeine Art von einem Ort zum anderen und von einer Epoche zur nächsten gereist und habe sogar meine Größe geändert, was ganz bestimmt ganz unmöglich ist. Wie vereinbart Ihr das mit Euren vielen kritischen Bemerkungen, wenn ich fragen darf?»

Scrooges aggressiver Ton brachte den Geist keineswegs aus der Fassung. «Du hast durchaus recht. Nach den Gesetzen der Physik waren viele deiner Erfahrungen wirklich unwahrscheinlich, wenn nicht völlig unmöglich. Die Lösung des Rätsels liegt in deinen Worten 'wie es scheint'. Was du bisher gesehen hast und noch sehen wirst, sind Visionen von Bildern und Geräuschen. Sie sind Illusionen, wenn auch mit einem wahren Kern. Ich bin ein Geist, meine Handlungen und Beobachtungen sind nicht den Naturgesetzen unterworfen. Zeige ich dir ein Bild, so vermittelt es dir eine richtige Botschaft, wenn auch die Art, wie diese Botschaft dargestellt wird, nicht immer der Wirklichkeit entspricht. Das liegt in der Natur von Geistern wie mir. Die physikalische Welt von einer Warte zu betrachten, die selbst physikalisch unmöglich ist, ist aber auch typisch für gewisse Wesen aus *deiner* Welt. Ihr nennt sie 'theoretische Physiker'.»

«Meinetwegen», erwiderte Scrooge, der durch diese Antwort teilweise besänftigt war. «Wenn ich also nur Visionen wahrgenommen und geträumt habe, wie Ihr sagt, wieso mußten wir dann so viel Zeit und

Anstrengungen aufbringen und von Ort zu Ort reisen? Wozu waren wir Stunden um Stunden an Bord einer fliegenden Untertasse, wenn Ihr Eure Vision auch ohne diese Vorbereitung hättet erzeugen können?»

Der Geist sah etwas verlegen drein, soweit Scrooge unter der wachsenden Fülle weißer Haare überhaupt einen Gesichtsausdruck wahrnehmen konnte. Er murmelte etwas in seinen Bart, das Scrooge nicht richtig hören konnte, obwohl er meinte, folgende Worte zu verstehen: *'bekräftigendes Detail, das dazu angetan ist, einer im Grunde dürftigen und wenig überzeugenden Erzählung künstlerische Wahrscheinlichkeit zu verleihen'.*

Während sie noch stritten, hatte der Pilot des gigantischen Raumschiffs in aller Ruhe seinen Countdown beendet, und mit einem Schlag zündete die erste Stufe. Die Motoren, die so groß wie Mondkrater waren, heulten auf und stießen ihren feurigen Atem aus, während das riesige Hauptteil langsam aus dem Trümmerfeld ausscherte, das von dem Sonnensystem übriggeblieben war.

Sie flogen schneller und schneller und wurden von einem Feuerschweif vorwärts katapultiert, der Welten verschlingen konnte. Nach einer gewissen Zeit hörten das Getöse und der Druck plötzlich auf, die erste Stufe hatte ihren Treibstoff verbraucht und wurde abgeworfen. Eine leere Hülse von der Größe Australiens stürzte zurück auf die ausgeplünderte Sonne.

Eine Raketenstufe nach der anderen zündete, brannte eine Zeitlang und wurde dann abgestoßen. Während sie mehr und mehr Ballast abwarf und die Abfolge von Initialzündungen sich dem Ende zuneigte, donnerte die Rakete voran und ließ ihren Heimatstern mit immer größerer Geschwindigkeit hinter sich. Ihre Geschwindigkeit lag immer noch ein gutes Stück unter der Lichtgeschwindigkeit, doch sie war ihr andererseits so nahe, daß sich die ersten Anzeichen jener exotischen Veränderungen im Sinne der speziellen Relativitätstheorie bemerkbar machten. Langsam drängten sich schon die Sterne am Himmel zu Gruppen zusammen, denn der Raum begann sich in Bewegungsrichtung bereits zu stauchen.

Die diffusen Wolken von interstellarem Wasserstoff verdichteten sich geringfügig, aber doch wahrnehmbar, da sich der Raum infolge der relativistischen Verkürzung der Entfernung zusammenzog.

Da zündete die letzte Raketenstufe des Schiffes, sie brannte aus und fiel ab. Nun war allein das Raumschiff übrig. Es war ein winziger Punkt im Vergleich zu seinem ursprünglichen Volumen, aber es war der alleinige Erbe der gesamten, mobilisierten Energie. Während das Schiff schnell durch den interstellaren Raum schoß, begann es sich zu verändern. An seinen Seitenteilen öffneten sich Lüftungsschächte, die wie hypermoderne Kohlerutschen aussahen. Aus seinen Seitenflächen traten komplexe Spulen und Antennen hervor, aus denen kleine Blitze zuckten. Ein blasses Leuchten begann den Raum vor dem Schiff zu erhellen. Elektrische und magnetische Felder ionisierten den interstellaren Wasserstoff und leiteten ihn zu den Ansaugstutzen der Düsentriebwerke des Schiffes. Der Wasserstoff speiste ein Aggregat von Fusionsmotoren, und nukleare Prozesse innerhalb der Motoren wandelten einen Teil dieses Treibstoffs in Energie um. Sie schossen als flammender Strahl aus dem Heck des Schiffes und rissen es noch schneller vorwärts.

Das Schiff hatte den riesigen Treibstoffvorrat, mit dem es gestartet war, praktisch verbraucht, aber nun konnte es neuen Treibstoff aus seiner Umgebung gewinnen, und dieser neue Vorrat war unbegrenzt. Als sich die Geschwindigkeit der Lichtgeschwindigkeit näherte, nahm auch die Dichte des Treibstoffs zu, da sich der Raum, in dem er enthalten war, zusammenzog. Der Wasserstoff strömte immer schneller in die geöffneten Schlünde des Schiffes. Vom Standpunkt der Konstrukteure aus betrachtet, war das eine gute Nachricht. Aber der schnell einströmende Wasserstoff brachte auch eine schlechte Nachricht. Das Schiff schoß jetzt so schnell durch den Raum, daß die Wasserstoffatome fast mit Lichtgeschwindigkeit auf den Rumpf einprasselten. Die Atomkerne des Wasserstoffs trafen als gefährliche ionisierende Strahlung ein und stellten ein Zerstörungspotential dar, das den Waffen aus dem *«Krieg der Sterne»* in nichts nachstand. Das Schiff war deshalb mit einem massiven Schutzschirm ausgerüstet, der den Piloten schützte. Auf der Erde kennen wir solche Strahlung als geladene Teilchen, die mit sehr hoher Geschwindigkeit eintreffen. In diesem Fall trieben die Wasserstoffkerne im Raum, und es war das Schiff, das mit ungeheurer Geschwindigkeit auf *sie* auftraf. Im einen wie im anderen Fall war die *relative* Geschwindigkeit sehr hoch, und deshalb war die Wirkung die gleiche.

Als das Raumschiff weiter beschleunigte, konnte die *Geschwindigkeit* der auftreffenden Wasserstoffatome nicht mehr sehr viel zunehmen, wohl aber ihr *Impuls*. Ihm waren keine Grenzen gesetzt. Während die energiegeladenen Atome von vorne auftrafen, übertrugen sie ihren relativen Impuls und bremsten das Schiff leicht ab. War ein Atom einmal geschluckt, konnte es in den Maschinen fusioniert und in Antriebsenergie umgewandelt werden. Aber der Nettogewinn nahm stetig ab, je heftiger die Atome das Schiff bombardierten.

«Wie sieht denn die allgemeine Gewinn- und Verlustrechnung aus?» fragte Scrooge. «Einerseits steht mehr und mehr Treibstoff zur Verfügung, andererseits nützt er immer weniger, um das Schiff anzutreiben. Gibt es nun einen Nettogewinn oder nicht?» Nettogewinn oder -verlust, das war nun eine Sache ganz nach Scrooges Geschmack.

«Deine Frage ist sehr akademisch», erwiderte sein Lehrmeister, «denn die Kontraktion des Raumes ist inzwischen so stark, daß unser Raumschiff bereits den Rand der Galaxie erreicht hat. In der noch größeren Leere des intergalaktischen Raumes nimmt die Materiedichte stark ab, und es wird mühelos dahingleiten, wenn auch mit ungeheurer Geschwindigkeit, bezogen auf die Galaxie, die es hinter sich läßt.»

Da kam Scrooge ein Gedanke, und er kam ihm ziemlich spät, wie man zugeben muß. «Wenn dieses Wesen eine so weite Reise mit so hoher Geschwindigkeit unternimmt, wie kommt es dann jemals wieder nach Hause?»

«Überhaupt nicht. Selbst wenn man einen Weg fände, wie das Schiff abbremsen, umdrehen und mit gleicher Geschwindigkeit in die entgegengesetzte Richtung fliegen könnte, würde das wenig nützen. Die Auswirkungen der Zeitdilatation wären so groß, daß seine Rasse längst ausgestorben wäre. Der Zwilling ist in diesem Fall zu schnell und zu weit gereist.»

Scrooge war sprachlos. «Wußten sie das vor dem Beginn des Unternehmens?» fragte er.

«Aber natürlich. Ich sagte dir ja, daß diese Rasse eine ganz andere Lebensphilosophie hat. Aber komm, wir müssen los. Auch wenn dieses Schiff Zeit und Ort seines Starts niemals wiedersieht – wir sind nicht so gebunden, wir waren in gewissem Sinne niemals hier. Alle unsere Beispiele sind nichts als Gedanken, die ich für dich sichtbar gemacht habe, und wir können uns von ihnen verabschieden, wann immer ich will. Alle Figuren, die darin auftreten, auch die große Galaxie, sind nichts als Phantasiegebilde und vergehen wie ein immaterielles Trugbild. Sie lassen kein Wölkchen zurück, denn sie sind aus dem Stoff, aus dem Träume gemacht sind.»

Nachdem der Geist diese unerwartet privaten Gedanken geäußert hatte, herrschte ein flüchtiger Moment der Verwirrung. Für Scrooge war das bereits ein Anzeichen dafür, daß der Geist seiner gegenwärtigen Vision müde war und gleich zu etwas ganz anderem übergehen würde. Schon kurze Zeit später schwebten sie zusammen im Zentrum einer merkwürdigen Konstruktion. Sie waren umgeben von einer Reihe langer Stäbe oder Zylinder, die im rechten Winkel zueinander standen. Die Verbindungsstellen wurden von Kugeln gebildet, aus denen jeweils sechs Stäbe ragten. Sie bildeten eine regelmäßige, dreidimensionale Struktur, die einem Gestell für Weinflaschen glich oder jenen Modellen von Kristallgittern, die man aus chemischen Labors kennt. Soweit Scrooge sehen konnte, wiederholte sich diese Struktur aus senkrechten, quer und längs verlaufenden Stäben offenbar bis ins Unendliche. Der Anblick wurde noch unwirklicher durch ein sanftes, gelbes Leuchten, das von all diesen Kugeln und Stäben ausging.

Kapitel 6
Eine Frage des Standpunkts

Staunend betrachtete Scrooge das Gebilde. Es wirkte wie eine endlose Aneinanderreihung von Elementen aus einem Kinderbaukasten. «Wie kommt es, daß so eine Struktur existiert? Sie muß riesenhaft sein und noch sehr viel größer als diese monströse Weltraumrakete, die Ihr mir gezeigt habt. Es scheint unbegreiflich, daß eine Rasse etwas von diesen Ausmaßen hervorgebracht haben könnte, aber daß eine solche Form natürlichen Ursprungs sein soll, ist ebenso unvorstellbar.»

«Du sagst, sie sei unermeßlich groß. Aber woher kennst du die wirkliche Größe oder den Maßstab dieser Konstruktion? Erinnere dich nur an die Situation, als du die Welt im Maßstab des Kleinen erfahren hast und dir ein kleiner Riß in einem Stein wie eine große Schlucht vorkam. Du kannst jetzt sowenig wie damals sagen, ob das Bild so groß ist, wie du glaubst. Es könnte von mittlerer Größe sein, während dein Zeitgefühl so beschleunigt ist, daß du endlos lange brauchst, um da hindurchzukommen, selbst wenn du fast mit Lichtgeschwindigkeit reist.»

«Wie ist es nun, groß oder klein?» fragte Scrooge.

«Spielt das eine Rolle?» kam die Gegenfrage. «Komm mit, wir wollen beobachten, wie dieses Gebilde für einen bewegten Beobachter aussieht.»

Die senkrechten und waagerechten Stäbe zogen an Scrooge und seinem Begleiter vorbei, als sie sich vorwärts bewegten. Sie huschten schnell und immer schneller vorüber, dann flossen sie wie ein gleichmäßiger Strom und schließlich wie ein rasender Wirbel, während Scrooge und der Geist durch den leeren Raum zwischen den Stäben schossen.

Der Geist rief hin und wieder ihre relative Geschwindigkeit zu dem Gitterwerk aus, wie ein Flugkapitän, der sein Flugzeug mitzubringen vergessen hatte. Das Gitter wirkte zunächst unverändert, abgesehen davon, daß es immer schneller daran vorübersauste. Aber als ihre Geschwindigkeit ungefähr neun Zehntel der Lichtgeschwindigkeit betrug, fielen Scrooge Veränderungen auf. Die senkrechten und quergerichteten Stäbe begannen sich zu biegen und krümmten sich leicht gegenüber ihrer ursprünglich geraden Form, während sich die längsgerichteten Stäbe dehnten, so daß ihre Verbindungen weiter auseinander zu liegen schienen.

Ihre Geschwindigkeit nahm weiter zu, und sie ließen die horizontalen und vertikalen Stäbe, die nach allen Seiten ragten, Stück um Stück in rasendem Flug hinter sich. Scrooge bemerkte die langen, wehenden Haare des Geistes und konnte nicht umhin zu bemerken: «Ihr habt mir doch eingeschärft, man könne nicht feststellen, ob man sich bewege oder nicht, und nur die Bewegung relativ zu anderen Körpern zähle. Nun fühle ich weder Atmosphäre noch Wind, wie kommt es dann, daß Euer Haar im Wind weht, während wir uns bewegen?»

«Ach, das!» antwortete der Geist. «Das ist nur für den Zeichner. Er hat es dann leichter, unsere Geschwindigkeit darzustellen.»

Die Geschwindigkeit, die der Geist ausrief, stieg erst auf fünfundneunzig dann neunundneunzig Prozent der Lichtgeschwindigkeit. Die Verzerrungen wurden immer deutlicher. Die quergerichteten Stäbe wölbten sich grotesk zu hochaufragenden Bögen, und die längsgerichteten Stäbe, die sich in regelmäßigen Abständen zwischen den Kugeln erstreckten, zogen sich weiter und weiter in die Länge, so daß die entfernteren Teile des Gebildes immer weiter zurückwichen. Sie schrumpften in der Ferne zu einer Form wie ein kompliziert geschliffener Edelstein zusammen. Dieser Eindruck wurde noch dadurch verstärkt, daß sich die Farbe der Stäbe allmählich von Gelb in ein tiefes, lebendiges Blau verwandelte, das verführerisch leuchtete, als sie näher kamen.

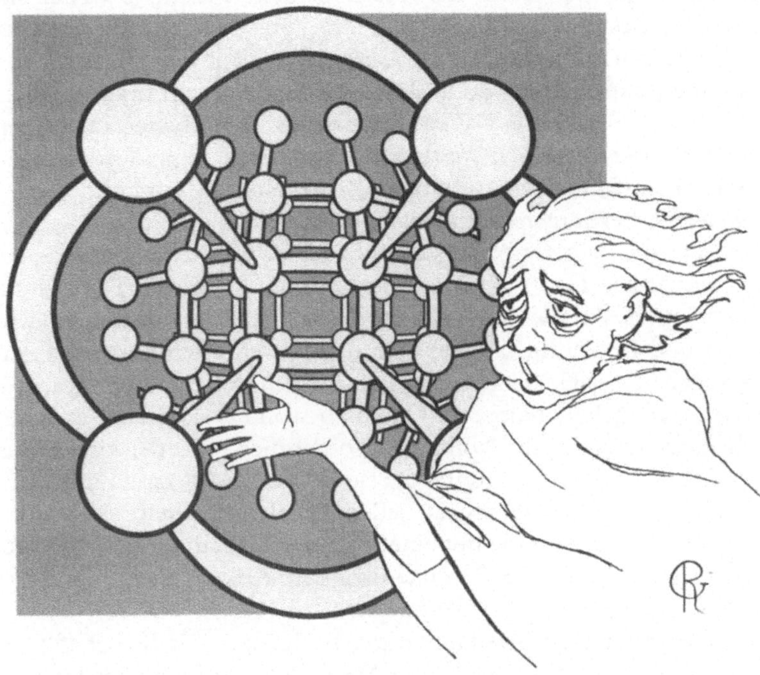

«Aber das stimmt ja alles nicht!» rief Scrooge. Sofort hielten sie, unter gröblicher Verletzung des Impulserhaltungssatzes, in ihrer rasenden Fahrt inne. Der Geist wandte sich um und warf Scrooge einen spöttischen Blick zu.

«So, glaubst du?» fragte er. «Gegen welchen Punkt richten sich denn deine Einwände insbesondere?»

«Ihr sagtet, die Verzerrung von Raum und Zeit würde nach der Relativitätstheorie dazu führen, daß sich Entfernungen in der Bewegungsrichtung verkürzen. Aber eben sahen wir, daß gerade Stäbe krumm erscheinen und die Stäbe, die sich in unserer Bewegungsrichtung erstreckten, waren offensichtlich eher gestreckt als gestaucht. Also habt Ihr mir gerade das genaue Gegenteil von dem gezeigt, was Ihr behauptet habt!»

«Du bringst zwei verschiedene Dinge durcheinander», erwiderte der Geist ruhig. «Ich sagte, daß Körper kürzer würden, die sich relativ zu dir bewegen. Ich sagte nicht, daß sie kürzer *aussehen* würden. Das ist etwas ganz anderes! Erinnere dich daran, daß du die Dinge siehst durch das Licht, das sie ausstrahlen, und daß sich das Licht, wie zu erwarten, nicht schneller als mit Lichtgeschwindigkeit bewegt. Das Licht braucht Zeit, um eine Entfernung zurückzulegen, und deshalb siehst du die

Dinge immer so, wie sie in der Vergangenheit waren. Je weiter sie entfernt sind, desto weiter siehst du in ihre Vergangenheit. Bewegst du dich auf etwas zu mit fast derselben Geschwindigkeit wie das Licht, das es aussendet, dann kannst du in der Zeit, die das Licht braucht, dich zu erreichen, einen weiten Weg zurücklegen. Das bedeutet, weiter entfernte Körper, scheinen weiter entfernt, als sie es in Wirklichkeit sind, da du sie früher wahrnimmst, also zu einem Zeitpunkt, als sie noch weiter entfernt *waren*. Ein analoges Beispiel:

Stell dir vor, dein viktorianischer Vorfahr würde zwei Freunde zu Besuch erwarten. Das wäre natürlich nur im späteren Teil seines Lebens möglich, als er wirklich Freunde *hatte*. Die Freunde nennen wir Abraham und Benjamin. Sie wußten, daß der alte Scrooge, trotz der Wandlungen seines Herzens, die meiste Zeit seines Lebens einsam und zurückgezogen gelebt hatte, und deshalb wollten sie nicht, daß ihr Besuch unerwartet für ihn kommt. Also nahmen sie jeder eine Kiste mit Brieftauben mit auf die Reise, die sie in kurzem Abstand hintereinander antraten, und machten an jedem Meilenstein halt. Von dort sandte jeder eine Brieftaube mit einer Botschaft los, die seine jeweilige Position beschrieb. So war Scrooge über ihre Ankunft gebührend im voraus informiert.

Jedesmal trafen zwei Brieftauben gleichzeitig ein. Die Botschaft von Abraham besagte, daß er noch drei Meilen entfernt war, in der von Benjamin hieß es, er sei noch sechs Meilen entfernt. Etwas später trafen wieder zwei Botschaften ein. Abrahams sagte, daß er noch zwei Meilen entfernt war, die von Benjamin, er sei noch fünf Meilen weit weg. Daraus könnte man schließen, daß beide gleich schnell zu ihrem Freund ritten und ständig einen Abstand von drei Meilen zwischen sich hatten. Aber wenn du das glauben würdest, hättest du dich getäuscht.

Du mußt die Botschaften genauer studieren. Wir wollen uns diese beiden Herren von einem hochgelegenen Punkt aus ansehen, von dem wir ihre Bewegungen beobachten können.»

Das seltsame Gerüst aus Stäben und Kugeln um sie herum verschwand, und Scrooge schwebte in der Luft, hoch über der gewohnten irdischen Landschaft, so ähnlich, wie es ihm zuvor in Gesellschaft des Geistes der Entropie ergangen war. Tief unter sich erblickte er eine Straße, auf der sich zwei Reiter gleichmäßig bewegten. Bei jedem Meilenstein hielten sie kurz an, sprangen von den Pferden, schrieben eine kurze Botschaft und befestigten sie am Bein einer Brieftaube. Danach setzten sie ihren Weg fort. Scrooge stellte fest, daß beide mit gleicher Geschwindigkeit ritten, indem er die Positionen der Meilensteine verglich. Doch sie waren nur *zwei* Meilen voneinander getrennt, nicht drei.

«Da siehst du die beiden Freunde», sagte der Geist. «Abraham reitet Benjamin zwei Meilen voraus, und beide reiten mit einer konstanten Geschwindigkeit von zehn Meilen in der Stunde. Bei diesem Tempo kommen sie alle sechs Minuten an einen Meilenstein. Ihre Brieftauben fliegen dreißig Meilen pro Stunde. Wenn Benjamin eine Brieftaube losschickt, fliegt sie davon, bis sie Abraham schließlich überholt. Wenn Benjamin eine Brieftaube losschickt, sobald er den *Sechs-Meilen*-Posten erreicht, ist Abraham beim *Vier-Meilen*-Posten. Die Brieftaube erreicht ihn sechs Minuten später, aber zu diesem Zeitpunkt hat er schon den *Drei-Meilen*-Stein erreicht und schickt wieder eine Brieftaube los. Benjamins Brieftaube fliegt nun die restliche Strecke zu Scrooges Haus in Gesellschaft dieser Brieftaube von Abraham, und deshalb empfängt er immer zwei Brieftauben gleichzeitig. Aus den Mitteilungen geht hervor, daß seine Gäste in einem Abstand von drei Meilen näher kommen, während sie in Wahrheit nur zwei Meilen voneinander entfernt sind. Die Brieftauben *sind* zwar im Abstand von drei Meilen losgeflogen, aber *nicht zur selben Zeit*.

Genauso ist es mit dem Licht. Das Licht von weiter entfernten Objekten wurde früher ausgesandt, als sie noch weiter entfernt waren, deshalb erscheinen die Entfernungen gedehnt. Das ist der grundlegende Effekt, durch den du alles verzerrt siehst. Wenn du die Zeit berücksichtigst, die das Licht braucht, um zu dir zu gelangen, erhältst du den Maßstab dafür, wo die Dinge von dir aus gesehen, *tatsächlich* sind. *Dann* wirst du feststellen, daß die Längen gestaucht sind, wie es die Relativitätstheorie beschreibt, aber das ist nicht der auffälligste Effekt, den du wirklich *wahrnimmst*. Daß das Licht für seine Reise Zeit braucht, erklärt, weshalb die längsverlaufenden Stäbe so stark gedehnt waren und warum die querverlaufenden gekrümmt erschienen. Die Mitte eines geraden Stabes, der durch dein Blickfeld wandert, ist dir näher als seine entfernten Enden. Deshalb entsteht der Eindruck, als ob diese Enden sich von dir wegbiegen würden.»

«Das mag ja alles sein», antwortete Scrooge widerwillig, «aber wie erklärt Ihr die Veränderung der Farben, die ich gesehen habe? Die hat ja wohl nichts mit der Lichtgeschwindigkeit zu tun.»

«Sie hat sehr wohl damit zu tun. Die Farbveränderung ist ein Beispiel für den sogenannten Doppler-Effekt. Das Licht breitet sich in Form von Wellen aus wie Wellen auf der Wasseroberfläche eines Sees, wenn du einen Stein hineinwirfst. Diese Wellen haben eine Wellenlänge: Das ist der Abstand zwischen zwei aufeinanderfolgenden Wellenbergen. Und sie haben eine Frequenz: die Anzahl der Auf- und Abbewegungen des Wassers an irgendeinem Punkt des Sees pro Sekunde. Außerdem haben die Wellen auch eine Geschwindigkeit, nämlich die Geschwindigkeit, mit der man die Wellen über die Oberfläche des Sees laufen sieht.

Die Licht*geschwindigkeit* ist konstant, wie wir wissen, aber das muß nicht für die Wellenlänge und die Frequenz gelten. Bewegst du dich auf eine Lichtquelle zu, dann durchschneidest du die einlaufenden Wellen und triffst schneller auf die aufeinanderfolgenden Wellenberge. Du siehst also Licht mit einer kürzeren Wellenlänge und mit einer höheren Frequenz. Blaues Licht hat die höchste Frequenz des sichtbaren Lichts, und deshalb wird das Licht blauer, wenn du dich auf die Lichtquelle zubewegst. Entfernst du dich von der Lichtquelle, geschieht das Gegenteil. Die Wellenberge liegen dann weiter auseinander, und die Frequenz, mit der du auf sie triffst, ist geringer. Das Licht verschiebt sich in den roten Bereich. Nicht viel anderes passiert, wenn ein Krankenwagen mit heulender Sirene an dir vorbeifährt. Solange die Sirene auf dich zukommt, hörst du eine hohe Frequenz, die sofort abfällt, wenn der Wagen an dir vorüberfährt, und wenn er sich entfernt, hörst du eine niedrigere Frequenz.

Rotverschiebung von Sternen aufgrund des Doppler-Effekts

Obwohl die Lichtgeschwindigkeit unveränderlich ist, unabhängig davon, wie sich die Lichtquelle oder der Beobachter bewegen, können sich die Frequenz und die Wellenlänge verändern. Bewegt sich die Lichtquelle auf einen zu oder, was auf dasselbe hinausläuft, bewegt man sich auf die Lichtquelle zu, dann folgen die einzelnen Wellen in kürzeren Abständen, und die Frequenz wird höher. Nun hängt die Farbe des Lichts von seiner Frequenz ab, und die höhere Frequenz verschiebt die Farbe in den blauen Bereich des Spektrums. Wenn sich die Lichtquelle von einem fortbewegt, ist der Effekt gerade umgekehrt, und die Farbe wird in den roten Bereich des Spektrums verschoben.

Die Linienspektren (siehe Kapitel 11) weit entfernter Sterne zeigen eine deutliche Rotverschiebung, was darauf hindeutet, daß sie sich von uns entfernen. Je weiter sie entfernt sind, desto größer ist ihre Rotverschiebung. Das Universum als Ganzes dehnt sich offenbar aus, so daß sich jeder Teil vom anderen entfernt.

Nun muß man genau unterscheiden zwischen dem, was du siehst, und der tatsächlichen Position von Objekten in deinem Bezugssystem. Um ein realistischeres Bild der Welt zu bekommen, mußt du vier Dimensionen berücksichtigen. Das will ich dir zeigen.»

Scrooge sah sich um und entdeckte, daß er auf einer weiten Ebene stand. Aber das war keine ausreichende Orientierungshilfe, um zu wissen, wo er sich befand, denn am Himmel war nichts zu sehen, weder Sonne noch Sterne. Der Himmel war nicht etwa wolkenverhangen, er war vollkommen leer, so als ob der Himmel bei der Erschaffung dieser Landschaft vergessen worden wäre. Ringsumher war alles nackt und kahl, die einsame Ebene reichte weit in die Ferne. Ab einer gewissen Entfernung konnten Scrooges Augen zwar keine Einzelheiten mehr erkennen, aber soweit er es beurteilen konnte, erstreckte sich diese Ebene ins Unendliche.

Die Landschaft hatte nichts mit einer gewöhnlichen Landschaft gemein, deshalb fiel es Scrooge schwer, ihre Größenverhältnisse abzuschätzen. Er bemerkte aber ein Muster aus konzentrischen Kreisen in der Ebene, jeder Kreis war von einem noch größeren Kreis umgeben. Diese Kreise bildeten eine Art Zielscheibe, deren äußere Begrenzung offenbar außerhalb seines Blickfelds lag. Plötzlich überfiel Scrooge ein Gefühl akuter Paranoia, denn er entdeckte, daß das Ziel, um das sich das ganze monströse Muster konzentrischer Ringe gruppierte, ausgerechnet der Punkt war, auf dem er stand. Scrooge unterließ es, sich weiter in die Analyse der möglichen Bedeutungen dieser Anordnung zu vertiefen, sondern lief aufs Geratewohl in eine Richtung, nur um sich aus dieser unangenehm privilegierten Position zu entfernen.

Als er ein gutes Stück gerannt war, hielt er inne und sah sich um. Die Landschaft war genauso eigenartig steril wie zuvor. Ja, sie war noch *exakt* dieselbe. Das ganze Muster von Kreisen war noch immer genau um den Punkt konzentriert, auf dem er jetzt stand und nach Atem rang. Diese Feststellung linderte nicht gerade sein Gefühl der Schutzlosigkeit, aber bevor er sich ernsthaft Sorgen machen konnte, wurde er von der gewohnten Stimme des Geistes abgelenkt.

«Hier ist dargestellt, wie du Raum wahrnimmst. Jeder Kreis markiert Punkte im Raum, die gleich weit von dir entfernt sind. Das hast du offensichtlich schon erraten, denn ich sah deine Anstrengungen, um dich davon zu überzeugen, daß du immer im Mittelpunkt des Musters bleibst, wo du auch bist.

Wenn du dich im Raum umschaust, nimmst du Ereignisse wahr. Aber du siehst nicht einfach nur Dinge, sondern du siehst, wie sie etwas tun, was immer es gerade ist *zu dem Zeitpunkt*, wo du sie siehst. Sie tun vielleicht nichts Besonderes, vielleicht tun sie überhaupt nichts, was du wahrnehmen kannst. Was es auch ist, es ist, was du siehst. Du siehst zu jedem Zeitpunkt die Ereignisse dieses Augenblicks.»

Während die Erscheinung sprach, belebte sich die Landschaft. Überall auf der Ebene tummelten sich kleine Männchen, kleine, gesichtslose Gliederpuppen, und jede war mit etwas beschäftigt. Sie kochten, schliefen, hackten Holz oder streuten Saatgut aus. Einige kämpften, und einige verbanden anderen die Wunden. Viele saßen einfach herum und taten fast nichts. Jede Figur ging ihrer eigenen Beschäftigung nach, doch als Scrooge sie beobachtete, veränderte sich die Tätigkeit. Der Holzhacker zündete ein Feuer an, die Köche servierten Mahlzeiten und aßen, die Krieger erfochten einen Sieg oder starben. Einige von denen, die bloß herumsaßen, taten schließlich etwas Nützlicheres. Da war Wandel und Veränderung, wo man auch hinsah.

«In jedem Augenblick siehst du verschiedene Geschehnisse, verschiedene *Ereignisse*. Wie ich schon sagte: Die Ereignisse, die du zu einem gegebenen Zeitpunkt siehst, sind nicht die Ereignisse, die *zu diesem Zeitpunkt* in deinem Bezugssystem stattfinden. Wenn du etwas in einiger Entfernung siehst, dann nur, weil das Licht die Entfernung von diesem Ereignis bis zu deinem Auge zurückgelegt hat. Für diese Reise braucht das Licht Zeit. Du siehst also, was sich ereignete, als das Licht seine Reise begann, und nicht, was sich *jetzt* ereignet. Was deine Augen dir berichten, sind alte Neuigkeiten.

Im täglichen Leben siehst du Dinge, die sich ganz in deiner Nähe befinden. Die Zeit, die das Licht benötigt, um von ihnen zu dir zu gelangen, ist so kurz, daß sie keine Rolle spielt. Aber wenn die Objekte weit entfernt sind, kann diese Reise sehr lange dauern. Von der Sonne braucht das Licht ungefähr acht Minuten zu dir, von den näher gelegenen Sternen dauert es schon viele Jahre, während das Licht von den weiter entfernten Sternen Tausende oder Millionen von Jahren unterwegs ist. Man könnte sagen, daß du sie siehst, wie sie vor langer Zeit in der Vergangenheit aussahen.»

Der Geist stand rechts, ein wenig abseits von Scrooge. Scrooge bemerkte es, und gleichzeitig fühlte er, wie seine anfänglichen paranoiden Ängste wieder aufflackerten. Denn der Geist stand ein gutes Stück vom Mittelpunkt dieser Kreise entfernt, und *ihm* waren sie nicht gefolgt. Es war eindeutig Scrooge, und nur er allein, den man ausgesucht hatte.

«Diese Ebene, die sich nach allen Seiten erstreckt, stellt den Raum dar. Aus Gründen der Bequemlichkeit werden in dieser Vision drei Dimensionen durch zwei dargestellt. Du mußt analog denken und dir vorstellen, der ganze Raum sei in dieser flachen Ebene enthalten, die du um dich herum siehst. Durch die Begrenzung der Zahl von Dimensionen kannst du das Wechselverhältnis von Raum und Zeit, aus dem sich vier Dimensionen ergeben, besser verstehen. Daß aus zwei Dimensionen drei werden, kann man sich leichter vorstellen als das Bild von drei Dimensionen, die um eine vierte erweitert werden. Es ist extrem schwierig, sich die unheimliche Dehnung von Raum und Zeit bildlich vorzustellen, wenn sie ineinander übergehen. Dazu bräuchte man die Gabe des vierdimensionalen Sehens.»

Scrooge ärgerte sich über diese Erklärung. Er war immer der Meinung gewesen, daß er immerhin über einen guten Weitblick verfügte und daß ihn nur sehr selten etwas unvorbereitet traf. Die gegenwärtige Erfahrung war jedoch eine dieser seltenen Gelegenheiten, das mußte er zugeben.

Die Geistererscheinung schenkte seiner Reaktion keine Beachtung. «Um zu verstehen, wie Raum und Zeit zusammenwirken, müssen wir den Dimensionen des Raums die Dimension der Zeit hinzufügen. Wenn wir den Raum beschreiben, sprechen wir von drei Dimensionen, die durch drei rechtwinklig aufeinanderstehende Koordinaten gegeben sind: Sie verlaufen von links nach rechts, von vorne nach hinten und von unten nach oben. Nun müssen wir noch die Dimension der Zeit hinzunehmen, die ebenfalls im rechten Winkel zu den drei anderen steht und sich von der Vergangenheit in die Zukunft erstreckt. In unserem Bild ist die Zeit nur eine dritte Richtung, und das kannst du dir vorstellen. Die Zeitdimension ist nicht wirklich dasselbe wie die drei

Raumdimensionen. Es gibt wichtige Unterschiede zwischen ihnen, aber auch wichtige Gemeinsamkeiten.

Jetzt werden wir unser Bild um die Dimension der Zeit erweitern, und zwar wird sie von unserer Raumebene aus gesehen nach oben oder nach unten gemessen. Damit die Zeit in demselben Maßstab wie die Entfernung gezeigt und auf dieser Achse eingezeichnet werden kann, muß sie mit der Lichtgeschwindigkeit multipliziert werden. Nur bei dieser Geschwindigkeit treten diese bemerkenswerten Eigenschaften von Raum und Zeit auf, und weil die Lichtgeschwindigkeit so groß ist, entspricht eine kurze Zeitdauer einer großen Raumausdehnung. Die ebene Fläche, auf der du stehst, hat ihre Bedeutung verändert. Sie stellt nun dein wahres *Jetzt* dar, also alle Ereignisse, die zur selben Zeit geschehen, jedenfalls nach *deiner* Zeitwahrnehmung. Das bedeutet, daß die verschiedenen Ereignisse, die du gleichzeitig *siehst*, nicht mehr auf dieser Ebene liegen, denn sie müssen früher geschehen sein.»

Das Muster der konzentrischen Ringe sank in die Tiefe, bis unterhalb der Bodenebene, gleichzeitig wurde der Boden durchsichtig. Er war vielleicht schon immer durchsichtig gewesen, nur daß vorher da unten nichts zu sehen war. Die kleineren, engeren Kreise bewegten sich nur ein kleines Stück abwärts, während die weiter entfernten entsprechend tiefer sanken. Alle Kreise lagen nun auf der Oberfläche eines langen Kegels unter ihren Füßen. Seine Spitze berührte den Punkt, auf dem Scrooge stand, und er erstreckte sich tief hinunter in die unendliche Vergangenheit. Als er seinen Blick nach oben lenkte, sah Scrooge einen *anderen* Kegel, er war ein Zwilling des ersten. Auch dieser Kegel nahm seinen Anfang an dem Ort, auf dem Scrooge stand, und öffnete sich nach oben in die Dimension der Zukunft.

«Das ist der Lichtkegel», sagte sein Begleiter. «Auf seinem Vergangenheitsbereich liegen alle Punkte der Raum-Zeit, deren Licht deine gegenwärtige Position erreicht, also alles, was du gegenwärtig im Raum sehen kannst. Die andere Hälfte, die der Zukunft zugeordnet ist, stellt die Ereignisse dar, bei denen Licht ankommt, das von deiner Position ausgeht. Alles, was du jetzt sehen kannst, liegt auf dem Kegel der Vergangenheit. Auf dem Kegel der Zukunft befinden sich alle Wesen, die dich sehen können, wie du jetzt bist. Du siehst, der Lichtkegel ist eine sehr persönliche Angelegenheit. Jeder hat seinen eigenen, oder genauer, jedes *Ereignis* der Raum-Zeit hat seinen eigenen Lichtkegel. Deiner ist derjenige, dessen Mitte mit deinem Standort in Raum und Zeit zusammenfällt, und jedes andere Ereignis ist durch ein *Intervall* von dir getrennt.»

«Was meint Ihr mit Intervall?» fragte Scrooge. «Sollte man nicht von einer Entfernung oder von einer Zeitdauer sprechen, je nachdem ob der Punkt räumlich oder zeitlich entfernt ist?»

«Ein Intervall hat von beidem etwas», antwortete der Geist. «Normalerweise sind Ereignisse sowohl räumlich als auch zeitlich von dir getrennt, und beide Elemente zusammen bilden ein Raum-Zeit-*Intervall*. Da wir die Zeit wie eine Raumdimension betrachten, bestimmen wir die Länge eines Raum-Zeit-Intervalls so, wie auch die drei getrennten Dimensionen des gewöhnlichen Raumes kombiniert werden, um ein Raumintervall zu bestimmen. Die relative Position von zwei beliebigen Punkten im Raum wird durch die Differenzen ihrer Koordinaten beschrieben, die auf den drei rechtwinklig zueinander verlaufenden *Achsen* gemessen werden. Diese drei Zahlenangaben beschreiben die Entfernung zwischen den beiden Punkten. Liegen die Punkte auf derselben Rechts-links-Achse und einer in einer gewissen Entfernung etwas links vom anderen, dann ist dies offensichtlich der Abstand der beiden Punkte. Liegt der zweite Punkt außerdem nicht nur links von dem ersten, sondern auch etwas vor ihm, ist die Entfernung etwas größer. Sind zwei Punkte durch Abstände auf zwei oder drei Koordinatenachsen voneinander entfernt, die ihre Lage im dreidimensionalen Raum beschreiben, so ergibt sich ihre Entfernung aus dem *Satz des Pythagoras*. Das *Quadrat* dieser Entfernung ist gleich der Summe der *Quadrate* der einzelnen Strecken auf jeder Koordinatenachse. In je mehr Dimensionen die Abstände liegen, um so größer ist die Distanz zwischen den Punkten. Wenn man mehr Quadrate zusammenaddiert, kann man nie ein kleineres Ergebnis erhalten, da die Quadrate der Entfernungen stets positiv sind.

Die Zeitkoordinate trägt zwar ebenfalls einen Betrag zur Summe bei, der dem Quadrat ihrer Größe entspricht, aber die *Art*, wie die Zeit berücksichtigt wird, ist anders. Besteht zwischen zwei Ereignissen eine Zeitdifferenz, so wird das Quadrat der Zeitdifferenz von der Summe der Raumkoordinaten *abgezogen* und nicht hinzuaddiert. Das ergibt sich aus der sehr eigentümlichen Beziehung zwischen Raum und Zeit, die mit den Transformationen der speziellen Relativitätstheorie zusammenhängt. Da der Zeitanteil abgezogen wird, kann das Quadrat des *Intervalls* zwischen zwei Ereignissen in der Raum-Zeit sowohl positiv als auch negativ, aber auch null sein, je nach den relativen Größen ihrer Abstände in Raum und Zeit.»

«Wenn dieses Intervall so etwas wie der Abstand zweier Punkte im Raum ist», begann Scrooge nachdenklich, «dann müssen Ereignisse, die durch ein Nullintervall voneinander getrennt sind, doch auf jeden Fall dasselbe Ereignis sein, oder nicht? Wenn zwischen zwei Punkten kein räumlicher Abstand besteht, handelt es sich doch zwangsläufig um ein und denselben Punkt.»

«In der Raum-Zeit ist alles ganz anders», erklärte sein Lehrmeister. «Zwei Ereignisse können durch einen Null-Längenabstand getrennt sein und dennoch nicht das gleiche Ereignis darstellen. Der Abstand zwischen zwei beliebigen Punkten des gleichen Lichtkegels erscheint als Nullabstand, und deshalb wird der Lichtkegel oft als »Nullkegel« bezeichnet. In der Tat *kann* man – so seltsam es auch klingen mag – sagen, daß alle diese Punkte zu einem einzigen, ununterscheidbaren Punkt zusammenfallen. In unmittelbarer Nähe des Lichtkegels besteht eine Zeitdehnung, so daß sich bei allem, was sich entlang einer Spur in unmittelbarer Nähe des Lichtkegels bewegt, nur ganz geringe Zeitunterschiede bemerkbar machen. Eine gleichermaßen extreme Kompression des Raumes bedeutet, daß alle Entfernungen schrumpfen. Auf jeder Spur, die auf dem Lichtkegel selbst liegt, werden diese Effekte extrem, und für einen außenstehenden Betrachter erschiene die Zeit eingefroren. Alle Ereignisse entlang einer solchen Spur würden als gleichzeitig registriert.

Ein Beobachter, der sich selbst auf einer solchen Spur bewegt, einer Spur also, auf der er sich mit Lichtgeschwindigkeit bewegen muß, wird nicht merken, daß für ihn die Zeit eingefroren ist, weil das Relativitätsprinzip verhindert, daß ein solcher Beobachter einen derartigen Effekt bei seiner eigenen Bewegung wahrnehmen kann. Das gesamte ihn umgebende Universum würde jedoch für ihn auf einen Punkt zusammengeschrumpft erscheinen, so daß der gesamte Raum in einem einzigen Augenblick vorbeirasen würde. Und *das* heißt, daß für ihn alle Ereignisse im ihn umgebenden Universum gleichzeitig stattfinden würden.«

Mit einer Armbewegung deutete das Phantom auf den doppelten Lichtkegel.

Die Raum-Zeit und der Lichtkegel

Die Zeit besitzt in mancher Hinsicht offenbar ähnliche Eigenschaften wie der Raum. Das bedeutet, daß der Begriff des dreidimensionalen Raums zu einer vierdimensionalen Raum-Zeit erweitert werden kann, die nun eine Zeitachse erhält. Punkte in der Raum-Zeit heißen *Ereignisse*, da sie sowohl die räumliche Lage *wie auch den Zeitpunkt* eines Geschehens erfassen.

Es ist ziemlich schwierig, vierdimensionale Diagramme zu zeichnen. Daher ist es üblich, den normalen Raum in einer zweidimensionalen Ebene darzustellen und die dritte Dimension der Zeit zuzuordnen. Die Raum-Zeit gliedert sich in drei Bereiche, die ihren Ursprung im *Hier und Jetzt* des Beobachters haben.

Diese Aufteilung wird durch den *Lichtkegel* bewirkt, der aus allen Bahnen besteht, die das Licht auf dem Weg zum oder vom Beob-

achter durchläuft. Er bildet zugleich die Grenze für den Austausch von Energie oder Information.
Der Lichtkegel besteht aus zwei Abschnitten.
Der *Zukunftskegel* umfaßt die ganze Raum-Zeit, die von einem Signal erreicht werden kann, das vom 'Hier und Jetzt' des Beobachters ausgeht. Er enthält also alle Ereignisse, auf die der Beobachter – jetzt – einen physikalischen Einfluß ausüben kann.
Der *Vergangenheitskegel* umfaßt alle Ereignisse, deren Signale das 'Hier und Jetzt' des Beobachters erreichen und ihn beeinflussen können.

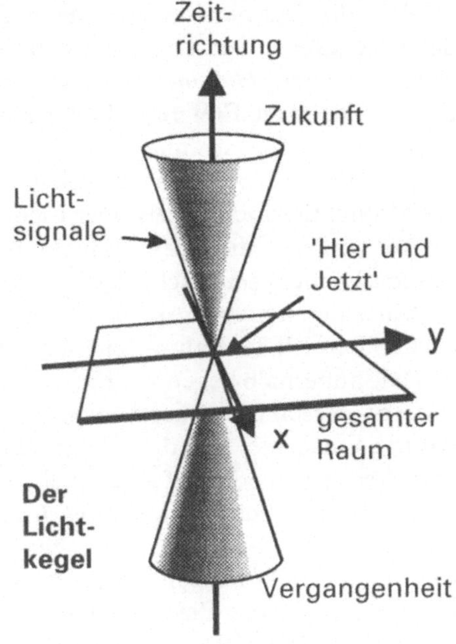

Ereignisse außerhalb des Lichtkegels sind durch *raumartige* Intervalle von ihm getrennt. Sie liegen völlig außer Reichweite des Beobachters.

«Wie du siehst, teilt dein Lichtkegel die Raum-Zeit in mehrere unterschiedliche Bereiche. Da gibt es zunächst die Ereignisse, die sich *innerhalb* und diejenigen, die sich *außerhalb* deines Kegels befinden. Die Punkte innerhalb des Lichtkegels sind von dir durch Intervalle entfernt, deren Quadrat negativ ist. Das hört sich zunächst etwas merkwürdig an, denn das Quadrat jeder normalen Zahl ist immer positiv, egal ob die Zahl selbst positiv oder negativ ist. Eine Entfernung, deren Quadrat negativ ist, ist deshalb schon etwas Seltsames. Sie ist in Wirklichkeit mehr eine Zeit als eine Entfernung. Die Intervalle innerhalb des Lichtkegels werden deshalb zeitartig genannt. Die Zeitachse selbst verläuft durch die Mitte deines Lichtkegels. Das ist die Linie durch die Raum-Zeit, auf der sich relativ zu dir alles im Stillstand befindet. Der Lichtkegel besteht aus zwei verschiedenen Hälften.»

Der Geist zeigte auf die beiden Kegelspitzen in der Raum-Zeit, die sich mit ihren Scheitelpunkten an dem Punkt berührten, auf dem Scrooge stand.

«Vor dir liegt der Kegel für deine Zukunft, hinter dir derjenige für deine Vergangenheit. Die beiden Hälften treffen sich in deiner Gegenwart, in deinem *Hier und Jetzt*. Abseits der Achse, aber innerhalb des Kegels, liegen die Ereignisse in der Raum-Zeit, die von deinem gegenwärtigen Standort aus mit weniger als Lichtgeschwindigkeit erreichbar sind. Je größer die Geschwindigkeit ist, desto näher verläuft die Bahn am Mantel des Lichtkegels. Der Lichtkegel selbst markiert eine Grenze. Auf ihr liegen die Punkte, die nur mit Lichtgeschwindigkeit erreicht werden können, und nichts kann sich schneller bewegen.»

Mit einer weiteren Armbewegung deutete die Geistererscheinung auf den Bereich der Raum-Zeit, der ganz außerhalb des Lichtkegels lag.

«Die außerhalb liegenden Ereignisse sind durch ein Intervall von dir entfernt, dessen Quadrat positiv ist. Gewöhnliche Entfernungen haben positive Quadrate, und diese Intervalle entsprechen normalen räumlichen Abständen oder auf jeden Fall etwas, das mehr einem räumlichen als einem zeitlichen Abstand *ähnlich* ist. Du darfst nicht vergessen, daß wir hier nicht über Raum sprechen, sondern über Intervalle in der kombinierten Dimension der Raum-Zeit. Im allgemeinen sind in diesen Intervallen die Eigenschaften von Raum und Zeit miteinander verbunden, aber wenn sie ein positives Quadrat haben, sind sie *mehr* dem Raum als der Zeit ähnlich, und deshalb nennen wir sie *raumartig*.

Alle Punkte, zwischen denen ein raumartiger Abstand besteht, sind *vollkommen* voneinander isoliert. Man *kann nicht* vom einen zum anderen gelangen. Kein Signal, keine Energie, welcher Art auch immer, kann zwischen ihnen ausgetauscht werden, selbst wenn sie sich mit Lichtgeschwindigkeit ausbreiten. Das heißt nicht, daß es *Punkte im Raum* gibt, die so weit voneinander entfernt sind, daß sie nicht schließlich doch erreicht werden könnten, du mußt aber daran denken, daß *Ereignisse* in der Raum-Zeit an einem bestimmten Ort *und* dort zu einer bestimmten Zeit stattfinden. Dies bedenkt, daß man diesen *Ort* keinesfalls erreichen kann, bevor diese *Zeit* abgelaufen ist.»

Wieder machte der Geist eine weitausholende Geste und wies auf die weite, ebene Fläche. «Du erinnerst dich gewiß, daß diese flache Ebene die drei Dimensionen des gewöhnlichen Raumes darstellen soll. Dieser Raum ist jetzt nicht mehr bloß das, was du gerade vor Augen hast, sondern er ist *dein* JETZT. Darin liegen die Ereignisse, die nach deiner *Schätzung* gleichzeitig geschehen, wobei auch die Zeit berücksichtigt ist, die das Licht brauchte, um von diesen Ereignissen zu dir zu gelangen.»

«Das klingt vernünftig», erklärte Scrooge. «Aber warum habt Ihr betont, daß diese Ebene *mein* Jetzt darstellt? Wenn verschiedene Dinge zur selben Zeit passieren, dann passieren sie zu diesem Zeitpunkt für alle 'jetzt'. Jetzt ist jetzt, das hat doch nichts mit mir zu tun!»

«Oho, und ob! Was für dich gleichzeitig geschieht, geschieht für andere noch lange nicht gleichzeitig. Alles ist relativ. Sieh nur auf die Karte der Raum-Zeit um dich herum.

Ich habe dir erklärt, daß die Mittelachse des Lichtkegels die Bahn deiner Zukunft ist, auf der sich nur die Zeit ändert. Diese andere Achse dagegen definiert die Ebene der Gegenwart und stellt den ganzen Raum zum Zeitpunkt der Gegenwart dar. Stell dir die Zukunft eines anderen Beobachters vor, eines Beobachters, der sich schnell von dir fortbewegt. Mit der Zeit entfernt er sich immer weiter, und seine Zukunftsachse wird sich in einem Winkel gegenüber deiner Achse neigen.

Die Zukunftsachse unseres bewegten Beobachters ist die Gerade, auf der sich für ihn nur die Zeit ändert. Sein Bezugssystem bewegt sich auf dieser Geraden, also das System, in dem er selbst sich naturgemäß in Ruhe befindet. So wie du hat auch dieser andere Beobachter seine Richtungsachsen in der Raum-Zeit. Die Achse, auf der er nur eine Änderung der Zeit wahrnimmt, bestimmt auch die Ebene *seiner* Gegenwart, auf der sich die Zeit *nicht* ändert. Da Raum und Zeit miteinander verflochten sind, wird die Ebene, die *seine* Gegenwart darstellt, gegenüber deiner kippen, weil seine Zeitachse gegenüber deiner geneigt ist. Sein Koordinatensystem wird gegenüber deinem *gedreht sein*, aber da wir es mit Raum-Zeit und nicht mit gewöhnlichem Raum zu tun haben, ist diese Drehung ein wenig ungewöhnlich. Wenn wir im gewöhnlichen Raum auf senkrecht aufeinanderstehende Achsen schauen, und die vertikale Achse würde sich im Uhrzeigersinn drehen, also nach rechts, so würde sich auch die rechtwinklig dazu verlaufende Ebene im Uhrzeigersinn drehen und nach rechts neigen.

Nicht so bei der Raum-Zeit. Ich sagte dir schon, daß Raum und Zeit seltsame Verrenkungen anstellen müssen, damit die Lichtgeschwindigkeit konstant bleibt, und das ist eine davon. Obwohl die Zeit wie eine Raumdimension behandelt wird, ist sie doch keine *gewöhnliche* Dimension. Die Zeitachse ist in Wirklichkeit imaginär.»

In diesem Moment explodierte Scrooge. «Ich hab's ja gewußt! Ich hab's ja gewußt! Jetzt gebt Ihr endlich zu, daß dies alles nur Phantasien sind, ohne Bezug zur Wirklichkeit! Eine *imaginäre* Achse – ich wußte es doch!»

«Beruhige dich», befahl der Geist kühl. «Das ist nur eine Bezeichnung. Eine Bezeichnung, die Mathematiker deiner Spezies für die Zahlen gefunden haben, die einen negativen Wert ergeben, wenn man sie mit sich selbst multipliziert. Das ist eine merkwürdige Eigenschaft, gewiß, aber durchaus nicht unrealistisch. Es ist schade, daß diese Zahlen *imaginär* genannt werden, man sollte sie sich lieber als *imaginativ* vorstellen, also als *phantasiebegabte* Zahlen, die auf die Idee gekommen sind, etwas zu tun, was gewöhnliche Zahlen ganz unmöglich finden.

Diese 'imaginäre' Eigenschaft führt zu bemerkenswerten Ergebnissen. Dreht sich die Zeitachse im Uhrzeigersinn, so läßt sie die Raumebene sich *entgegen dem Uhrzeigersinn* drehen. Nähert sich die Geschwindigkeit des Beobachters der Lichtgeschwindigkeit, nähern sich die Zeitachse und die Raumebene einander an und fallen schließlich zusammen. Es ist nur gut, daß es so schwierig ist, nahezu mit Lichtgeschwindigkeit zu reisen.»

Scrooges Umgebung veränderte sich, und die Raum-Zeit-Achsen für den neuen Beobachter wurden sichtbar. Die Achsen waren farbig, damit sie sich deutlich hervorhoben. In einem Winkel rechts von der Mittelachse in Scrooges Lichtkegel leuchtete eine rote Linie auf. Gleichzeitig löste sich ein rotumrandetes Feld aus der Ebene und ordnete sich ihr zu. Das war die JETZT-Ebene des neuen Beobachters. Auf ihr waren alle Ereignisse abgebildet, die für den Beobachter gleichzeitig geschahen.

Da die neue Ebene gegenüber Scrooges 'Gegenwartsebene' geneigt war, konnten die Ereignisse *seiner* Ebene nicht auch auf der neuen Ebene liegen. Ereignisse, die *er* gleichzeitig geschehen sah, ereigneten sich für den neuen Beobachter zu verschiedenen Zeiten. Je weiter das Ereignis räumlich entfernt war, desto weiter lag es in der Vergangenheit oder Zukunft des neuen Beobachters.

«Das kommt daher, daß die Zeit relativ ist. Wäre die Zeit ganz unabhängig vom Raum, wie man früher annahm, würden die Zeitpunkte von Ereignissen nicht von der Geschwindigkeit des Beobachters abhängen. Das tun sie aber. Wir wissen heute, daß die Zeit nicht vollkommen vom Raum getrennt ist. Beide sind miteinander verflochten. *Du* kannst sagen, daß zwei Ereignisse, die wir aus alter Gewohnheit A und B nennen, zur gleichen Zeit geschehen, und für dich wäre es auch so. Ein anderer Beobachter, der sich dir gegenüber fast mit Lichtgeschwindigkeit bewegt, würde *das* bestreiten und behaupten, das Ereignis A ereignete sich früher als das Ereignis B. Eine weitere Beobachterin, die sich in die entgegengesetzte Richtung bewegt, würde behaupten, daß ihr euch beide irrt und daß Ereignis B *vor* Ereignis A stattgefunden hat.»

«Und wer hätte recht?» fragte Scrooge.

«Ihr hättet alle recht! Jeder hätte recht! Jeder hätte genau die Wahrheit wiedergegeben, wie er oder sie sie sieht, und was will man mehr? Es *gibt* keine absolute Zeit. Es gibt kein absolutes JETZT, es sei denn, es ist *hier und jetzt*. Nur Ereignisse, die zur selben Zeit *und* am selben Ort geschehen, finden für alle Beobachter zur gleichen Zeit statt.

Sieh einmal weit in die Tiefen des Raumes hinein!» rief der Geist unvermittelt. Scrooge strengte seine Augen an und sah verschiedene Ereignisse, die zufällig zur selben Zeit, aber an verschiedenen Orten in den unendlichen Tiefen des Weltraums stattfanden. Vielleicht war es ungenau zu sagen, er «sah», denn er verfolgte jetzt Ereignisse in dem Augenblick, in dem sie geschahen. Die großen Zeiträume, die das Licht benötigt, um aus solchen Entfernungen zu seinem Auge zu gelangen, waren in der Vision des Geistes schon herausgefiltert, so daß er diese Ereignisse, soweit man das mit Worten ausdrücken kann, zu dem Zeitpunkt sah, *als sie stattfanden.* Wie immer man es auch nennen mag – wenn er in die eine Richtung schaute, sah er, wie weit entfernt ein Asteroid auf einen Planeten aufschlug. Schaute er in die entgegengesetzte Richtung, so sah er, wie ein Stern in einer Explosion zerbarst und sich in eine Nova verwandelte. Er schaute in eine dritte Richtung und sah, weniger dramatisch, wie aus einer benachbarten Sonne ein Jet heißen Plasmas emporschoß.

«Und jetzt kannst du sehen, wie sich diese Ereignisse von einem bewegten Bezugssystem aus darstellen!» Scrooge und der Geist stiegen hoch über der Ebene auf und fegten dann mit ungeheurer Geschwindigkeit über die Landschaft hinweg. So jedenfalls versicherte ihm der Geist. Scrooge konnte aus eigener Wahrnehmung nur schwer beurteilen, ob er sich anders als sonst bewegte, denn er befand sich noch immer im Zentrum seines eigenen Lichtkegels, und seine eintönige Umgebung lieferte keine verläßlichen Anhaltspunkte für eine Bewegung. Sein Blick wurde wieder in weite Entfernungen gelenkt, und er sah den ungeheuren Ausbruch der Nova. Er sah auch die benachbarte Sonne, aber sie glühte jetzt ruhig und friedlich, ohne Anzeichen irgendeiner Störung. Er sah den Asteroiden durch den eigenen Schwung auf einer Umlaufbahn treiben, die auf einem gefährlichen Kollisionskurs mit einem nahen Planeten lag.

Etwas später, wieviel später konnte er nicht sagen, erblickte er eine glühende Gashülle. Das war alles, was von dem explodierten Stern übriggeblieben war. Er sah, wie ein Jet glühenden Plasmas aus der ruhigen Sonnenoberfläche jäh in den Raum schoß, und er sah den Asteroiden, der beharrlich auf den unglücklichen Planeten zuraste.

Noch einige Zeit verging, und die Überbleibsel der Nova dehnten sich gut sichtbar aus und kühlten sich ab. Die glühenden Protuberanzen sanken wieder auf die Oberfläche der Sonne herab, der Asteroid wurde zu einem glühenden Meteor, der in die Atmosphäre des schwer getroffenen Planeten hineinraste.

«Und jetzt sehen wir uns die Ereignisse in der anderen Richtung an!» Wieder flogen Scrooge und sein Begleiter davon und kehrten in rasendem Tempo zurück, doch diesmal kamen sie von der anderen Seite. Als Scrooge sich nun umschaute, erblickte er einen sterbenden Stern, der die letzten Energiereste aus sich herauspustete, die von seinem erschöpften nuklearen Feuer noch übriggeblieben waren. Er sah die Sonne, die wieder ruhig und friedlich leuchtete wie vor dem Plasmaausbruch, und er sah, wie der Asteroid mit dem Planeten zusammenstieß und seine Atmosphäre zerstörte. Da erinnerte er sich, wie er durch die Herrin der Welt einen viel kleineren Meteor bei seinem feurigen Absturz begleitet hatte.

Noch mehr Zeit war vergangen, als er sah, wie sich ein riesiger Ring aus Rauch und Wasserdampf bildete: ein planetarer Wolkenpilz, der die Verwüstung darunter verhüllte. Er beobachtete die plötzliche Eruption des Plasma-Jets auf der ruhigen Sonnenoberfläche, und der sterbende Stern, der seine nuklearen Brennstoffvorräte verbraucht hatte, stand nun an der Schwelle des endgültigen Zusammenbruchs.

Wieder etwas später zeigte ihm ein letzter Blick, wie der Stern in sich zusammenstürzte und anschließend in einer gewaltigen Novaexplosion aufflammte. Die Glutmassen der Protuberanz sanken auf die Sonnenoberfläche zurück, und der von dem Asteroiden getroffene Planet lag nun fast vollkommen im Dunkeln unter einer dicken Wolkenschicht.

«Nun weißt du Bescheid», meldete sich das Phantom wieder. «Du hast gesehen, wie für Beobachter, die sich mit ganz verschiedenen Geschwindigkeiten bewegen, dieselben Ereignisse in einer anderen Reihenfolge ablaufen.»

«Vielleicht habe ich das gesehen, oder ich habe eher die Vision gesehen, die Ihr mir zeigen wolltet. Aber ich kann nicht ganz glauben, daß meine Wahrnehmung durch meinen Beobachtungsstandort und die Art meiner Bewegung derart beeinflußt werden kann!»

«Aber so ist es! Die Dinge hängen deshalb von deinem Beobachtungsstandort ab, weil die Zeit gewissermaßen zu einer Raumkoordinate geworden ist», antwortete der Geist. «In deinem gewohnten dreidimensionalen Umfeld überrascht es dich nicht, daß das Bild eines Objekts von deinem Standpunkt abhängt, also davon, von wo aus du es betrachtest. Betrachtest du aus schiefem Winkel ein Lineal im Raum, siehst du es perspektivisch verkürzt, und wenn du etwas von einem sich schnell bewegenden Bezugssystem aus betrachtest, so bekommst du eine schiefwinklige Perspektive in der Raum-Zeit. Deshalb siehst du eine Verkürzung. Diese Verkürzung tritt als relativistische Kontraktion des Raumes in Erscheinung.

Der andere Effekt, den du gerade gesehen hast, nämlich daß die zeitliche Abfolge zweier Ereignisse von der Geschwindigkeit des Beobachters abhängt, ist ebenfalls verwandt mit einem Effekt, den du aus der Dreidimensionalität kennst: Ich meine die parallaktische Verschiebung, die sich immer zeigt, wenn du dich bewegst.»

Urplötzlich und ohne Vorwarnung änderte sich das Bild, und zwar auf eine Art, die anzeigte – das hatte Scrooge schon mehrmals erlebt –, daß das Phantom etwas verdeutlichen wollte, sich aber nicht um einen Übergang kümmerte. Scrooge und sein Gefährte standen nun auf einem niedrigen, grasbewachsenen Hügel irgendwo mitten auf dem Land, eine Szene, die an ein Bild aus der Schule der englischen Landschaftsmalerei erinnerte. Jenseits des Hügels wuchsen verstreut einige kleine Bäume. Ein Baum fiel Scrooge besonders auf, er hatte einen besonders gerade gewachsenen Stamm und stand zufällig genau auf einer Linie mit einem fernen Kirchturm.

«Du wirst sehen, daß der Kirchturm auf einer direkten Linie mit einem der Bäume steht», sagte sein Begleiter. «Das ist natürlich reiner Zufall. Paß auf, was geschieht, wenn du ein paar Schritte nach rechts gehst.»

Scrooge tat, wie ihm geheißen, und sah, daß der Baum und der Kirchturm nicht mehr in einer Linie standen. Der ferne Kirchturm befand sich nun rechts von dem Baum. Auf einen weiteren Zuruf des Geistes marschierte er nach links herüber und sah – natürlich –, daß sich der Kirchturm scheinbar bewegt hatte und nun links von dem Baum stand.

«Das ist nicht besonders geheimnisvoll», sagte sein Führer. «Das Phänomen der Parallaxe ist dir sicher vertraut. Sobald du dich bewegst, entsteht von deinem neuen Beobachtungsstandort aus eine neue Sichtlinie. Von einer bestimmten Position aus führt die Linie durch den Baum und den Kirchturm. Kommt deine Sichtlinie von einem Punkt, der rechts davon liegt, ändert sich ihre Richtung, und sie führt rechts an dem Baum vorbei. Bewegst du dich nach links, führt die Linie links am Baum vorbei. In der Raum-Zeit umfaßt deine 'Sichtlinie' die Zeit ebenso wie den Raum. Aus einer schnellen relativen Bewegung ergibt sich ein anderer Standort, und wenn du von einem solchen veränderten Standort entfernte Objekte ins Visier nimmst, siehst du die weiter entfernten auf der 'Zukunftsseite' der nähergelegenen Objekte oder auf ihrer 'Vergangenheitsseite' – je nach deinem Standort, das heißt je nach deiner Bewegungsrichtung.»

«Aber das ist unmöglich!» widersprach Scrooge. «Die Abfolge von Ereignissen kann doch nicht mehrdeutig sein. Ich kann keine Mahlzeit essen, bevor sie gekocht ist. Ich kann keinen Brief beenden, bevor ich begonnen habe zu schreiben. Die Wirkung kommt nach der Ursache, das kann doch niemals eine Frage der Meinung oder des Standpunkts sein!»

«Das habe ich auch nicht behauptet. Vielleicht ist dir aufgefallen, daß die Ereignisse, die du beobachtet hast, ganz unabhängig voneinander waren. Sie konnten genausogut in der einen wie in der anderen

Reihenfolge geschehen, denn sie waren nicht kausal verknüpft.» Scrooge mußte zugeben, daß er das bemerkt hatte.

«Ereignisse, die von verschiedenen Beobachtern in zeitlich verschiedenen Abfolgen wahrgenommen werden, *müssen* unabhängig voneinander sein! Das ist der springende Punkt! Die zeitliche Reihenfolge von Ereignissen kann nur dann von der Bewegung des Beobachters abhängen, wie ich es vorhin illustriert habe, wenn die Ereignisse *raumartig* voneinander *getrennt* sind. Das kann man deutlich zeigen. Zwischen raumartig getrennten Ereignissen kann es weder eine Verbindung noch eine Kommunikation geben. Aber das gilt nur für Ereignisse, die für dich *gleichzeitig* geschehen. Das habe ich gerade erklärt. Sind zwei Ereignisse raumartig voneinander getrennt, können sie nicht im Verhältnis von Ursache und Wirkung zueinander stehen, denn es ist kein Austausch im Sinne einer gegenseitigen Beeinflussung zwischen ihnen möglich. Selbst das Licht kann nicht vom einen zum anderen gelangen, und nichts ist schneller als Licht. In diesem Fall kann ein Ereignis das andere auf keine, wirklich auf gar keine Weise beeinflussen.»

«Aber Ereignisse wirken doch aufeinander ein!» wandte Scrooge ein. «Ihr wollt doch nicht das Vorhandensein von Ursache und Wirkung leugnen?»

«Keineswegs!» erwiderte der Geist. «Aber wenn ein Ereignis die Ursache eines anderen ist, dann muß die Trennung der beiden zeitartig sein. Denn das verursachende Ereignis muß ja Information auf das verursachte Ereignis übertragen können. Wenn die Trennung der Ereignisse zeitartig ist und wenn jemand oder etwas von einem Ereignis zum anderen reisen kann, wenn auch unter Umständen mit wirklich sehr hoher Geschwindigkeit, dann ist die zeitliche Reihenfolge der Ereignisse eindeutig. Jede Mehrdeutigkeit ist ausgeschlossen. Ein Ereignis liegt in der Zukunft des anderen, und das ist *für alle Beobachter* gleich. Das heißt, daß *kein Beobachter* sie gleichzeitig sehen kann. Sieht irgendein Beobachter zwei Ereignisse gleichzeitig geschehen, *muß* eine raumartige Trennung zwischen ihnen bestehen.

Wo es wirklich auf die Reihenfolge von Vergangenheit und Zukunft ankommt, wo zumindest die Möglichkeit besteht, daß ein Ereignis die Ursache des anderen ist, nehmen alle Beobachter dieselbe zeitliche Abfolge wahr. Wer wissen will: 'Was werde ich als nächstes erleben?', stellt eine legitime Frage, und jeder Beobachter, egal in welchem Bezugssystem, würde dieselbe Antwort geben. Was du nicht fragen darfst, wenn du eine eindeutige Antwort haben willst, ist: 'Was geschieht JETZT auf einem weit entfernten Stern?' Die Antwort auf eine solche Frage lautet: 'Es kommt ganz darauf an, wer fragt.' Ein altes englisches Sprichwort sagt: 'Keine Zeit kommt der Gegenwart gleich.'

Deine Zukunft ist durch die Abfolge von Ereignissen bestimmt, die zu verschiedenen Zeitpunkten an *deinem* räumlichen Standort geschehen. Aus ihnen ergibt sich deine Zukunft. Ein Weg ist eine ununterbrochene Reihenfolge von Orten. Sandkörner über Sandkörner bilden zusammen die Oberfläche der Straße und ergeben einen Weg. Jedes Sandkorn ist deinem Ziel ein wenig näher. Deine Lebenslinie ist eine Abfolge von Ereignissen, sie sind die Sandkörner deines Lebens. Aus ihnen entsteht deine Zukunft, anders gesagt, die Zukunft deines Ortes in der Raum-Zeit. Die Zeit ist relativ, genauso wie der Raum. Aber folge mir. Wir wollen zu einer normalen Wahrnehmung des Raumes zurückkehren.»

Scrooge schaute sich um, als er das hörte. Offenbar waren sie, während der Geist gesprochen hatte, zu seinem abstrakten 'vierdimensionalen' Raum zurückgekehrt. Scrooge stand wieder im Mittelpunkt seines Lichtkegels. Dieser Lichtkegel war natürlich nur einer aus einer unendlichen Reihe von Kegeln, und jeder entsprach einem anderen JETZT. Die Linie seiner Lebensgeschichte erstreckte sich zwischen seiner Vergangenheit und seiner Zukunft. Auf dieser Linie zogen alle Ereignisse seines Lebens an ihm vorüber. Aufgereiht auf seiner Lebenslinie, wie kleine Perlen oder Sandkörner, flossen sie von seinem Zukunftskegel durch die enge Öffnung der Gegenwart und fielen in den Raum des Kegels unter ihm, wo sie sich in der fernen Vergangenheit verloren.

Er betrachtete diesen doppelten Kegel, der seine Vergangenheit und seine Zukunft darstellte, und sann den verrinnenden Sandkörnern nach. Zu seinem großen Erstaunen erschien plötzlich eine riesige Hand und ergriff diesen Doppelkegel in der Mitte. Der Kegel wurde von ihm weggehoben, und die Hand wurde wieder kleiner, während sich Zukunfts- und Vergangenheitskegel vor seinen Augen in die Behälter eines Stundenglases verwandelten. Sie wurden fest umklammert von der knochigen Hand eines uralten Mannes mit einem sehr langen weißen Bart. Scrooge erkannte gleich, daß dies ein weiterer Aspekt seines geisterhaften Begleiters war, der nun in der Gestalt von Gevatter Zeit auftrat. So standen sie zusammen in einer kargen Landschaft ohne Häuser oder Straßen – nur Felsen, Gras und einige kleine Bäume waren zu sehen.

Scrooge wandte sich der bejahrten Gestalt dieses Ahnherrn der Zeit zu. Er versuchte, Worte für sein inneres Aufbegehren zu finden, das er für die Rebellion des gesunden Menschenverstandes gegen ein Übermaß an Theorie hielt.

«Das wollt Ihr mir doch wohl nicht im Ernst erzählen. Es muß doch einen Zeitpunkt geben, der ausschließlich und ganz allein JETZT ist!» empörte sich Scrooge. «Von allen Geistern müßt Ihr den Moment der Gegenwart doch am besten wahrnehmen, der uns im unwiderruflichen Fluß der Zeit mit sich reißt.»

«Woher hast du nur diese Ideen?» fragte der Geist verdrossen. «Habe ich dir nicht gezeigt, daß die Zeit eine Koordinate ist, genauso wie die Koordinaten des Raums? Die Zeit fließt nicht, sie läuft auch nicht davon, sie *ist* ganz einfach. Oder würdest du auch sagen, daß der Raum läuft? Wenn du an eine Straße denkst, sagen wir an eine Römerstraße, die schnurgerade von links nach rechts verläuft, würdest du sagen, sie läuft?»

«Ihr sagtet gerade, daß sie verläuft!» sagte Scrooge spitz.

«Nun ja, das ist eine gebräuchliche Redensart», räumte der Geist etwas gereizt ein, «aber niemand glaubt, daß die Straße *wirklich* läuft. Du kannst auch sagen, die Straße verläuft genauso von rechts nach links wie von links nach rechts, und jedermann weiß, daß die Straße nicht läuft. Sie liegt einfach nur der Länge nach still da und verbindet zwei Städte miteinander.»

Wie um das zu illustrieren, standen Scrooge und sein Begleiter unversehens auf einer schmalen Straße, die von ihnen aus – der Ausdruck mag erlaubt sein – geradewegs in die Ferne lief. Der Geist deutete auf einen Punkt zu ihren Füßen.

«Du kannst dir einen Punkt auf der Straße aussuchen und diesen Punkt HIER nennen. Sobald du diesen Punkt ausgesucht hast, liegen alle anderen Punkte der Straße links oder rechts davon. Hast du einen etwas weiter links liegenden Punkt mit HIER benannt, dann befinden sich Punkte, die vorher ganz dicht links von uns lagen, jetzt rechts von diesem neuen Punkt. Rechts und links sind relativ. Genauso sind Vergangenheit und Zukunft relative Begriffe. Wie ich schon sagte, haben mögliche Bewegungen des Beobachters keinen Einfluß darauf, ob ein Punkt der Raum-Zeit in der Vergangenheit oder in der Zukunft *irgendeines anderen Punktes* liegt, der nach menschlichem Ermessen von ihm beeinflußt werden kann. Etwas ganz anderes ist es, ob ein Punkt in *der* Vergangenheit oder in *der* Zukunft liegt, denn das hängt davon ab, welchen Zeitpunkt du JETZT nennst. Und das ist eine persönliche Angelegenheit.

Ich sagte schon, daß es kein allgemeines JETZT gibt. Für dich, als bewußten Beobachter, gibt es eine Zeit, die du JETZT nennst. Sprichst du mit deinen Freunden oder Bekannten, so sind sie zwangsläufig in

deiner Nähe. Du sprichst deshalb mit ihnen zu einer Zeit, die deinem
JETZT so nahe ist, daß praktisch kein Abstand besteht. Andere
Menschen müssen sich woanders im Raum aufhalten als du, deshalb
gibt es strenggenommen keine gemeinsame Zeit. Sie sind trotzdem so
nahe, daß jede Unbestimmtheit *viel* zu klein ist, als daß sie gemessen
werden könnte.

Bei alledem gibt es keinen Zeit*fluß*. Geschichte, ob individuelle oder
nationale, besteht aus Geschehnissen, aus Ereignissen. Jedes geschicht-
liche Ereignis hat einen Ort und ein Datum. Deine persönliche Geschichte ist eine Kette von Ereignissen. Sie besteht tatsächlich aus so
vielen Ereignissen, daß du, um sie zu unterscheiden, die Zeit wesentlich
genauer bestimmen mußt, als das normalerweise durch den Begriff des
Datums geschieht. Du wurdest zu einer bestimmten Zeit an einem
bestimmten Ort geboren, das ist einer der Punkte, der auf deinem
Lebensweg liegt. Am anderen Ende dieses Weges liegt dein Tod, aber
dazwischen liegt hintereinander eine ganze Reihe von Ereignissen.
Einige Ereignisse sind von Bedeutung, sie stellen wichtige Meilensteine
dar. Wenn du ein schweres Examen bestehst, wenn du heiratest, wenn
du ein Kind bekommst, all das sind besondere Situationen. Zwischen
solchen Ereignissen liegen andere. Du willst essen, also setzt du dich
an einen Tisch, auf dem sich ein Teller mit einem Gericht befindet. An
einem bestimmten Punkt in Raum und Zeit streckst du deine Hand
nach der Gabel aus. An einem anderen, der zeitlich ganz dicht daneben
liegt, umschließt deine Hand die Gabel. Gleich daneben in der Raum-
Zeit liegen die Ereignisse, wo du die Gabel hebst, ein Stück Wurst
damit aufspießt und die Wurst zum Mund führst. Am Ende dieser
Sequenz beißt du in die Wurst und beginnst zu kauen, aber danach
kommen wieder neue Ereignisse. Der Weg zwischen den Meilensteinen
zieht sich in die Länge und ist gepflastert mit einem Kontinuum von
Ereignissen, eins nach dem anderen, die nicht klar voneinander abgegrenzt sind.»

Die Straßendecke unter ihren Füßen hatte ein glänzendes, kunst-
stoffartiges Aussehen angenommen. An den Rändern verlief eine Per-
foration, und entlang der Straßenmitte erschien eine Bildfolge mit der
Szene, die der Geist soeben beschrieben hatte. Jedes Bild war eine in
sich unbewegte und vollständige Momentaufnahme, aber da sie eins
auf das andere folgten, entstand die Illusion eines zeitlichen Ablaufs.
Auf der Straße der Zeit lief eine stille Folge «sich bewegender Bilder».

«Die Ereignisse gehen ineinander über, und jedes hat seinen Ort in
Raum und Zeit. Wenn du eine Straße entlang fährst, kennst du den
Teil, den du zurückgelegt hast, aber die vor dir liegende Strecke ist dir
unbekannt. So ist es auch mit deinem Leben. Der Teil, der hinter dir
liegt, den du Vergangenheit nennst, ist dir bekannt, sofern du ein gutes

Gedächtnis hast. Der Teil, der noch vor dir liegt, ist dir weitgehend unbekannt, aber du kannst sicher sein, daß deine Zukunft ebenfalls aus einer Folge von Ereignissen auf der Zeitachse besteht, wie unbekannt sie auch immer sein mag.

Und doch ist die Zukunft nicht völlig unbekannt», fuhr Gevatter Zeit rasch fort. «Denn die Zukunft ist eine *Folge* der Vergangenheit, und oft kannst du ziemlich gut erraten, was sie bringen wird. Wenn du dir eine Wurst in den Mund schiebst, kannst du getrost annehmen, daß du sie auch essen wirst. Dieser Gedanke führt uns dazu, nicht nur den Ablauf der Zeit an sich zu bedenken, sondern auch, was sich *in* der Zeit tatsächlich abspielt. Die wichtigste Eigenschaft der Zeit ist, daß sie Veränderung ermöglicht. Die Unterscheidung zwischen Vergangenheit und Zukunft ist nur von Bedeutung, weil sich die Dinge ändern und weil du erwartest, daß die Zukunft *anders* wird als die Vergangenheit. Man könnte sagen, daß die Zeit erst von Bedeutung ist, wenn sich die Dinge *ändern*, denn die Veränderung ist die sichtbare Auswirkung der Zeit. Deshalb müssen wir unsere Aufmerksamkeit jetzt dem Wandel, dem Zusammenhang von *Ursache* und *Wirkung*, zuwenden.

Kapitel 7
Das Universum – ein Uhrwerk?

Die greise Gestalt des backenbärtigen Ahnherrn der Zeit stand unverdrossen in der öden Landschaft und ließ sich über die Natur der Zeit und ihre Auswirkungen aus.

«Erst die Zeit macht Veränderungen möglich, und die greifbarste Form der Veränderung ist die Bewegung. Bewegung ist auch das große Thema der Wissenschaft von der Mechanik. Du hast schon einige ihrer wichtigsten Begriffe kennengelernt, als dir die *Herrin der Welt* ihren Besuch abstattete und mit dir über Energie und Impuls sprach. Diese *Größen, die immer erhalten bleiben,* legen der Art, wie die Dinge sich bewegen, Zwänge und Grenzen auf. Allgemein gilt jedoch die Regel, daß sich die Bewegung eines Objekts durch eine Krafteinwirkung ändert. Befindet sich das Objekt in Ruhe, so kann es durch eine Kraft in Bewegung versetzt werden. Bewegt sich das Objekt, kann eine Kraft diese Bewegung ändern oder es zum Stillstand bringen. Fehlt jede Krafteinwirkung, so bewegt sich das Objekt mit seiner Eigengeschwindigkeit in gerader Linie stetig fort. Aber jede gleichförmige Bewegung existiert nur relativ zum Bezugssystem des Beobachters, man kann daher nicht sagen, daß das Objekt eine absolute Geschwindigkeit hat. Wer keine Beschleunigung wahrnimmt, kann mit Recht von sich behaupten, daß er sich in einer ruhenden Position befindet. Die Bewegungsänderungen sind es, die ein Verhalten interessant machen, und diese Bewegungsänderungen resultieren aus der Anwendung von Kraft. Aber was ist Kraft?»

Das war Scrooge schon einmal gefragt worden. Aber diesmal hielt er sich weise zurück und antwortete nicht auf diese offensichtlich rhetorische Frage.

«Immer wenn eine Kraft wirksam wird, ist auch etwas da, das diese Kraft hervorbringt, also eine Kraft*quelle*. Eines der Gesetze von Newton besagt, 'daß jede Aktion eine ebenso große und entgegengesetzte Reaktion hervorruft'. Mit anderen Worten, eine Kraft wirkt immer in zwei Richtungen. Sie zieht oder stößt ihre Quelle ebenso stark an oder ab wie den Gegenstand, auf den sie einwirkt. Fällst du auf die Erde herab, so kannst du sagen, das geschieht, weil die Erde eine Gravitationskraft auf dich ausübt, die dich zu ihr herunterzieht. Mit gleichem Recht kannst du sagen, daß du eine Gravitationskraft auf die Erde ausübst, mit der du die Erde anziehst. Die Kräfte sind ebenso gleich wie der Wahrheitsgehalt dieser beiden Aussagen. Die Aktion der Kraft, die dich herunterfallen läßt, wird ausgeglichen durch eine gleich große und entgegengesetzte Reaktion, die du auf die Erde ausübst. Ihr werdet also beide durch die Kraft beschleunigt, aber da die Erde so viel massiver ist als du, wird ihre Bewegung nicht sichtbar. Dennoch erlangen du und die Erde einen je gleich großen und entgegengesetzten Impuls, und damit bleibt der Gesamtimpuls erhalten. Das Gesetz von Newton und die Erhaltung des Impulses stellen sich als ein und dieselbe Sache heraus.

An diesem Beispiel erkennst du, daß die Kraft auch zwischen zwei Gegenständen wirkt, die ziemlich weit voneinander entfernt sind. Du bist vielleicht nicht weit von der Erd*oberfläche* entfernt, aber doch ziemlich weit von ihrem Mittelpunkt, und jeder Teil der Erde übt eine Kraft aus. Die Trennung der beiden Körper, die aufeinander einwirken, ist deutlicher, wenn du dir vor Augen hältst, wie die Gravitation der Sonne die Erde auf ihrer Umlaufbahn hält.»

«Ja, wie macht sie das?» wollte Scrooge wissen. «Ich verstehe nicht, auf welche Weise die Sonne auf etwas einwirken kann, das so weit von ihr entfernt ist. Es scheint eine Art von Aktion zwischen den beiden so weit voneinander entfernten Objekten nötig zu sein. Eine Aktion, durch die die Sonne direkt auf die Erde einwirken kann, ohne fremde Hilfe.»

«Daß diese Frage auftaucht, ist ganz natürlich. Der Gedanke einer *Fernwirkung* wird von den Wissenschaftlern nicht sehr geschätzt, sie gehen lieber davon aus, daß irgendeine Verbindung zwischen den beiden Körpern besteht. Die Wissenschaftler glauben, daß zwischen Sonne und Erde ein *Feld* besteht und daß dieses Feld die Kraft über die Entfernung hinweg überträgt. Die Relativitätstheorie besagt, daß keine Wirkung zwischen zwei Punkten schneller als mit Lichtgeschwindigkeit übertragen werden kann und daß diese Grenze auch für die Gravitationskraft gilt. Niemand kann leugnen, daß die Gravitation eine Wirkung hervorbringt.

Wenn wir behaupten, daß die Geschwindigkeit, mit der sich die Wirkung der Kraft von ihrer Quelle auf ihr Ziel überträgt, begrenzt ist, scheint es vernünftig anzunehmen, daß sich tatsächlich *irgend etwas* mit dieser Geschwindigkeit durch den Raum bewegt und daß die Wirkung nicht einfach in großer Entfernung *erscheint* und den dazwischenliegenden Raum überspringt.

Nach der speziellen Relativitätstheorie breitet sich keine Energie schneller aus als das Licht. Das setzt der Geschwindigkeit von Raumschiffen und Radiowellen zur Kommunikation zwischen Planeten verschiedener Sternsysteme eine Grenze. Die Aussage bezieht sich auf Raum und Zeit, nicht auf das Licht als solches, und diese Grenze gilt für alle Kommunikationsmittel. Ein enttäuschter Science-Fiction-Autor hat sich deshalb eine scheinbar genial einfache Kommunikationsvorrichtung ausgedacht, um Botschaften schneller als mit Lichtgeschwindigkeit zu übermitteln.»

Die greise Gestalt streckte die Hand aus, und Scrooge sah, daß sie das Ende eines langen Stabes hielt. Es war ein sehr langer Stab. Er reichte weit in den Himmel, wo Scrooge ihn aus den Augen verlor. Er war so lang, daß das andere Ende überhaupt nicht zu sehen war.

«Was ist das?» fragte Scrooge, «es sieht aus wie ein langer Stab.»

«Genau das ist es. Ein langer Stab. Diese Vorrichtung war ein langer, fester Stab und weiter nichts. Aber es war ein sehr, sehr *langer* Stab, er war mehrere Lichtjahre lang. Dieser Stab, das war der Gedanke, sollte von einem Planeten zum anderen reichen. Informationen sollten übermittelt werden, indem man das eine Ende des Stabes hin- und herbewegte. Das andere Ende sollte dann die Botschaft in Morsezeichen klopfen.»

Der Geist machte eine kurze Pause. «Die Realisierung dieses Projekts wirft eine Reihe technischer Fragen auf», sagte er schließlich trocken, «aber es würde sowieso nicht funktionieren. Selbst wenn man einen solchen Stab herstellen könnte und würde das eine Ende bewegen, so würde diese Bewegung nicht schneller als mit Lichtgeschwindigkeit an das andere Ende übertragen. Die Atome, aus denen der Stab besteht, werden durch elektrische Kräfte in ihren relativen Positionen gehalten, und es hätte überhaupt keinen Vorteil, würde man den Abstand zwischen den Sternen mit dem Material dieses Stabes ausfüllen, anstatt sich allein auf das elektrische *Feld* zu stützen, das bei der Übermittlung von Licht- oder Radiowellen eine Rolle spielt. Der Stoß würde sich weit langsamer als mit Lichtgeschwindigkeit durch den Stab fortpflanzen. Dabei setzen wir immer voraus, daß man den Stab überhaupt bewegen könnte, denn bei dieser Länge wäre er ja gewiß recht *schwer*!»

Der lange Stab in der Hand des Phantoms zerbrach in einem Aufblitzen kleiner Staubteilchen. Sie lösten sich in eine Unmenge kleiner, kugelförmiger Teilchen auf, die herumwirbelten, voneinander abprallten oder seitwärts abdrehten und wieder herumschwangen, abgelenkt von einer Kraft, die für den Betrachter unsichtbar war.

«Egal mit welcher Art Kraft du es zu tun hast, immer wenn Kräfte auftreten, gilt das *zweite Newtonsche Gesetz*. Es besagt, daß die zeitliche Änderung des Impulses *jedes* Gegenstandes gleich der Kraft ist, die auf ihn einwirkt. Das ist ein grundlegendes Gesetz der Mechanik, das wieder und wieder getestet wurde, so häufig, daß es wahrscheinlich ohne Ausnahme gültig ist. Wenn du weißt, wie sich ein Objekt bewegt, wenn du seinen Ort und seine Geschwindigkeit kennst und die Kräfte, denen es unterliegt, dann kannst du mit Hilfe dieses Gesetzes berechnen, wie sich seine Bewegung ändert. Kennst du die Änderung, so ist dir auch sein Ort und seine Geschwindigkeit in der nahen Zukunft bekannt.

Kennst du die Orte und Geschwindigkeiten einer in sich abgeschlossenen Gruppe vieler Teilchen, so ergeben sich aus diesen Größen auch die Kräfte, die zwischen ihnen wirksam sind. Denn Kräfte wirken immer zwischen Teilchenpaaren und hängen von ihrem Abstand und ihren Geschwindigkeiten ab.

Du wirst von der Erde angezogen, weil alle Teile deines Körpers von jedem kleinsten Körnchen Materie der Erde angezogen werden. Die Körnchen auf der Erde, die dir zugewandt sind, ziehen dich stärker an als die weiter entfernten in den Ebenen Australiens auf der anderen Seite der Erde. Aber alle haben ihren Anteil an der Gesamterdanziehungskraft.

Der jeweilige Ort, die Bewegungen und die Kräfte, die zu jeder Zeit auf die verschiedenen Teilchen einwirken, legen fest, wie sich ihre Geschwindigkeiten ändern, und von ihren neuen Geschwindigkeiten hängt ab, wo sie sich im nächsten Augenblick befinden werden. Aus den neuen Orten ergeben sich neue Werte für die Kräfte, die auf sie einwirken, und damit kannst du wieder voraussagen, wie sie sich infolgedessen bewegen und wo sie sich kurze Zeit später befinden werden.»

Newtons Bewegungsgesetze

Isaac Newton fand drei Gesetzmäßigkeiten für die Art und Weise, wie sich Gegenstände, zum Beispiel Äpfel oder Planeten, bewegen. Obwohl diese Gesetze bereits im siebzehnten Jahrhundert formuliert wurden, haben sie bis heute jedem Zweifel standgehalten.

Das erste Grundgesetz: Ein Körper verharrt im Zustand der Ruhe oder der gleichförmigen Bewegung, wenn keine Kraft auf ihn einwirkt. Wenn man ihn also sich selbst überläßt, bleibt er weiterhin im selben Inertialsystem.

Das zweite Grundgesetz: Die Rate, mit der sich die Geschwindigkeit eines Körpers ändert, ist proportional zu der auf ihn einwirkenden Kraft.

Dieses Gesetz wird meist in der Form geschrieben:

$$F = m\mathbf{a}.$$

Darin bedeutet **F** die Kraft und *m* die Masse des Objekts, während **a** das Maß der Geschwindigkeitsänderung (Beschleunigung) angibt.

In der speziellen Relativitätstheorie besagt dieses Gesetz, daß die Kraft gleich dem Maß der Änderung des Impulses **p** ist. Da aber bei niedrigen Geschwindigkeiten $p = m\mathbf{v}$ und die Masse unveränderlich ist, kommt das auf das gleiche heraus.

Das dritte Grundgesetz: Für jede Einwirkung gibt es eine gleich große, ihr entgegen gerichtete Wirkung. Das heißt: Versetzt man einem Objekt einen Stoß, so stößt es einen mit der gleichen Wucht zurück.

Zwischen den vielen Teilchen, die Scrooge weiter aufeinanderprallen sah, wurden plötzlich leuchtend helle Linien sichtbar. Sie bildeten ein Muster in Form eines dichten Maschennetzes, das nun die Kräfte darstellte, die zwischen jedem Teilchenpaar wirkten. Einige der Linien waren wesentlich heller als andere, sie zeigten stärkere Kräfte an. Je kürzer der Abstand zwischen zwei Teilchen war, um so stärker war die Kraft, die sie aufeinander ausübten.

In dieser wogenden Teilchenmenge erschien plötzlich eine große Uhr. Sie hatte ein einfaches Zifferblatt mit deutlichen, schwarzen Ziffern und einen Sekundenzeiger, der sich ruckartig vorwärtsbewegte. Mit jeder Bewegung des Zeigers änderte sich die Anordnung der Teilchen. Immer wenn eine besonders starke Kraftlinie zwischen zwei Teilchen bestand, bewegten sie sich auf gekrümmten Bahnen aufeinander zu. Die Teilchen bewegten sich ruckweise wie der Zeiger. Dabei änderten sich die zwischen ihnen wirkenden Kräfte aufgrund der neuen Abstände und damit die Einflüsse, die jedes Teilchen auf die Bewegung des anderen ausübte. Die Bewegungen waren komplex und veränderten sich ständig, aber es war zu erkennen, daß sich die neuen Bewegungen jedesmal aus dem Einwirken der Kräfte ergaben und daß die Kräfte durch die vorangegangenen Positionen der Teilchen genau festgelegt waren. Die Komplexität ergab sich aus der großen Teilchenmenge, aber die Bewegungen jedes Teilchenpaares folgten einem einfachen Muster.

«Dieser Prozeß kann ewig so weitergehen. Wenn du genug über die Bewegung aller Teilchen in der Gegenwart weißt, kannst du voraussagen, wo sie in der Zukunft sein werden und wie sie sich dann bewegen.»

«Nein, das könnte ich nicht!» sagte Scrooge.

«Naja, *du* kannst es vielleicht nicht. Die Berechnung wäre nicht einfach, das gebe ich zu. Vielleicht ist niemand zu einer solchen

Rechenarbeit in der Lage, aber die dazu nötigen Kenntnisse sind vorhanden, deshalb kann man behaupten, daß die Zukunft dieser Teilchen vollständig in ihrer Gegenwart enthalten ist.

Das zweite Newtonsche Gesetz gilt genausogut umgekehrt. Kennst du die Kräfte, so kannst du daraus ableiten, wie sich die Bewegungen der Teilchen ändern, und daraus kannst du wiederum nicht nur schließen, was sie in unmittelbarer Zukunft *sein werden*, sondern auch was sie in der unmittelbaren Vergangenheit *waren*. Diese Betrachtung kann sich immer weiter in die Vergangenheit erstrecken. Die ganze *Geschichte* einer Teilchengruppe ergibt sich dann aus ihrer Gegenwart.

Wenn du diese Sichtweise von Newton akzeptierst, und über die Gesetze von Newton kann man schlecht streiten, dann sind Gegenwart, Vergangenheit und Zukunft dieser Teilchen nicht *unabhängig* voneinander. Die Zeit ist für sie zweifellos nur eine Koordinate, die verschiedene Bewegungszustände und Orte bezeichnet, aber sie bringt nichts grundlegend Neues. Die ganze Geschichte dieser Ansammlung von Teilchen ist vollständig vorhersehbar und bis ins kleinste festgelegt. Die Vergangenheit dieser Teilchen ist durch und durch bekannt, ihre Zukunft ist vorherbestimmt.»

Der Geist verstummte und machte eine weitausholende Geste, die Himmel und Erde umfaßte. «Und was ist das Universum anderes als eine ungeheuer große Ansammlung von Teilchen?» fragte er rhetorisch. «Im Universum besteht alles aus Atomen, die sich durch die Gravitation oder andere Kräfte gegenseitig mehr oder weniger beeinflussen. Wenn du die ungeheuren Ausmaße der Schöpfung in Betracht ziehst, wird sofort klar, daß niemand die Fähigkeit und die Geduld hat, die notwendigen Berechnungen anzustellen. Aber wenn wir sämtliche Informationen über den Zustand aller Teilchen in der Gegenwart haben, ist es möglich, im Prinzip wenigstens, ihren zukünftigen Zustand zu berechnen, nicht wahr? Wenn genug über die Gegenwart bekannt wäre, könnte man, im Prinzip wenigstens, die Zukunft ein für allemal berechnen. Wenn eine solche Berechnung durchgeführt werden könnte, wenn die Daten für eine solche Berechnung vorliegen würden, so könnte man die Zukunft des Universums vorhersagen, und damit wäre jede Überraschung ausgeschlossen.»

«Ist das denn möglich?» rief Scrooge aus. «Das Wesen der Zukunft ist doch, daß sie letzten Endes unbekannt ist.»

«Ich habe die Auffassung des *deterministischen Universums* wiedergegeben, eine Auffassung, die vor allem gegen Ende des neunzehnten Jahrhunderts und darüber hinaus verbreitet war. Viele Leute, die keine Wissenschaftler sind, glauben, daß das auch heute noch die Meinung der Wissenschaft ist. In einem solchen Universum gibt es wahrhaftig keine Überraschungen, und nichts ist dem Zufall überlassen. Da gibt es nichts Neues unter der Sonne, unter *jeder* Sonne übrigens. Und was *sein wird*, ist bereits als Vorbestimmung in dem enthalten, was *jetzt* ist.»

«Ihr habt gesagt, ein solcher absoluter Determinismus wäre möglich, wenn wir alle Daten über alle Teilchen in der Gegenwart hätten. Aber habt Ihr mir nicht lang und breit erklärt, daß es so etwas wie Gegenwart nicht gibt, daß die Gegenwart vom Standpunkt des Beobachters abhängt?»

«Das ist vollkommen richtig, aber es spielt keine Rolle. In einem solchen verzahnten deterministischen Universum, wie ich es beschreibe, spielt es keine Rolle, wer die Ereignisse beobachtet, die wir Gegenwart nennen. Wenn alle Ereignisse festgelegt sind, dann ist der eine Ausgangspunkt so gut wie der andere. Nach dieser Ansicht ist der ganze Kosmos eine riesige Maschine, die Raum und Zeit umfaßt, mit einer unermeßlichen Anzahl ineinandergreifender Zahnräder, die sich miteinander drehen und in einer vorherbestimmten Weise aufeinander einwirken.»

Während das Phantom sprach, veränderte sich die Welt um sie herum. Wo eben noch Erde und Himmel, Felsen und Bäume gewesen waren, sah Scrooge nun nichts als eine gewaltige Anordnung ineinandergreifender Zahnräder. Einige waren immens groß, auf ihren Rändern kreisten Planeten, die sich gleichzeitig um sich selbst drehten. Andere waren winzig, viel zu klein, als daß Scrooge sie mit bloßem Auge hätte erkennen können. Auf ihnen drehten sich die Elektronen, die wiederum um einzelne Atome kreisten. Wohin er schaute, waren Zahnräder in allen erdenklichen Größen. Sie waren in den Steinen und Bäumen, sie reichten weit hinauf in den Himmel und tief hinab in die Erde und bildeten eine scheinbar endlose Kette von Ursachen und Wirkungen.

«Und die Zeit? Welche Rolle spielt die Zeit in diesem festgelegten mechanischen Universum?» fragte Scrooges Begleiter. Da er selbst die Zeit verkörperte, war dies zweifellos nur eine weitere rhetorische Frage. Scrooge verhielt sich danach und ließ den Geist fortfahren. «Wie ich schon sagte, Zeit ist gleichbedeutend mit Veränderung, aber in einem solchen deterministischen Universum gibt es keinen *wirklichen* Wandel, nur verschiedene Querschnitte durch die gefrorene Struktur der Ewigkeit.

Was ist Gegenwart? Wie unterscheidet sie sich von Vergangenheit und Zukunft, wenn überhaupt? Die Raum-Zeit-Struktur der speziellen Relativitätstheorie bedeutet, daß die Gegenwart kein eindeutiger Augenblick ist, sondern vom Beobachter abhängt. Einstein und andere deiner klassischen Physiker würden sagen, daß die Gegenwart eine Illusion ist. Nach ihrer Ansicht ist die Zeit eine Dimension, ähnlich wie der Raum, und jede Person besitzt ihre Zeitlinie, ihren eigenen Weg

von der Wiege bis zur Bahre, und kein Punkt auf dieser Zeitlinie ist wichtiger als ein anderer. Es gibt kein absolutes JETZT mehr, genausowenig wie ein absolutes HIER. Wenn die Zeit nichts weiter als eine Richtung ist, eine Linie, auf der die Ereignisse deines Lebens aufgefädelt sind, wo ist dann der Unterschied zwischen Vergangenheit und Zukunft? Das Newtonsche Gesetz kann dir von jedem beliebigen

Punkt, den du Gegenwart nennst, mit gleicher Zuverlässigkeit Aussagen über Vergangenheit und Zukunft machen, wo liegt also der Unterschied? Dir mag das offensichtlich erscheinen, aber warum ist das so?

Erinnere dich an die gerade Straße, von der wir vorhin sprachen. Wenn du einen Punkt als Ausgangspunkt wählst, dein HIER, und die anderen Punkte auf der Straße betrachtest, dann liegen einige links von dir und andere rechts. Dreh dich in die andere Richtung, und die Punkte, die vorher links von dir lagen, befinden sich nun auf deiner rechten Seite. Kannst du dich so umdrehen, daß Vergangenheit und Zukunft genauso ihre Lage verändern? Was unterscheidet sie?»

Scrooge war jetzt außer sich vor Empörung. «Die Unterschiede liegen doch auf der Hand!» rief er. «An die Vergangenheit kann man sich erinnern, an die Zukunft nicht. Die Zukunft kann man beeinflussen, aber die Vergangenheit ist nicht mehr zu ändern.»

«Wenn das Universum durch und durch bestimmt wird durch das eherne Gesetz von Ursache und Wirkung, kannst du die Vergangenheit gewiß nicht ändern, aber genausowenig kannst du die Zukunft beeinflussen. Du hast in dieser Sache keine Wahlmöglichkeiten und keinen freien Willen. Und was geht es das Universum an, an was du dich erinnern kannst und an was nicht?»

Diese Bemerkung brachte Scrooge noch mehr in Rage.

«Unsinn!» schrie er, «das ist reinster Unsinn! Kommt mir doch nicht mit so einem unlogischen Blödsinn. Ich weiß doch, daß die Zeit existiert, daß Zukunft und Vergangenheit nicht dasselbe sind, und Ihr könnt mir nichts anderes einreden.»

Der Geist warf ihm einen spöttischen Blick zu. «Oh, mein Gott! Wie du dich ereiferst! Ich würde *das* nicht so vorschnell unlogischen Quatsch nennen. Die Vorstellung von einem deterministischen Universum ist vielleicht *falsch*, aber sie ist durchaus sehr logisch. Wenn du wirklich unlogischen Blödsinn hören willst, dann warte auf meinen jüngeren Bruder, der dich nach mir aufsuchen wird. Der wird dir Sachen erzählen, die ohne jeden Zweifel Unsinn sind, aber auch nachweislich wahr.

Das gefrorene, deterministische Universum, das ich beschrieben habe, war eine Sichtweise der klassischen Physik. Ich sah es als meine Pflicht gegenüber meinen älteren Brüdern und Schwestern an, es dir zu erklären, aber sichere Vorhersagen treffen nicht immer ein, und das gefrorene Universum ist ganz schön aufgetaut.

Du hast ganz recht, wenn du deine tiefsten Wahrnehmungen von der Welt nicht leichtfertig beiseite schiebst, nur weil dir jemand etwas anderes erzählt. Vergangenheit und Zukunft und der Ablauf der Zeit sind so offensichtliche Tatsachen, daß du gut daran tust, an ihnen festzuhalten. Aber du mußt aufpassen, du darfst solch unbestreitbares

Erfahrungswissen nicht mit bloß gewohnheitsmäßigen Vorurteilen verwechseln. Es ist auch gut, daß du die Aussage hinterfragst, zwischen Vergangenheit und Zukunft bestehe kein Unterschied. Aber du könntest nicht mit gleichem Recht behaupten, daß eine absolute Gegenwart existieren muß, daß es selbstverständlich eine absolute Zeit, ein universales JETZT geben müsse. *Davon* hast du kein direktes Erfahrungswissen. Du kannst keine persönliche Erfahrung mit gleichzeitigen Ereignissen an weit voneinander entfernten Orten haben. Du bist niemals gleichzeitig an weit voneinander entfernten Orten *gewesen*, und dafür solltest du dankbar sein. Du bist immer dort, wo *du* bist, und nirgendwo anders. Würdest du aufgrund von Gewohnheit und Vorurteil steif und fest behaupten, daß die Zeit überall absolut die gleiche ist, dann hättest du unrecht.»

«Wollt Ihr damit sagen, daß die Vorstellung eines festgelegten, deterministischen Universums *nicht* zutrifft?» fragte Scrooge und fühlte sich erleichtert.

«Es ist eine seltsame Sache mit der Zeit», antwortete sein Begleiter ausweichend. «Fest steht nur, daß die Zeit in der Natur eine besondere Rolle spielt. Die Vorstellung des deterministischen und im wesentlichen Sinne zeitlosen Universums ist eine Übertragung des vorhersagbaren Verhaltens von zwei atomaren Teilchen auf das Verhalten vieler Teilchen und schließlich auf das Verhalten des ganzen Universums. Es ist eigentlich eine gigantische Extrapolation.

Schau dich um!» befahl der Geist. Er deutete zum Himmel, wo unversehens die Nacht hereinbrach, und Scrooge blickte nach oben in die Dunkelheit des Raums. Und als er sich umsah, bemerkte er, daß die Landschaft, in der er eben noch gestanden hatte, verschwunden war. Er schwebte im Raum und blickte auf einen Planeten herab, der um seine Sonne kreiste. Sein Zeitgefühl war wieder soweit verlangsamt, daß er viele Umkreisungen des Planeten um die Sonne beobachten konnte. Er sah, daß er ohne jede Abweichung jedesmal ganz genau dieselbe Bahn beschrieb.

«Hier siehst du zwei Objekte, die sich unter dem Einfluß ihrer gegenseitigen Anziehungskräfte bewegen. Für ein solches System ist die Bewegung in der Tat vorhersagbar. Man könnte vorhersagen, wo sich der Planet in sehr, sehr ferner Zukunft befindet, so fern in der Zukunft, wie du nur willst. Genausogut kannst du bestimmen, wo er zu irgendeinem Zeitpunkt in der fernen Vergangenheit war. Zwei Objekte, die sich allein unter dem Einfluß der zwischen ihnen wirkenden Kräfte bewegen, sind vollkommen vorhersagbar, und ihre Bewegung kann für jeden Zeitpunkt berechnet werden. Die Zukunft wäre für sie wirklich endgültig festgelegt. Es ist nicht einmal besonders schwer, diese Berechnungen anzustellen.

Das ist ein Beispiel für eine regelmäßige, periodische Bewegung, die sich immer wiederholt. Viele Bewegungen sind periodisch. Einige, wie die gegenseitige Umkreisung von Sonne und Planeten oder die Schwingung eines idealen Pendels, sind genau periodisch und wiederholen sich exakt von einem Augenblick zum nächsten, ohne den geringsten Unterschied. Einige Bewegungen sind annähernd periodisch, wie die Abfolge der Jahreszeiten. Jedes Jahr ist Frühling, Sommer, Herbst und Winter, aber jedes Jahr ist das Wetter anders als im Jahr zuvor. In der Natur gibt es viele Zyklen, und bei den meisten treten von einem Zyklus zum nächsten Fluktuationen auf.

Wenn du an ein vollkommen deterministisches Universum glaubst, dann glaubst du vielleicht auch an einen großen, übergeordneten Zyklus, der alles umfaßt, einen Zyklus, der alle anderen Zyklen im Kosmos einschließt.

Denjenigen, die Teil eines solchen Zyklus wären, erschiene ein deterministisches Universum nicht allzu verschieden von einem Universum mit einer unvorhersehbaren Zukunft. Aus der genauen und vollständigen Kenntnis der Orte und Geschwindigkeiten jedes atomaren Teilchens könnte man die Zukunft natürlich berechnen, aber du würdest nicht über diese Daten verfügen. Die Bewegung einzelner Atome läge noch immer weit außerhalb der Grenzen deines Wissens, wie schon der Schatten der Entropie annahm. Die Ideen der statistischen Physik und der zunehmenden Entropie, die aus dem Unvermögen entstanden sind, zwischen den unzähligen Mikrozuständen in der Welt zu unterscheiden, wären für dich immer noch dieselben. Die Thermodynamik bliebe unverändert, und du lebtest weiter in Erwartung des Hitzetodes.

Wenn du jedoch lange genug wartest, so lange, bis der endgültige Hitzetod eintritt, dann kannst du davon ausgehen, daß die Bewegung aller Atome schließlich einmal dieselbe sein wird wie zu einem bestimmten Zeitpunkt in der Vergangenheit, egal welchem. Es könnte in der Tat lange dauern, bis dies eintritt, aber bei einer unendlich langen Zeitdauer wird alles früher oder später einmal geschehen. Wenn sich dann alles *genauso* bewegt wie schon früher einmal, dann müßte die darauffolgende Zukunft dieselbe sein wie die, die das letzte Mal gefolgt ist, denn die Zukunft ist ja vollständig in der Gegenwart enthalten. Von da an würde sich die Zukunft des Universums genauso entwickeln wie das letzte Mal, und alles, *alles*, würde sich wiederholen. Das würde auch die gesamte menschliche Geschichte einschließen, und jeder Mensch würde wiedergeboren, immer und immer wieder...

Dieser große Zyklus ist als Poincaré-Wiederholung bekannt. In einem deterministischen 'Uhrwerk-Universum', das sich im Gleichgewicht befindet, könnte das, wenn unendlich viel Zeit zur Verfügung steht, geschehen. Nicht nur, daß du keine Wahl hast, du mußt das, was du tust, immer wieder tun!»

Scrooge packte das Entsetzen bei dieser Vorstellung. Die Idee eines deterministischen Universums raubte dem Leben nicht nur jedes Ziel, jetzt schien es auch noch, daß jeder dazu verurteilt war, diesen geistlosen Tanz nach bestimmten Zeitabständen immer wieder und ohne Ende zu wiederholen. Das war das Rad des Lebens in einem viel größeren Maßstab, als er sich das jemals vorgestellt hatte, aber es war auch viel sinnloser, so äußerst sinnlos...

Der Geist schlug einen ganz unangebracht munteren Ton an, als er wieder zu sprechen begann.

«Wie du dich überzeugen konntest, ist ein solcher Determinismus eine durchaus korrekte Beschreibung, jedenfalls für ein Universum, das nur zwei Objekte enthält. Wie du dir denken kannst, wird die Berechnung bei drei Objekten natürlich schwieriger. Bei vier Objekten wäre sie noch schwieriger, und für eine große Zahl, sagen wir für all die verschiedenen Planeten und kleinen Asteroiden innerhalb deines Sonnensystems, wäre das Problem um so größer. Was glaubst du, für wieviele Objekte und alle zwischen ihnen wirkenden Kräfte lassen sich ihre Positionen für alle Zeit bis in die ferne Zukunft genau berechnen?»

«Ich weiß nicht», antwortete Scrooge. «Ihr sagtet ja, daß es im Prinzip für das ganze Universum möglich sei. Aber bei dieser Aussage habt Ihr, wie es scheint, einen Rückzieher gemacht. Ich glaube, daß man praktisch für alle Planeten und die meisten der größeren Asteroiden die zukünftigen Positionen im Raum berechnen kann, ihre Zahl muß bei mindestens fünfzig liegen. Ja, ich glaube für mehr als fünfzig.»

«Die Antwort auf meine Frage ist *zwei*», sagte der Geist mit heiterer Stimme.

«Zwei!» rief Scrooge aus und ließ sich schon wieder zu empörtem Protest hinreißen. «Zwei, das kann nicht sein! Ich weiß, daß man die zukünftigen Positionen der Planeten sehr genau voraussagen kann. Die Zahl muß also größer sein.»

«Nein, ich fürchte, du irrst dich. Es stimmt, daß man die Positionen der Planeten recht genau für viele Jahre im voraus berechnen kann, aber aus diesen Berechnungen ergeben sich nur Näherungswerte. Sie sind genau, und trotzdem nur ungefähr. Vom Prinzip her besteht ein gewaltiger Unterschied zwischen einer Berechnung, die ganz genau ist, und einer, die nur zu einem ungefähren Ergebnis führt. Ein exaktes Resultat bleibt für alle Zeiten genau. Ein ungefähres Ergebnis besteht in einem Wert, der fast genau ist, aber nicht ganz genau. Irgendein kleiner Irrtum kann sich mit der Zeit vergrößern, und früher oder später wird die Vorhersage vollkommen falsch.

Gäbe es nur einen Felsbrocken isoliert im Raum, wäre die Berechnung seines zukünftigen Verhaltens sehr einfach. Eigentlich wäre gar keine Berechnung nötig, denn das Objekt würde sich einfach in gerader Richtung weiterbewegen oder im Stillstand verharren, je nachdem, von welchem Bezugssystem man ausgeht. Zwei Objekte, wie zum Beispiel eine Sonne, um die ein einzelner Planet kreist, sind komplizierter, aber eigentlich mußt du nur eine Bewegung berechnen. Wegen der Erhaltung des Impulses wird jede Bewegung des einen durch eine Bewegung des anderen Körpers ausgeglichen. Es gibt nur eine unabhängige Bewegung, keine irregulären Einflüsse, und, wie du gesehen hast, bleibt die Umlaufbahn vollkommen regelmäßig und unverändert.»

«Wenn es so einfach ist, die Bewegungen von zwei Körpern zu berechnen, dann können drei Körper doch nicht soviel größere Schwierigkeiten bereiten. Wie ist es mit den Planeten unseres Sonnensystems?» beharrte Scrooge, der sich nicht vorstellen konnte, daß drei Objekte schon zu einer unüberschaubaren Komplexität führen sollten.

«Ich fürchte, drei Körper sind schon zuviel. Ihre gemeinsamen Bewegungen zu berechnen ist ein Problem, das tatsächlich nicht genau gelöst werden kann. Wenn man die Bewegungen *aller* Planeten vorausberechnet, und wie du schon sagtest, sind das viel mehr als drei, dann ist die Berechnung recht gut, und die Planeten tauchen ziemlich genau dort auf, wo man es vorhergesagt hat. Für eine genaue Lösung ist das Problem viel zu kompliziert, aber man kann für eine lange Zeit im voraus eine ziemlich gute Annäherung erzielen. Es gibt eine Reihe von Gründen, weshalb diese Annäherung recht gut ist.

Da die Sonne sehr schwer ist, beherrscht sie das ganze System. Jeder Planet wird sehr, sehr viel stärker von der Sonne angezogen als von anderen Planeten. Man erhält für jeden Planeten ziemlich gute Voraussagen, wenn man die anderen Planeten ganz vernachlässigt und die Bewegung jedes Planeten so berechnet, als würde er allein um die Sonne kreisen. Die Gravitationswirkung, die ein Planet auf einen anderen ausübt, ist nicht groß, aber sie ist vorhanden und führt dazu, daß sich die Umlaufbahnen im Laufe der Zeit leicht verändern. Der Einfluß der anderen Planeten hängt von ihren relativen Positionen ab, und gewöhnlich sind sie weit voneinander entfernt. Die Auswirkung kann darin bestehen, daß ein Planet etwas abgebremst wird. Ein anderes Mal, wenn sich die relativen Positionen verändern, wird er wieder schneller. Da alle Planeten unterschiedlich viel Zeit für ihre Umlaufbahn um die Sonne benötigen, ändern sich ständig ihre relativen Positionen. Diese Auswirkungen können in den Voraussagen nicht exakt berücksichtigt werden, aber da die Kräfte klein sind, dauert es eine gewisse Zeit, bis daraus eine wahrnehmbare Abweichung von der einfachen Berechnung entsteht.

Du sagst, daß die Positionen der Planeten für Jahre im voraus berechnet werden können, aber ein Jahr ist natürlich keine lange Zeit, gemessen an der Bewegung des Sonnensystems. Die Erde umkreist in diesem Zeitraum genau einmal die Sonne. Einige Planeten brauchen länger, einige kürzer. Während deiner Lebensspanne bleiben die Fehlergrößen einer annähernden Berechnung sehr klein, trotzdem nehmen sie zu. Nur wenig am Anfang, aber eines Tages weicht die Bewegung ganz unerwartet von der Voraussage ab. Man braucht nur lange genug zu warten, dann erweisen sich die Voraussagen von heute als vollkommen falsch. Sieh nur, was allein schon mit drei Körpern nach einiger Zeit geschehen kann. Wir betrachten drei Körper, die alle gleich groß sind, damit keiner dominiert.»

Der Raum wurde hell, und drei leuchtende Kugeln erschienen vor Scrooges Augen. Es handelte sich nicht um ein Doppelsternsystem, sondern um ein System mit drei Sternen, die alle umeinander kreisten. Es gab keinen deutlichen Mittelpunkt, und die Bewegungen waren komplex und unterschiedlich. Alle Sterne waren deutlich voneinander getrennt, keiner kam dem anderen nahe, und sie schleuderten lange, feurige Protuberanzen in den Raum. Dann näherten sich zwei Sterne gelegentlich und beschrieben eine Pirouette umeinander, während sich der dritte auf einer weiten, auswärts gerichteten Bahn bewegte. Anschließend änderten alle ihre Bahnen, und ein neues Paar fand sich zusammen. Schließlich kam einer der Sterne einem seiner feurigen Begleiter näher als je zuvor. Er bewegte sich in einer engen Tanzbewegung um seinen Partner und schwirrte in eine neue Richtung davon. Diese Richtung war so verschieden von seiner früheren Bahn, daß er von den anderen weggeschleudert wurde. Sein Licht verlor sich schließlich in der Dunkelheit des Raums. Seine beiden verbliebenen Kameraden kreisten nun friedlich einer um den anderen und fanden zu der leicht berechenbaren Bewegung ehelicher Monotonie.

«Wie du siehst, bei jeder Zahl größer als zwei gibt es Probleme. Das können wir auch in einem weniger himmlischen Maßstab zeigen. Wir wollen etwas untersuchen, was du schon oft gesehen hast, ein Pendel.»

Wieder erschien das Pendel von Scrooges Uhr und hing vor ihm im Raum. Es schwang hin und her, maß die Sekunden und war genauso voraussagbar wie die umeinander kreisenden Planeten.

«Du siehst ein Pendel vor dir, aber was du zu einem bestimmten Zeitpunkt siehst, ist nicht die ganze Wahrheit. Der Schnappschuß eines Pendels zeigt nichts von seinem Wesen, denn das liegt in seiner Bewegung. Wechselwirkung von Ort und Bewegung: Das ist das Wesen des Pendels. Ein Bild zeigt vielleicht, wie das Pendelgewicht von seiner Aufhängung herunterhängt oder etwas rechts oder links davon hängt. Das Bild zeigt nicht, wie sich das Pendel bewegt. Es zeigt nicht, daß es bei seinem äußersten Ausschlag zum Stillstand kommt und daß es sich an seinem niedrigsten Punkt am schnellsten bewegt. Du brauchst ein Bild, das nicht nur seinen jeweiligen Ort, sondern auch seine Bewegung zeigt. Du brauchst ein Porträt im *Phasenraum*.»

«Und was ist ein Phasenraum, wenn ich fragen darf?» wollte Scrooge wissen. «Ihr habt mir schon den vierdimensionalen Raum erklärt. Ist das etwas Ähnliches?»

«In gewisser Weise, ja. Es ist ein Bild, das deine Sicht des Universums erweitert, indem sich einige seiner Proportionen nicht nach den normalen Raumdimensionen richten. Im Diagramm des vierdimensionalen Raumes gab eine der Achsen die Zeitrichtung an. Jetzt zeichnen wir nicht die Dimension der Zeit, sondern die des Impulses ein. Ort und Impuls: Beide zusammen definieren die Bewegung eines Körpers, und wir nehmen Ort und Impuls, um die Bewegung eines einfachen Pendels darzustellen.»

Die Gestalt der Zeit langte in die große Tasche, die sie auf dem Rücken trug, und kramte darin herum. Scrooge hörte, wie der Geist flüsterte, «die Entropie, die Abfallwärme der Welt, wird in dieser Tasche immer größer, von den *Almosen des Vergessens* gar nicht zu reden. Ich weiß nicht, wie ich unter diesen Umständen etwas finden soll, wenn ich es brauche». Schließlich fand er, was er suchte, und zog einen großen Schreibblock und einen Stift hervor.

«Also!», sagte er entschlossen. «Wir wollen unser Diagramm einmal aufzeichnen. Wo sollen wir anfangen? Das Pendel schwingt von links nach rechts und wieder zurück, wir brauchen also nur eine Achse, um seinen *Ort* einzuzeichnen. Dann bleibt uns die andere Achse, die nach oben führt, um einzutragen, wie *schnell* sich das Pendel bewegt. Zuerst zeichnen wir ein großes Kreuz mitten auf die Seite. Damit haben wir unsere Koordinatenlinien, die sich in ihrem *Ursprung* in der Mitte der Seite schneiden. Dies sind die Linien, auf denen wir Ort oder Geschwindigkeit messen. Rechts und links von der senkrechten Linie auf der Mitte der Seite tragen wir den Ort ein. Ober- und unterhalb der waagerechten Linie tragen wir die Geschwindigkeit des Pendelgewichts ein. Oberhalb der Linie, wenn es von rechts nach links schwingt, darunter, wenn es in die andere Richtung schwingt.

Fangen wir damit an, daß das Pendelgewicht ganz nach rechts geschwungen ist. In dieser Position kommt es zum Stillstand. Sein Ort liegt vom Zentrum entfernt, aber es bewegt sich nicht, also zeichnen wir es auf der horizontalen Achse rechts vom Nullpunkt ein. Wenn das Pendel aus dieser Position zurückschwingt, bewegt sich sein Ort auf dem Papier in Richtung der senkrechten Linie in der Mitte, aber seine Geschwindigkeit nimmt zu, und während sein Abstand von der Mitte auf null fällt, erreichen seine Geschwindigkeit und damit sein Impuls ihren Höhepunkt, und seine Entsprechung auf dem Papier liegt über der horizontalen Achse. In der Mitte seiner Bahn bewegt sich das Pendel mit der größten Geschwindigkeit. Danach bewegt sich sein Ort weiter nach links, und seine Geschwindigkeit fällt wieder auf null. An seinem äußersten linken Ausschlag kommt es wieder zum Stillstand, und dieser Ort wird auf der horizontalen Achse eingetragen.

Nun schwingt unser Pendel wieder nach rechts und beschreibt die gleiche Kurve, nur daß es jetzt in die entgegengesetzte Richtung schwingt. Die Linie führt deshalb unter die horizontale Achse, bis es wieder seinen Extrempunkt auf der rechten Seite erreicht. An diesem Punkt beginnt der Zyklus von neuem und beschreibt dieselbe Kurve. Siehst du die Kurve, die ich gezeichnet habe? Sie gibt wieder, wie sich die ganze Geschichte des Pendels wiederholt.»

Scrooge betrachtete die Zeichnung auf dem Block und sah einen Kreis. Auf jeder Seite waren die Situationen eingetragen, in denen sich das Pendelgewicht weit aus seiner Mitte entfernt hatte, aber zum Stillstand gekommen war. Der obere und der untere Scheitelpunkt waren die Momente, in denen sich das Pendel in der Senkrechten befand, sich aber am schnellsten bewegte. Es bewegte sich ständig im Kreis herum und beschrieb eine Kurve, die sich fortlaufend wiederholte.

«Nun siehst du, daß die Bahn im Phasenraum einen Kreis beschreibt, oder eher eine Ellipse, da ich die relativen Längen, mit denen ich Ort und Impuls einzeichne, nach Belieben wählen kann. Dir ist natürlich klar, daß das nicht die genaue Bahn eines wirklichen Pendels ist.»

«Warum eigentlich nicht?» wollte Scrooge wissen.

«Warum? Weil immer Reibung und andere *dissipative Kräfte* auftreten. Du hast ja schon gehört, daß ein Pendel, genauso wie alle anderen bewegten Systeme, bei jedem Zyklus einen Teil seiner Energie abgibt. In dem Maße, in dem sich ein Teil seiner Energie in Wärme umwandelt, nimmt die Schwingbewegung ab. Jede Schwingung ist ein wenig kürzer als die vorige, bis die Bewegung schließlich aufhört.»

Die mattweiße Schreibfläche des Blocks, den der Geist in seiner runzeligen Hand hielt, verwandelte sich in einen hell leuchtenden Bildschirm. Der roh skizzierte Kreis formte sich mit der Genauigkeit eines Computers zu einer präzisen Figur. Scrooge erkannte, daß die Linie nicht ganz einen Kreis beschrieb, sondern eher eine sehr enge Spirale, die, je weiter die Bewegung des Pendels abnahm, allmählich zur Mitte führte. Die Linie endete schließlich in dem Punkt in der Mitte, wo sich das Pendel nicht mehr bewegte.

«Das ist das endgültige Schicksal jeder Pendelbewegung, egal wie weit du das Pendel am Anfang ausschlagen läßt. Je weiter der Ausschlag, desto größer ist die Amplitude der nachfolgenden Schwingbewegung. Aber ob die Amplitude groß oder klein ist, die Energie wird sich verflüchtigen, und im Endzustand hängt das Pendel bewegungslos von seinem Achspunkt herunter. Ein anderes Ergebnis kann es nicht geben, egal wie der Prozeß beginnt. Du weißt, was aus der Bewegung wird, wie auch immer die Anfangsbedingungen sind. Die Bewegungslinie endet früher oder später hier im Mittelpunkt. Dieser Punkt heißt *Attraktor*, er stellt das einzig mögliche Ergebnis dar. Manchmal kann es mehr als nur einen Endzustand geben, dann ist das Ende nicht so klar vorgezeichnet. Schau dir einmal dieses kleine Spielzeug an, es kommt dir vielleicht bekannt vor.»

Der greise Geist der Zeit streckte seine Hand aus, und auf der faltigen Handfläche lag ein kleines Pendel, das Scrooge wiedererkannte. Es war eine Spielerei, die normalerweise auf seinem Schreibtisch in seinem Büro stand. Dieses Pendel war so gebaut, daß es in jede Richtung schwingen konnte. Das Pendelgewicht war aus Eisen, und die Standfläche dieser Spielerei enthielt drei Magnete, die das Pendelgewicht anzogen, wenn es in ihre Nähe kam. Das war alles, aber diese Anordnung brachte am laufenden Band verblüffende Bewegungsabläufe hervor, die genauso zufällig schienen wie die Bewegung der drei Sonnen, die Scrooge vor kurzem beobachten konnte.

«Bei dieser Spielerei gibt es nicht einen, sondern drei mögliche Endzustände, wenn das Pendel seine Bewegungsenergie eingebüßt hat. Das Pendelgewicht kann über jedem der drei Magnete zum Stillstand kommen und durch die Kraft des Magneten dort verharren. Welcher Magnet mag das sein? Das hängt offenbar von der vorherigen Bewegung des Pendels ab. Was es auf seiner verschlungenen Bahn auch immer für Haken schlägt, seine Bewegung folgt streng den Newtonschen Gesetzen, wie die Bewegung der Planeten. Die von den Magneten ausgeübten Kräfte hängen von Ort und Bewegung des Pendels ab, und von da aus können schrittweise Ort und Bewegung in der Zukunft vorausberechnet werden. Das Ganze ist ein vollkommen *deterministisches System*. Wo das Pendel zum Stillstand kommt, hängt von seinen Anfangsbewegungen ab, ja, vom Ausgangspunkt seiner Bewegung.

Wir können diese Abhängigkeit auf dem Schreibblock darstellen. Jeder mögliche Ausgangspunkt bekommt eine andere Farbe: Rot, wenn die Bewegung, die dort beginnt, über einem bestimmten Magneten zum Stillstand kommt, Blau für den nächsten, und Grün für den dritten Magneten.»

Die Fläche der leuchtenden Schreibtafel in der Hand des Geistes war in rote, blaue und grüne Felder aufgeteilt, die die voraussagbaren Endpunkte der Bewegungen von jedem Ort aus darstellten.

«Innerhalb bestimmter Bereiche kannst du das Pendel an jedem beliebigen Punkt starten, und es kommt immer über dem gleichen Magneten zum Stehen. Achte einmal darauf. Was geschieht auf der

Grenzlinie zwischen diesen Gebieten? Gibt es da einen plötzlichen Übergang von einem zum anderen?»

Ein Ausschnitt der Schreibtafel wurde herangezoomt und zeigte eine in rote, blaue und grüne Felder eingeteilte Fläche. Die Vergrößerung nahm zu, und man konnte sehen, daß diese Felder wiederum in kleinere Gebiete fein unterteilt waren, in denen sich die roten, grünen und blauen Punkte ebenfalls mischten. Wie genau sie auch hinschauten, es gab immer eine Mischung aus verschiedenen möglichen Endergebnissen. Wie genau das Pendel hier auch positioniert war, es konnte immer noch über jedem der drei Magnete zum Stillstand kommen.

«Der Endzustand des Pendels wird vollständig durch die Newtonschen Gesetze und durch seinen Ausgangspunkt bestimmt. Seine Zukunft ist *determiniert*, aber die Abhängigkeit ist *fraktal*.»

«Und was heißt fraktal, wenn ich fragen darf?» entgegnete Scrooge kühl. Er empfand die letzte Bemerkung als nicht besonders hilfreich.

«Das kann ich am besten beantworten, indem ich dir eine Gegenfrage stelle. Kannst du mir sagen, wie lang die Küste Englands ist?»

«Und das soll eine Antwort auf meine Frage sein?» Scrooge war verwirrt. «Ich weiß nicht, wie lang sie ist. Bestimmt einige tausend Meilen. Das steht sicher in irgendeinem Lexikon, wenn Ihr das wirklich wissen wollt.»

«Das glaube ich nicht», antwortete der Geist ruhig. «Die Antwort steht in keinem Lexikon, denn darauf *gibt* es keine Antwort. Wie würdest du die Länge bestimmen? Du könntest dir eine Karte der Insel vornehmen und die Küste rundherum mit einem Stechzirkel abmessen. So kämst du zu einem Ergebnis. Dann könntest du die Zirkelspitzen enger zusammenführen und deine Messung wiederholen. Jetzt würdest du auch die Umrisse der Buchten und Landzungen mit einbeziehen, die du zuvor außer acht gelassen hast, und hättest ein anderes Ergebnis. Wäre der Unterschied nur geringfügig, so wäre das keine Überraschung. Du würdest sagen, daß eine genauere Messung selbstverständlich zu einem genaueren Ergebnis führt. Das Problem besteht aber darin, daß das Ergebnis *total* anders wäre, denn die Küstenlinie einer Bucht kann drei- oder viermal so lang sein wie die Entfernung quer darüber hinweg.

Das Ergebnis, das du bekommst, hängt von dem Maßstab ab, den du anlegst. Was ist das richtige Meßergebnis? Der Wert, den du mit einem groben Zirkel auf einer Karte mißt, oder der, den du mit einem feinen Zirkel mißt, oder der Wert, den du herausbekommst, wenn du die Küstenlinie entlang wanderst und sie mit einem Lineal ausmißt? Und wenn du das tätest, müßtest du nicht auch die Außenlinie jedes Steins messen, der auf der Küstenlinie liegt? Müßtest du nicht auch jede haarfeine Kerbe jedes Steins ein- und auswärts messen? Und die

Außenlinie jedes Atoms in jedem Stein? Die Resultate wären jedesmal recht verschieden. Die Küstenlinie ist ein *fraktales* Objekt. Sie enthüllt mehr und mehr Einzelheiten, je genauer du sie untersuchst – und du erhälst ein endgültiges Ergebnis.

Zu den Eigenarten der Natur gehört, daß sie Dinge mit fraktalen Eigenschaften hervorbringt, glatte Kugeln und Zylinder sind nicht die Regel. In der Natur stößt du auf immer feinere und feinere Einzelheiten, je genauer du hinschaust. Fraktale Objekte kann man mit dem Computer erzeugen, indem man ihn eine Serie von wiederholten Rechenoperationen durchführen läßt. Eine dieser Serien ist zu großem kommerziellen Erfolg gelangt, sie bringt Muster hervor, die man als Poster kaufen kann. Ich meine die Mandelbrot-Menge. Ein einfaches Computerprogramm kann mit ihrer Hilfe im Prinzip unendliche Komplexität hervorbringen.»

Der Block in der Hand des Geistes leuchtete auf und zeigte eine seltsame, schwarze Figur. Sie war von einem komplizierten Muster umgeben und voll von feinen, schneckenförmigen Blüten. Er zauberte ein Vergrößerungsglas herbei und richtete es auf einen Bereich. Der

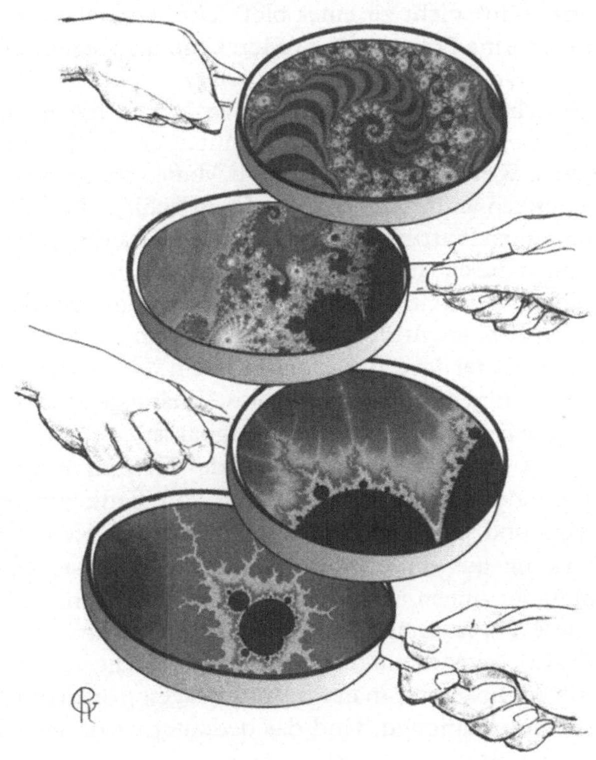

Ausschnitt ließ weitere verschlungene Muster mit faserigen, blütenähnlichen Formen erkennen. Als das Bild weiter vergrößert wurde, traten noch feinere Einzelheiten hervor, und unter diesen Einzelheiten wurden Abbilder derselben seltsam schwarzen Figur sichtbar. Sie untersuchten sie und fanden heraus, daß diese Abbilder dieselben Details aufwiesen wie das Original. Immer weitere Vergrößerungen und eine schärfere Auflösung zeigten eine endlose Fülle weiterer Einzelheiten, ohne daß ein Ende abzusehen war.

«Das geht immer so weiter», stellte der Geist fest. «Das Ausmaß von Details nimmt buchstäblich kein Ende. Und das gilt auch für die Darstellung der Ausgangspunkte deines Spielzeugs. Der Endzustand mag durch die Ausgangsbedingungen vollständig determiniert sein, aber diese Bedingungen sind so kompliziert und anspruchsvoll, daß man trotzdem keine Voraussage machen kann. Wie genau du die Orte und Geschwindigkeiten am Anfang auch kennst, trotzdem sind verschiedene Endergebnisse möglich. Die verschiedenen Zukünfte weichen nicht nur leicht voneinander ab, sondern sind vollkommen verschieden. Das ist es, was der Vorstellung des klassischen Determinismus Hohn spricht. Eine leichte Verschiedenheit der Bedingungen in der Gegenwart führt nicht zu einer bloß *leicht* veränderten Zukunft, sondern kann enorme Folgen haben. Man kann die Gegenwart *noch* so genau kennen, man kennt sie nie genau *genug*.

Kleine Ursachen können riesige Auswirkungen haben. Das wird auch oft *Schmetterlingseffekt* genannt. Dahinter steckt die Vorstellung, daß die globalen Wetterlagen in so hohem Maße von den vorangegangenen Bedingungen abhängen, daß der Flügelschlag eines Schmetterlings in Borneo einen Hurrikan in den USA auslösen kann. Der Hurrikan ist natürlich auch durch viele andere Faktoren 'verursacht', aber ausgerechnet der Effekt des weit entfernten Schmetterlings könnte den Ausschlag zwischen zwei möglichen Wetterentwicklungen geben. Die eine führt einige Tage später dazu, daß in den USA ein Wirbelsturm losbricht, die andere nicht. Eine derart hochgradige Abhängigkeit von winzigen Ursachen zeigt, wie wenig Wetter vorhersagbar ist.

Damit stehen wir vor dem Paradoxon des Determinismus. Ja, die Zukunft *kann* eine direkte logische Folge von Bedingungen in der Gegenwart sein und sich über eine ununterbrochene Kette von Ursache und Wirkung aus ihr ergeben. Dennoch kann sie von diesen genauen Voraussetzungen in so hohem Maße abhängen, daß man *nie genug* über diese Voraussetzungen weiß, egal *wie* gut man sie kennt.

Du siehst also, selbst wenn die Zukunft vollständig von der Gegenwart bestimmt ist, bekommt man für Voraussagen trotzdem *nie* ausreichend genaue Informationen. Und das bedeutet wiederum, daß man die Zukunft eben *nicht* voraussagen kann.»

Kapitel 8
Vergiß das Ziel, genieße die Reise

Scrooge betrachtete die greise Gestalt des Ahnherrn der Zeit nun mit einigem Entsetzen. Der Geist sah jetzt unglaublich alt aus und glich eher einer Mumie als einem Menschen. Dem flüchtigen Betrachter mußte er so gut wie tot erscheinen, und doch besaß er nicht soviel Anstand, sich einfach hinzulegen und die Situation zu akzeptieren.

Im Gegenteil, der Geist raffte sich irgendwie auf und ergriff noch einmal das Wort. Seine Stimme war so leise, daß Scrooge sich ungeheuer anstrengen mußte, um ihn überhaupt zu verstehen.

«Du könntest fragen, ob die Zukunft wirklich so zufällig und unvorhersehbar ist, wie dir der Schatten erzählte, und ob das bedeutet, daß sie nichts für uns bereithält *außer* dem Versprechen des Hitzetodes. Die Zeit könnte als ein Spieler ins Universum zurückgekehrt sein, nachdem sie durch das deterministische Bild vollständig verbannt zu sein schien. Aber hat sie wirklich nichts weiter gebracht als fortschreitende Auflösung durch zunehmende Entropie, Verfall und äußerste Formlosigkeit?»

«Nun, hat sie noch etwas anderes gebracht? Sagt es mir, wenn Ihr noch die Kraft dazu habt», antwortete Scrooge.

«Das endgültige Gleichgewicht des Hitzetodes *kann* das Ende aller Hoffnungen sein», stammelte die dünne Stimme, «aber so weit sind wir noch lange nicht, und auf dem Weg dahin kann es viele Überraschungen geben. Wir *können* nur sagen, daß die Straße *alles andere* ist als ein gleichmäßiger Abstieg von allem Aufregenden und Interessanten zu etwas unendlich Grauem und Langweiligem.»

Während er sprach, gewann die Stimme des Geistes wieder an Kraft und er stand wieder aufrecht, während sich seine runzelige Haut glättete und zunehmend lebendiger aussah. Er war immer noch alt, zweifellos, aber er war wieder voller Vitalität und Aktivität.

«Ja, es trifft zu, die Entropie in der Welt wächst. Die Wärme fließt immer vom wärmeren zum kälteren Körper, und dabei nimmt die Entropie, die Unordnung, jedesmal zu. Aber es gibt noch eine andere Stufe auf der Straße zum endgültigen Gleichgewicht des Hitzetodes. Das Reservoir von verfügbarer Energie im Universum verliert etwas von seinen Vorräten, und der endgültige Sumpf von überflüssiger Hitze nimmt etwas mehr von dieser Energie auf, das ist richtig. Aber damit betrachtet man nur die beiden Extreme der Situation. Was ist mit dem Menschen in der Mitte, mit den Systemen, die auf dem Weg von der Hitzequelle zum Hitzegully liegen? Das ist der Bereich, in dem du existierst. In diesem Mittelstück ist der Weg, der letztlich zum tristen Gleichgewicht führt, alles andere als eintönig, und auf diesem Weg liegt die SCHÖPFUNG!»

Der Geist strotzte jetzt vor Kraft. Wie ein Hüne überragte er Scrooge, und mit seinen leuchtenden Augen und wallenden Locken wirkte er wie das Bildnis eines Propheten aus dem Alten Testament, der eine flammende Predigt hält.

«Das ist dein Ort, er liegt *in der Mitte*! Die Energie, die deine Welt am Leben erhält, kommt von der Sonne. Die Sonne brennt langsam, aber stetig aus und verliert ihren Vorrat an verfügbarer Energie, aber vor ihr liegt noch ein langer Weg. Die Zeit bis zum Ende dieses Weges wird dein ganzes Leben und das all deiner Nachkommen dauern, bis zum letzten Buchstaben der Geschichte. Ein Teil dieser Energie strömt durch die Erde und wird als wertlose Niedrigtemperaturwärme in die Tiefen des Weltraums abgestrahlt. Normalerweise wird dich keines der beiden Energieextreme ernsthaft betreffen. Der Teil, der dich angeht, liegt in der Mitte, wo die Sonnenenergie die irdische Wettermaschine und die Bedürfnisse deiner Zivilisation antreibt. Sie liefert die Energie für alles tierische und pflanzliche Leben.

Dein Leben ist weit von vom Gleichgewicht des Hitzetodes entfernt. Damit soll der *Zweite Hauptsatz der Thermodynamik* nicht verspottet werden. Die Entropie in deiner Umgebung nimmt in der Tat dauernd zu. Aber während du und alle anderen Menschen euch von der Zeugung an entwickelt und heranwachst, werdet ihr zu immer komplexeren und geordneteren Strukturen. Es sieht nicht so aus, als ob deine Entropie dabei zunimmt, und sie tut es auch nicht. Du wirst nicht zu einem weniger geordneten Organismus, während du dich entwikkelst, aber der *Zweite Hauptsatz* nennt Gründe, weshalb das dennoch der Fall sein sollte. Nun, die allgemeine Regel ist, daß die gesamte Entropie *isolierter Systeme* stets zunimmt.

Das Universum ist vermutlich ein isoliertes System, und seine Entropie nimmt durch die menschliche Lebensweise zu. Der allgemeine Entropiezuwachs durch Wärme, die die Menschheit in die Welt entläßt, überwiegt bei weitem die punktuelle Zunahme von Struktur und Ordnung, die durch menschliches Leben und Wachstum erzeugt wird.

Du selbst bist kein isoliertes System, und, wie ich schon sagte, vom thermodynamischen Gleichgewicht bist du weit entfernt. Die ganze Zeit fließt Energie durch dich hindurch, Nahrung, Sonnenlicht, Atem. Das alles brauchst du, um dein Leben zu erhalten, das ist deine punktuelle Rebellion gegen den ständigen Zerfall, der zum endgültigen Gleichgewicht führt. Wenn ein Tier isoliert wird und deshalb von diesem Energiefluß ausgeschlossen ist, nimmt seine innere Entropie zu, ganz wie es dem *Zweiten Hauptsatz* entspricht. Ohne Zufuhr nutzbarer Energie in Form von Nahrung und Atemluft steigt die Entropie, und alles, was Ordnung und Struktur ist, löst sich auf. Die technische Bezeichnung für diesen Zustand ist *Tod*.»

«Ihr wollt mir also zu verstehen geben, daß dieses Gleichgewicht nicht so schnell eintritt. Aber ist damit mehr erreicht als ein zeitlicher Aufschub des Unvermeidlichen?»

«Aber gewiß ist damit 'etwas erreicht'. Damit ist *alles* erreicht. Wenn Systeme so weit vom Gleichgewicht entfernt sind und sie von einer so großzügigen Menge von Energie genährt werden, können interessante Prozesse entstehen. Eine Schöpfung ist möglich. Was genau geschieht, hängt davon ab, wie sich die verschiedenen Komponenten der Welt gegenseitig beeinflussen. Wenn es nichts weiter gibt als isolierte Atome und Moleküle, von denen jedes nur für sich ist und sich nicht um seine Kameraden kümmert, sind alle Zustände und Bedingungen gleich wahrscheinlich und wertvoll. Das war die Annahme, von der dein voriger Führer, der Schatten, ausging. In diesem Fall entwickelt sich nichts, es gibt nur zufällige Fluktuationen. Die Straße zum Gleichgewichtspunkt ist damit klar vorgezeichnet.

Aber so sind die Dinge in Wirklichkeit nicht. In der Praxis haben wir es mit langreichweitigen Wechselwirkungen und Feedbacks zu tun. Sie können so zusammenwirken, daß Ordnung entsteht und etwas Neues geschaffen wird, das es vorher nicht gab.»

«Was meint Ihr genau mit Wechselwirkungen, und was ist übrigens Feedback?» fragte Scrooge schnell.

Die allgemeine Schwerkraft

Das erste Beispiel für eine über große Entfernungen wirkende Kraft findet sich in Newtons Theorie der universellen Schwerkraft. Er nahm an, daß sich alle Körper im Weltraum gegenseitig anziehen, wie weit sie auch entfernt sein mögen, und zwar mit einer Kraft, die von ihrer Masse abhängt und sich umgekehrt proportional dem Quadrat ihrer Entfernung im Raum ändert.

Zwei Objekte mit den Massen m_1 und m_2, die in einem Abstand r voneinander entfernt sind, ziehen einander an mit einer Kraft

$$F = G\,\frac{m_1 m_2}{r^2}\,.$$

Dabei ist G die Gravitationskonstante.

Newton konnte zeigen, daß sich allein mit diesem Gesetz die beobachteten Bewegungen aller Planeten erklären ließen, und zwar mit der Genauigkeit, mit der sie damals bekannt waren. Spätere Korrekturen durch Einsteins Relativitätstheorie wurden durch Beobachtungen an der Umlaufbahn des Planeten Merkur bestätigt.

«Langreichweitige Wechselwirkungen? Das sind einfach Kräfte wie die Gravitation und die elektrischen Wechselwirkungen, also nichts schrecklich Neues und Aufregendes. Die Existenz solcher langreichweitigen Wechselwirkungen bedeutet, daß Teilchen andauernd aufeinander einwirken, und nicht erst, wenn sie zufällig zusammenstoßen, wie die einfache kinetische Theorie von Gasen und anderen Stoffen annimmt. Jedes Teilchen kann von anderen, die weit entfernt sind, beeinflußt werden, und das nimmt ihnen viel von ihrer eigensüchtigen Unabhängigkeit. Das Verhalten eines Teilchens wirkt sich auf andere aus, und das begünstigt zusammenhängendes Verhalten. Es ist also nicht so, daß jedes Teilchen für sich existiert und sich nur um sich selbst kümmert, sondern sie wirken alle zusammen. Was sich daraus entwickeln kann, zeigt die Entstehung von Sternen wie der Sonne, die die Energiequelle für alles Leben auf der Erde ist.»

Scrooge hatte plötzlich das Gefühl, ganz ohne Vorwarnung, daß er wieder im Raum schwebte, wie schon einmal. Aber diesmal sah er weder eine Sonne noch einen Planeten, und er begriff, daß noch kein Stern in seiner Nähe entstanden war. Er war sich bewußt, auch wenn er sich nicht sicher war wie, daß vor ihm und um ihn herum eine große Gaswolke trieb, überwiegend Wasserstoff, und daß aus diesem Material zu gegebener Zeit ein Stern entstehen würde.

Die Dichte des Gases innerhalb der Wolke schwankte, da die Moleküle darin ganz beliebig herumflitzten. In einem Augenblick war die Gasdichte an einer Stelle etwas größer als an einer anderen, aber als die Moleküle sich bewegten, glichen sich diese Unterschiede wieder aus, und die Bereiche größerer oder geringerer Dichte veränderten sich. Scrooge bemerkte, daß die Gasdichte an einem bestimmten Punkt, aus was für Gründen auch immer, bedeutend höher war als der Durchschnitt. Hätte es keine Wechselwirkung zwischen den Molekülen gegeben, dann hätte die Wärmebewegung diese lokale Konzentration bald verwischt, wie es schon bei geringeren Konzentrationen der Fall gewesen war, aber es *gab* Wechselwirkung. Jedes Molekül zerrte an jedem anderen mit dem schwachen Ziehen der Gravitation. Die Moleküle in dem umgebenden Gas wurden etwas stärker von dem Bereich angezogen, wo sich bereits überdurchschnittlich viele Moleküle gesammelt hatten, die eine Anziehungskraft ausübten, und dadurch wurden im Durchschnitt mehr angezogen als in anderen Bereichen. Insgesamt wurden an dieser Stelle mehr Moleküle angezogen, als in Bereiche geringerer Dichte abwanderten, daher nahm die Konzentration in der Gaswolke zu. Als die Konzentration noch weiter zunahm, wuchs auch die Anziehungskraft auf andere Gasmoleküle im umliegenden Bereich.

Der ursprüngliche Kern höherer Dichte wurde nun größer. Zuerst wuchs er nur zögernd, und jeden Moment konnten zufällige Bewegungen von Molekülen den ganzen Gewinn aus den ersten schwachen Gravitationswirkungen zunichte machen. Als die Konzentration im Kernbereich weiter zunahm, wurde das Ungleichgewicht der Kräfte, das auf die benachbarten Moleküle wirkte, immer größer, und deshalb wurden sie immer stärker aus den Bereichen geringer Dichte in das wachsende Herz des zukünftigen Sterns gezerrt. Die umliegenden Regionen wurden durch diesen stetigen Verlust von Gas immer leerer, und allmählich war die Gravitationskraft, die sie mit ihrer geringeren Dichte ausübten, immer weniger in der Lage, diesen beschleunigenden Abfluß von Materie aufzuhalten. Die Region, die schon hatte, bekam immer mehr. Die Regionen, die nichts hatten, verloren auch noch das wenige, das sie besaßen. In weitem Umkreis wurden alle Atome und Moleküle des Gases von dem wachsenden Stern angezogen.

Je mehr Materie in das Zentrum des neuen Sterns stürzte, desto mehr nahm seine Masse zu. Infolgedessen nahm auch die potentielle Energie zu, die durch die in den Sog seiner Gravitation stürzende Materie freigesetzt wurde. Diese Energie trat als Hitze in Erscheinung, und der Stern wurde immer heißer, während er sich zusammenzog und sich noch mehr Gas aus der Umgebung einverleibte. Die Temperatur im Herzen des Sterns war schließlich so hoch, und die Energie, mit der die Moleküle zusammenstießen, wuchs dermaßen an, daß sie nukleare Reaktionen in Gang setzten, genauso wie es die Teilchen in einem Teilchenbeschleuniger auf der Erde tun. Das Zentrum des Sterns wurde zu einem Kernreaktor, der noch mehr Energie in Form von Licht und Wärme freisetzte. Die nach außen gerichtete Kraft des Lichts und anderer Strahlung drängte die hereinstürzende Materie zurück, und dieser *Strahlungsdruck* verhinderte, daß der Stern weiter kollabierte.

In einer für Scrooge unangenehm geringen Entfernung brannte jetzt ein Stern, ein enger Zwilling der Sonne, die Scrooge so vertraut war. Der Stern hatte einen Zustand vorübergehender Stabilität erreicht. Er schrumpfte nicht weiter zusammen und zog auch keine weitere Materie an, denn der nach außen gerichtete Strahlungsdruck des atomaren Feuers hielt diese Prozesse in Schach. Solange die nuklearen Reaktionen anhielten, blieb er praktisch unverändert, seine Größe war konstant, und er sandte Ströme von Wärme und Licht aus. Das alles kam von der nuklearen Energie, die zuvor in der Materie enthalten war, aus der sich der Stern gebildet hatte.

Aber der Zusammenbruch des Sterns war nur aufgeschoben. Die Gravitation wartete nur ihre Zeit ab, um schließlich ihren Sieg zu feiern. Früher oder später würde der Stern seine Vorräte an Kernbrennstoffen verbraucht haben, die nuklearen Feuer würden erlöschen, und damit würde auch der Strahlungsdruck nachlassen, der seinen Zusammenbruch verhindert hatte. Von diesem Augenblick an würde der unerbittliche Prozeß des Schrumpfens von neuem einsetzen. Dieser zeitweilige Aufschub konnte allerdings ziemlich lange andauern. Die Sonne in Scrooges eigenem Sonnensystem hatte erst ein kleines Stück dieser Unterbrechung ihres Zusammenbruchs hinter sich.

«Das war eines der auffälligeren Beispiele von langreichweitigen Kräften.» Die Stimme des Phantoms riß Scrooge aus seiner Vision des feurigen Sterns, der daraufhin vor seinen Augen verblaßte. «Die Gravitation hat in großem Maßstab Struktur hervorgebracht. Aber was noch wichtiger ist, sie hat eine an einem Ort konzentrierte Energiequelle erzeugt, nämlich einen Stern wie die Sonne, die ja der Ursprung von Leben und Licht auf deiner Erde ist. Diese Struktur war grob und unfertig. Da waren noch keine Anzeichen für die Kompliziertheit und das fein gewirkte Flechtwerk, die Kennzeichen des Lebens sind. Aus diesem Grund schauen wir uns jetzt die Auswirkung des Feedbacks an, die Nicht-Linearität.»

«Und was ist Nicht-Linearität, bitte schön?» fragte Scrooge. «Oder besser, was ist *Linearität?*»

«Linearität bei physikalischen Wechselwirkungen ist der erste zögernde Schritt der Theorie über die unhaltbare Annahme hinaus, daß Teilchen *überhaupt* nicht miteinander wechselwirken. Danach kommen Wechselwirkungen immer zwischen je zwei, und zwar nur zwei, einander zugeordneten Teilchen vor, ganz unabhängig von allen anderen Teilchen. Sind viele Teilchen vorhanden, so wirkt jedes Teilchen auf jedes andere ein, aber die Art seiner Einwirkung ist in keiner Weise von der Anwesenheit der anderen Teilchen beeinflußt. Es existiert nun zwar nicht mehr jedes Teilchen nur für sich allein, wohl aber immer noch jedes Teilchen*paar*. Das Potential, das die Anwesenheit vieler Teilchen darstellt, wird nur als die Summe der Potentiale angesehen, die jedes für sich allein darstellt. Man geht nicht von kollektiven Wirkungen aus, bei denen die Anwesenheit vieler Teilchen die Wirkung jedes einzelnen vergrößern kann. Vor allem aber gibt es kein Feedback.»

«Darf ich fragen, was Ihr unter Feedback versteht?» meldete sich Scrooge. «Ist es ein Beispiel für Feedback, wenn ich auf Eure Bemerkungen antworte, indem ich Fragen stelle?»

«Ja, man könnte durchaus sagen, daß deine Fragen eine Art Feedback zu meinen Erklärungen sind, aber dabei fehlt ein wesentlicher Aspekt, der für das Feedback in physikalischen Systemen typisch ist. Ein Feedback findet statt, wenn das Ergebnis eines Prozesses durch seine *Ursachen* vorgegeben ist. Die Kette von Ursache und Wirkung wird verschlungen und dreht sich im Kreis, und das kann erhebliche Folgen haben, wie du dir denken kannst.

Da das Feedback auf Kausalität beruht, auf den Zusammenhang von Ursache und Wirkung, kannst du seine Folgen bei logischen Schlußfolgerungen ebenso wie in physikalischen Systemen beobachten. Schau dir diese beiden Schilder an.»

Vor ihnen tauchten zwei Hinweistafeln auf, beide fest verankert, aber worin, war nicht zu sehen. Auf der einen Tafel stand:

Viele Hände machen rasch ein Ende.

Auf der anderen hieß es:

Beachte das erste Schild nicht,
es ist unwahr.

«Aus diesen beiden Aussagen ergibt sich kein logisches Problem, wenn sie als Paar gelesen werden. Man könnte sich darüber streiten, ob die erste zutrifft, aber das Vorhandensein von beiden Aussagen stellt inhaltlich kein Problem dar. Vielleicht stimmt die eine, und die andere ist falsch. Welche von beiden falsch ist, hängt von äußeren Faktoren ab. Aber das ändert sich, wenn wir das erste Hinweisschild austauschen.»

Das zweite Schild blieb, aber das erste änderte seinen Inhalt:

> **Die zweite Aussage ist falsch.**

«Jetzt hast du es mit einem Feedback zu tun. Das Ergebnis, die Interpretation jeder Aussage, beeinflußt den Inhalt der anderen. Liest man sie zusammen, bildet ihre Interpretation eine geschlossene Schleife. Aus den Hinweisschildern ergibt sich immer noch kein besonderes Problem. Ist das erste richtig, stimmt das zweite nicht, was wiederum die Wahrheit des ersten bestätigt. Diese Interpretation ist stabil. Das gilt jedoch auch für die Interpretation, wonach das erste Hinweisschild falsch und das zweite richtig ist. Auch das ist in sich stimmig. Das Besondere daran ist, daß man zwei Interpretationen hat, die beide gleiche Gültigkeit besitzen, sich aber gegenseitig ausschließen. Interessant ist auch, daß man jede dieser Interpretationen wählen kann, *ohne daß sich die äußeren Umstände geändert haben.* Damit haben wir eine zweiwertige Instabilität. Die Situation spitzt sich noch zu, wenn wir eine Aussage nehmen, die ihren *eigenen* Inhalt bewertet.»

Die beiden Tafeln verblaßten und wurden durch eine andere ersetzt, auf der lediglich stand:

> **Dieses Hinweisschild stimmt nicht!**

«In diesem Fall ist keine sinnvolle Interpretation möglich. Die Aussage erscheint wahr, kaum verschieden von den vorigen, aber ihre Bedeutung ist instabil. Stimmt sie? Wenn ja, ist sie falsch. Stimmt sie nicht, ist sie richtig. In den vorigen Beispielen konnte jede Aussage entweder falsch oder richtig sein, aber in diesem Fall ist weder das eine noch das andere möglich. Diese seltsame und beunruhigende Situation entsteht dadurch, daß diese Aussagen sich auf sich selbst beziehen, das heißt selbstreferentiell sind. Wir haben es mit Feedback zu tun. Feedback kann auch in physikalischen Systemen zu merkwürdigen Ergebnissen führen. Das ist gewöhnlich der Fall, wenn der Zustand eines Systems schon festlegt, wie er sich im nächsten Schritt verändert. Feedback kann dazu dienen, eine Situation zu beruhigen und zu stabilisieren, wie im Fall des Thermostaten, den du benutzt, um die Heizung in deiner Wohnung zu regulieren. Ein Thermostat liefert uns ein negatives Feedback. Wenn dein Zimmer zu warm ist, stellt das Feedback die Heizung niedriger, ist es zu kalt, stellt es sie wieder hoch. Im Endergebnis wird die Temperatur ungefähr auf gleichem Niveau gehalten. Positives Feedback verhält sich genau umgekehrt und ruft, wie es scheint aus dem Nichts, dramatische Wirkungen hervor. Das kannst du sehen, oder besser hören, wenn du ein Mikrofon zu nahe an einen Lautsprecher bringst.»

Der Geist umklammerte mit seiner knochigen Hand ein Mikrofon. Hinter ihm türmten sich die Lautsprecher einer starken Musikanlage. Dabei konnte man sich niemanden vorstellen, der weiter von einem Popstar entfernt war als diese greise Figur des Urvaters der Zeit. Er ging zielstrebig auf den nächsten Lautsprecher zu und hielt das Mikrofon so vorsichtig davor, als fürchte er, daß es explodiert. Und das tat es in gewisser Weise auch. Ein schauerlicher, ohrenbetäubender Mißton erklang, der an nichts erinnerte, was Scrooge je zuvor gehört hatte, und er hielt sich seine malträtierten Ohren zu. Das schrille Quietschen wurde so intensiv, daß es ihn bis ins Mark traf, aber auf einmal hörte er es nicht mehr. Er nahm die Hände von den Ohren und bemerkte, daß das Lautsprechergebirge verschwunden war. Der Geist war schon wieder mitten im Satz.

«... hast du gesehen, daß sich ein lineares dynamisches System ohne Energieverlust, wie ein reibungsfreies Pendel, in alle Ewigkeit in vorhersehbarer Weise bewegt. Ein solches Verhalten ist monoton, und es ist auch ziemlich wirklichkeitsfremd. Nach unserer gewöhnlichen Erfahrung gibt es nichts, das nicht in irgendeiner Weise Energie abgibt. Selbst die Planeten auf ihren Umlaufbahnen durch die Sphären verlieren etwas von ihrer Energie durch die Gezeitenwirkungen und durch den ständigen Aufprall geringer Mengen von Materie. Wenn Energie durch Dissipation verlorengeht und nicht erneuert wird, kommt die Bewegung schließlich zum Stillstand. Wie groß der Ausschlag dieser Bewegung auch sein mag, er nimmt ständig ab, wenn auch allmählich, bis zum endgültigen Grenzpunkt: dem Attraktor. Bei einem Pendel ist der Attraktor einfach der Zustand, in dem jede Bewegung zum Stillstand gekommen ist und das Pendelgewicht gerade nach unten hängt. Aber andere Beispiele zeigen ein komplexeres Verhalten. Das ist insbesondere der Fall, wenn dem System gleichzeitig Energie zugeführt wird und gleichzeitig Energie durch Dissipation verlorengeht.

Diesen Fall wollen wir untersuchen, denn er führt zu den Prozessen, die auf der Erde stattfinden und die weit vom thermodynamischen Gleichgewicht entfernt sind.

Dem System Erde wird Energie zugeführt. Sie kommt letzten Endes von der Sonne, von der sie durch eine Vielzahl von Prozessen kaskadenartig herabströmt.

Und das System Erde verliert Energie. Dissipative Effekte der einen oder anderen Art absorbieren Energie und geben sie schließlich an den Sumpf nutzloser Niedrigtemperaturwärme ab.

Wird ständig Energie zugeführt, kann das System endlos funktionieren, ohne sich zu *erschöpfen*. Die Energie wird laufend übertragen, von ihrer Quelle bis zu ihrem endgültigen Verschwinden, und während dieses Prozesses nimmt die Entropie zu. Die mittlere Phase, also der Teil des Prozesses, der für dich am interessantesten ist, muß nicht an dieser Zunahme der Entropie teilhaben. Ist das System linear und ohne Feedback, verhält sich der Attraktor ruhig und regelmäßig: Er ist ein Grenzzyklus. Die Bewegung würde sich ruhig und regelmäßig weiter fortsetzen. Sie würde sich nicht ändern, und es gäbe auch keine Veränderung ihrer Entropie, sie würde weder zu- noch abnehmen.

Findet jedoch Feedback statt, können die Dinge kompliziert werden. Feedback und Selbstregulierung sind entscheidende Merkmale lebender Organismen, das gilt genauso für Individuen wie für ganze Spezies. Ein einfaches Beispiel für Feedback zeigt, wie sich eine bestimmte Population von Jahr zu Jahr verändert.»

Der neutrale Hintergrund, vor dem Scrooge und der Geist sich bewegt hatten, gewann an Kontur wie das unscharfe Bild einer Filmprojektion, das plötzlich fokussiert wird. Und so sahen sie sich plötzlich in einem großen, regelmäßig angelegten Garten mit einem kleinen Platz, der von Sträuchern und Büschen eingefaßt war. Am einen Ende dieses Platzes stand eine Figur, ein Pan, der am Rand eines großen

Fischteichs auf seiner Flöte spielte. Scrooge sah die dunklen und geheimnisvollen Schatten vieler Fische im Wasser.

«In diesem Teich lebt eine Population von Fischen. Jedes Jahr laichen sie, und im darauffolgenden Jahr gibt es eine neue Population. Gäbe es kein Feedback und würde jeder Fisch ganz unabhängig von seinen Artgenossen leben und jeder eine gewisse Nachkommenschaft erzeugen, würde ihre Zahl stetig und exponentiell zunehmen. Fische leben natürlich nicht ewig, und jedes Jahr sterben einige – aber angenommen, die Geburtenrate wäre größer als die Sterberate, dann würde die Population immer noch zunehmen. Aber die Fische leben nicht unabhängig von ihren Artgenossen, sie leben alle im gleichen Teich.

Die Nahrung in dem Teich ist begrenzt, und das setzt der Populationsgröße Grenzen. Gibt es wenig Fische, kann die Population wachsen, denn für alle ist genug Futter da. Gibt es zu viele Fische, fressen sie die Futtervorräte auf und sterben. Damit sinkt die Populationsgröße dramatisch. Man kann annehmen, daß sich die Population bei einem bestimmten, gleichbleibenden Grenzwert stabilisiert, damit jedes Jahr genügend Fische geboren werden können, um die Zahl der gestorbenen Fische auszugleichen. Danach kann die Populationsgröße Jahr für Jahr konstant bleiben, solange die Nahrungszufuhr unverändert anhält. Wie groß die Population zu Beginn auch ist, man kann annehmen, daß sie ihre optimale Zahl erreicht, daß sie anfangs möglicherweise ein wenig schwankt, sich aber schließlich bei einem gleichbleibenden Wert stabilisiert.

Dieses Beispiel zeigt viele der Eigenschaften von Systemen, die sich nicht im Gleichgewicht befinden. Es gibt eine jährliche Laichzeit und einen Zuwachs von jungen Fischen, der mit dem Nachschub an Energie vergleichbar ist, den die Sonne der Erde liefert. Es gibt einen Verlust von Fischen, durch Alter oder Hunger, und es gibt Feedback, denn die Sterberate der Fische hängt von der Zahl der Fische ab, die sich eine bestimmte Menge Nahrung teilen müssen. Erzeugen die Fische nur wenig Nachkommen und bleibt der *Wachstumsparameter*, die jährliche Zunahme von Fischen, klein, dann nimmt die Population zu und kann sich bei einem optimalen Wert stabilisieren.»

Das Phantom streckte seine Hand aus, und siehe da, auf der Oberfläche des Teiches erschien eine Linie wie auf einer Wandtafel. Sie war anfangs gekrümmt, doch dann verlief sie flach zur Mitte des Teiches hin und zeigte die gleichbleibende Population Jahr für Jahr an.

«Wenn die Geburtenrate ansteigt und die Population schneller zunimmt, ändert sich das Verhalten. Erreicht die Wachstumsrate der Population einen kritischen Wert, fängt die Populationsgröße in den darauffolgenden Jahren plötzlich zu schwanken an. Im einen Jahr gibt es verhältnismäßig viele Fische, und sie müssen verhungern, im nächsten Jahr ist die Zahl viel kleiner, und das Wachstum kann wieder zunehmen, so daß die Populationsgröße im nächsten Jahr wieder den höheren Wert erreicht. Die Populationsgröße schwankt Jahr für Jahr zwischen diesen beiden Werten, ohne daß sie sich bei einem einpendeln würde.»

Der Geist spreizte die Finger seiner Hand, und plötzlich teilte sich die Linie auf dem Wasser. Der eine Teil stellte die größere Population dar, der andere die kleinere, und der Wert für die folgenden Jahre pendelte von der einen zur anderen Linie.

«Wenn die Wachstumsrate der Population weiter zunimmt, verdoppeln sich die Möglichkeiten plötzlich noch einmal. Jetzt durchlaufen die Populationen einen Vierjahres-Zyklus, und jedes dazwischenliegende Jahr weist andere Werte auf. Eine weitere Steigerung der Zuwachsrate führt wieder zu einer Verdoppelung des Populationszyklus, er wiederholt sich nun alle acht Jahre. Schließlich erreicht der Wachstumsparameter einen kritischen Wert, über dem keine erkennbare Periode existiert, also auch keine Wiederholung der Populationszyklen. Die jährliche Schwankung der Zahlen scheint nun zufällig, die Größe der Fischpopulation ist chaotisch geworden.»

Die Kurve des Diagramms auf der Oberfläche des Teiches teilte sich in einem fort. Je mehr die Wachstumsrate anstieg, desto kürzer wurden die Abstände, in denen sich die Linien gabelten, bis ein nicht mehr zu unterscheidendes Gewirr von Linien ohne erkennbares Muster entstand.

«In einem wirklichen Teich voll lebender Fische liegen die Dinge natürlich komplizierter. Die Fische können krank sein. Ein Insektenschwarm kann sich auf dem Teich niederlassen und den Fischen zusätzliche Nahrung liefern. Alle möglichen Dinge könnten zu einer Änderung der Population führen und die Situation komplizieren, aber dieses eben beschriebene unvorhersehbare Verhalten hängt nicht von solchen Komplikationen ab. Das Wachstum der Population in einem idealen Teich läßt sich durch ein sehr einfaches mathematisches Modell darstellen. Dieses Modell geht davon aus, daß die Zahl der Fische jedes Jahr um einen konstanten Faktor zunimmt, sich aber auch in einem Maße verringert, das von der Größe der Population im vorangegangenen Jahr abhängt. Selbst ein so einfaches Modell zeigt alle möglichen Schwankungen und zum Schluß eben dieses chaotische Verhalten, das ich beschrieben habe. Aus einfachen Prozessen kann ein sehr kompliziertes Verhalten entstehen. Das ist die Botschaft des Chaos.

Chaos ist nicht dasselbe wie Zufälligkeit. Zufälliges Verhalten ist ganz unvorhersehbar, und es zeigt kein Zeichen von Ordnung oder Regelmäßigkeit. Auch das Chaos ist unvorhersehbar, aber es erzeugt Muster, und diese Muster sind manchmal sehr detailliert und kompliziert.

Stell dir noch einmal ein Pendel vor, ein Pendel ist eine so einfache Vorrichtung. Diesmal führen wir unserem Pendel bei jedem Zyklus Energie zu und lassen zu, daß sie durch Dissipation verlorengeht.»

Zwischen dem Teich und der Panfigur erschien ein Pfosten. Von einem vorspringenden Arm hing ein Pendel herab, dessen Gewicht im Kreis herum schwang. Ein Mechanismus an der Aufhängung versetzte dem Pendelgewicht jedesmal einen kleinen Stoß, wenn es vorüberkam, und die dadurch gewonnene Energie ging durch Reibung und Luftwiderstand auf dem Rest der Kreisbahn verloren. Dadurch bewegte sich das Pendelgewicht andauernd im Kreis herum und wiederholte immer wieder dieselbe Bewegung. War es auch dieselbe Bewegung? Es sah jedenfalls sehr danach aus.

«In diesem einfachen System bewegt sich ein Pendel ständig im Kreis herum. Die Bewegung kommt nicht zum Stillstand, weil dem Pendel genau die Energiemenge zugeführt wird, die durch Reibungsverluste verlorengeht, so wie die Erde Energie von der Sonne bekommt. Die Bewegung wiederholt sich, aber sie wiederholt sich nicht genau. Wie du gleich sehen wirst, machen sich da Anzeichen von Chaos bemerkbar.»

Wo das Pendelgewicht die Luft durchschnitt, hinterließ es jetzt eine dünne Farbspur, die an den farbigen Schweif von Düsenmaschinen bei gewissen Kunstflugdarbietungen erinnerte. Diese farbige Linie folgte den Umdrehungen des Pendelgewichts und beschrieb ununterbrochen einen Kreis nach dem anderen. Als er genau hinsah, bemerkte Scrooge, daß sich die Kreisbahnen nicht genau wiederholten. Jede glich der vorigen, aber sie waren nicht identisch. Die Spuren, die das Pendelgewicht hinterließ, waren nicht immer *ganz* dieselben. Je mehr von diesen dünnen Linien durch die Umlaufbahnen entstanden, desto mehr ähnelte das Ganze einem wirren Knäuel, dessen Fäden sich ohne erkennbare Ordnung in Schleifen über- und umeinander schlangen. Die Bewegungen waren sichtlich chaotisch und wirkten auf Scrooge völlig willkürlich. Diesen Eindruck teilte er der geisterhaften Verkörperung der Zeit mit.

«Die markierten Bahnen sehen jetzt für dich zufällig und formlos aus, aber das sind sie nicht. Ihnen liegt eine Struktur zugrunde, auch wenn du sie nicht erkennen kannst.»

Der Geist langte in seinen Beutel und holte etwas hervor, das wie eine lange Stange aussah. Er drückte auf einen verborgenen Schnappmechanismus, und eine lange, unheilvolle Klinge sprang im rechten Winkel aus dem Griff: eine *Schnapp-Sense*, erkannte Scrooge. Der Geist machte mit diesem gefährlich aussehenden Werkzeug zwei schnelle Bewegungen, und zwar so schnell, daß Scrooge kaum folgen konnte. Und schon hatte er aus der Mitte der Schleife eine Scheibe herausgeschnitten.

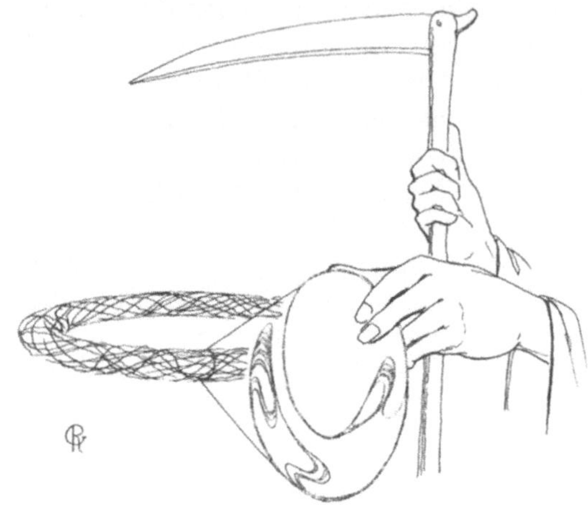

Er hielt sie Scrooge mit seiner dünnen, aber kräftigen Hand hin, damit er sie untersuchen konnte. Scrooge entdeckte auf der Fläche des Querschnitts kleine Punkte, das waren die Schnittpunkte der Umlaufbahnen, wie er bald begriff. Er staunte, daß immer mehr Punkte auftauchten, während er die Scheibe betrachtete, und stellte fest, daß sie immer noch die Umlaufbahnen des Pendels registrierte, obwohl sie ausgeschnitten war. Scheinbar gab es kein Muster für die zeitliche Abfolge dieser Schnittpunkte. Erschien an einer Stelle ein Punkt, so tauchte der nächste woanders, ziemlich weit entfernt davon auf. Die *Sequenz* der Schnittpunkte zeigte kein klares Muster, wohl aber ihre *Orte*. Über die Scheibe, die der Geist in der Hand hielt, breitete sich eine Vielzahl dünner, verschlungener Linien aus. Sie kräuselten, drehten und teilten sich und bildeten ein höchst kompliziertes Geflecht. Die Linien wurden durch die Reihe von Punkten sichtbar, die auf ihnen lagen. Zuerst gab es viele Zwischenräume, da die Zahl der Pendelumdrehungen und damit die Zahl der Schnittpunkte begrenzt war. Je mehr Zeit verging und je mehr Punkte erschienen, desto klarer und deutlicher wurde das Muster, da jeder Punkt auf die schon vorhandenen Linien fiel, und je mehr Punkte auftauchten, desto deutlicher traten die Linien hervor.

«Nun kannst du eine Struktur erkennen, sie weist feine Verästelungen auf, die aus dem Chaos entstanden sind! Das Pendel ist ein einfaches System, wenn auch nicht ganz linear, aber sobald die Reibungsverluste durch eine Energiequelle ausgeglichen werden, die dafür sorgt, daß die Bewegung nicht zum Stillstand kommt, entsteht Chaos, und innerhalb des Chaos entsteht Ordnung.

Chaos

In chaotischen Systemen führen geringfügige Veränderungen der Anfangsbedingungen zu gänzlich anderen Abläufen. Dabei spielen zumeist nicht-lineare Effekte eine Rolle. Chaotisches Verhalten kann in Prozessen auftreten, die durch sehr einfache Gleichungen beschrieben werden, und läßt sich leicht durch Computerprogramme erzeugen. Der größte Teil der Chaos-Forschung wurde mit Hilfe von Computern durchgeführt, um herauszufinden, wodurch chaotisches Verhalten ausgelöst wird.

Ein Beispiel für chaotisches Verhalten ist der Rauch einer Zigarette, der zuerst ruhig emporsteigt und plötzlich unregelmäßige Strudel und Wirbel bildet.

Ein Merkmal chaotischer Systeme ist, daß sie häufig ein erstaunlich geordnetes und regelmäßiges Verhalten zeigen, obwohl ihre Prozesse vollkommen unvorhersehbar scheinen. Diese Regelmäßigkeiten sind offenbar nur in geringem Maße von den Anfangsbedingungen abhängig, und völlig unabhängig von den Anfangsbedingungen tritt derselbe Verhaltenszyklus, oder *Attraktor*, auf.

In vielen Systemen sind ganz einfache Regeln und Mechanismen mit einer Energiequelle und mit Verlustfaktoren kombiniert, durch die Energie nach dem Zufallsprinzip verlorengeht. Daraus kann Chaos entstehen, und aus Chaos kann sich Ordnung bilden. Gerade extrem komplizierte und differenzierte Strukturen zeigen in ihren Details häufig eine fast fraktale Komplexität. Das gilt zum Beispiel für rein chemische Prozesse, bei denen Feedback entsteht, wenn das Verhalten von den bereits vorhandenen chemischen Stoffen abhängt. Solche Reaktionen können zu regelmäßigen räumlichen Mustern und zeitlichen Rhythmen führen. Sie sind zwar nicht lebendig, aber ein solches Verhalten ist einfachen lebenden Organismen ähnlich.

Selbstorganisation ist ein Merkmal komplexer Systeme, komplex in dem Sinne, daß sie aus vielen Atomen bestehen. Solche Muster und Strukturen treten nur auf, wenn Dissipation von Energie und nicht-lineares Verhalten gegeben sind. Aber wenn diese beiden Voraussetzungen erfüllt sind, kannst du sehen, wie komplizierte Formen entstehen, die im einzelnen nicht viel mit den zugrundeliegenden Mechanismen auf der atomaren Ebene zu tun haben. Einfaches, zeitlich umkehrbares Verhalten auf der atomaren Ebene *kann* auf makroskopischer Ebene zu kompliziertem und kreativem Verhalten führen. Dabei entstehen neue Formen, die vorher in keiner Weise im Ausgangssystem angelegt waren.

Sie entstehen also nicht, weil sie vorher einprogrammiert waren, nein, die Sache ist viel ungewöhnlicher und kreativer. Die Formen sind wirklich neu. Das Verhalten dieser Systeme ist so entscheidend von den Anfangsbedingungen abhängig, daß es weitgehend unvorhersehbar ist, und wenn ein derartiges selbstorganisiertes System komplizierte Muster hervorbringt, dann entsteht damit etwas vollkommen Neues in der Welt.

Du kannst dieses Verhalten an einem Beispiel beobachten, das dir sehr vertraut ist.»

Bei den Worten des Geistes begannen weiße Flocken vom Himmel ins Gras zu fallen. Es schneite. Die Flocken wurden immer größer, wie es häufig vorkommt, wenn es schneit, aber diesmal wuchsen sie über jedes vernünftige Maß hinaus. Scrooge begriff, daß nicht der Schneefall zunahm, sondern daß die Schneeflocken so groß waren. Er sah ganz gewöhnliche Schneeflocken, aber ihre Vergrößerung nahm ständig zu, und schließlich konnte er sie als einzelne spitze Gebilde herunterfallen sehen. Jede Schneeflocke war ein sehr zerbrechlicher, sechseckiger Stern mit vielen wunderbaren Feinheiten. Aber abgesehen davon, daß jede ein sechseckiger Stern war, ähnelte keine Flocke der anderen. Scrooge war umgeben von einer schier unbegrenzten Vielfalt von Formen und Strukturen, die sich alle voneinander unterschieden. Die einzigen Gemeinsamkeiten bestanden in der symmetrischen, sechseckigen Form und der Tatsache, daß sie alle ziemlich kalt waren!

«Das ist ein Beispiel für eine differenzierte Struktur, die durch Gefrieren von Wasser in einer kalten Wolke entstanden ist. Abgesehen von der Tendenz zu der sechsfachen Symmetrie, war kein Merkmal der Flocken in ihren Anfangsbedingungen angelegt. Das Wachstum der Flocken kommt zu einem gewissen Teil durch Feedback zustande, denn in jedem Bereich, in dem die Flocke zunimmt, hat sie anschließend eine größere Oberfläche, infolgedessen kann dort wieder mehr Eis anfrieren. So entsteht die ganze Vielfalt von Formen und Einzelheiten der Schneeflocken. Die beträchtlichen Unterschiede zwischen zwei benachbarten Schneeflocken haben ihre Ursache darin, daß keine *genau* denselben Weg durch die Wolken genommen hat wie die andere, und ihre Entwicklung hängt so hochgradig von diesen Anfangsbedingungen ab, daß die Flocken am Ende alle ganz unterschiedlich sind.»

«Die ganze bunte Vielfalt, die Ihr mir gezeigt habt, ist ohne Zweifel eindrucksvoll. Aber nach allem, was Ihr mir erzählt habt, ist sie doch letzten Endes dem Untergang geweiht. Auf kurze oder mittlere Sicht gibt es vielleicht Schöpfung, aber ist diese Schöpfung beim endgültigen Gleichgewicht des Hitzetods nicht zum Untergang verdammt?»

«Wenn der endgültige Gleichgewichtszustand das ganze Universum umfaßt, dann erleben wir in der Tat den Hitzetod. Aber das ist noch nicht der Fall, und es gibt auch keine Anzeichen dafür, daß er kurz bevorsteht. Das Universum ist lokal ganz inhomogen, und zwischen den Sternen und ihrem Umfeld gibt es gewaltige Temperaturschwankungen. Auch makroskopisch ist das Universum nicht statisch, denn es dehnt sich ständig aus. Die Sterne und fernen Galaxien streben immer weiter auseinander, die ferneren schneller als die näher gelegenen. Das ganze Universum dehnt sich aus, es versprüht sich wie eine Leuchtkugel bei einem gigantischen kosmischen Feuerwerk.

Das kann ewig andauern, es kann aber auch sein, daß die gegenseitigen Gravitationskräfte die Expansion verlangsamen und zum Stillstand bringen. Vielleicht löst die Gravitation nach einem solchen Stillstand eine entgegengesetzte Bewegung aus, und das Universum stürzt in sich selbst zusammen, indem es sich zusammenzieht und immer kleiner wird. Am Ende kann das Universum, das mit dem Big Bang (Urknall) entstand, vielleicht den Zyklus vollenden und in einem Big Crunch zusammenschrumpfen, was auch Endknall genannt wird.»

Scrooge bemerkte, daß er offenbar wieder in den Tiefen des Weltraums schwebte. Vor seinen Augen lag die ungeheure Pracht der Galaxien, die sich nach allen Seiten ausdehnte, und er konnte wahrnehmen, wie die Sternennebel immer weiter auseinandertrieben. Sein Zeitgefühl war wieder beschleunigt, und zwar um Größenordnungen, die noch jene vom letzten Mal übertrafen, als ihn der Schatten in die Zukunft gesandt hatte, um den Hitzetod des Universums zu erfahren. Alle kosmischen Komponenten bewegten sich voneinander fort, aber täuschte er sich, wenn er glaubte, daß sich die Trennung verlangsamte? Das konnte er nicht beurteilen, denn wie sollte er überprüfen, ob er seinem Zeitgefühl trauen konnte? Aber nach einer weiteren unbestimmten Zeitspanne fühlte er, daß die Ausdehnung aufgehört hatte und die weiter entfernten Sterne nicht weiter zurückwichen. Im Gegenteil, sie schienen näher zu kommen, wenn auch langsam.

Die Kontraktion setzte sich fort, bis alle Sterne ineinander stürzten und sich alles im ganzen Universum wieder auf einem einzigen kleinen Raum zusammendrängte. Die Materie des Universums brach unter der Macht der Gravitation zusammen und wurde immer dichter zusammengepreßt. Ihre Temperatur stieg, und sie wiederholte im großen Maßstab, was bei der Bildung von Sternen geschehen war. Scrooge geriet in den Strudel der übrigen Materie, aber er war gegen die extremen Bedingungen wundersam geschützt, während alles übrige in den Big Crunch hineinraste. Plötzlich kam das Ende der Kompression, Scrooge aber fühlte weniger ein Krachen als einen Plumps, als wäre er auf eine große Sprungfedermatratze gefallen. Er schaute sich um und stellte fest, daß genau das passiert war: Er lag in seinem Bett, in seinem Zimmer, und es war noch immer Nacht.

Der dritte Besuch

Darin bekommt Scrooge den letzten Besuch von einem Geist, ein Besuch, der merkwürdiger und verrückter ist als alle übrigen.

Scrooge erfährt etwas über die großherzigen, allumfassenden Träume der Natur. Wie alles, was geschehen kann, in gewissem Sinne tatsächlich geschieht, wie alles, was sein könnte, in gewissem Sinne wirklich existiert. Keine Möglichkeit ist ausgeschlossen, bis zu dem Zeitpunkt, an dem eine Beobachtung stattfindet. Der Beobachter oder die Messung sind eine Form der Wechselwirkung mit einem System und erzeugen eine bestimmte Realität.

Außerdem erfährt Scrooge etwas über Interferenz, Wellen, Teilchen und das Prinzip der Unschärfe. Er bekommt es mit Fluktuationen und mit Teilchen zu tun, die aus dem Nichts auftauchen und wieder dorthin entschwinden. Er lernt etwas über Wechselbeziehungen und Verbindungen, die den Gesetzen der Physik zu widersprechen scheinen. Aber all dies, so erfährt er auch, ist durch Experimente zuverlässig bewiesen.

Kapitel 9
Der Geist im Atom

Scrooge erwachte von seinem eigenen Geschnarche, und als er sich im Bett aufsetzte, um seine Gedanken zu ordnen, war niemand da, der ihm sagen konnte, daß er sich wieder in seinem Schlafzimmer befand. Es war noch lange vor Morgengrauen, und sein Zimmer war dunkel. Aber diese Dunkelheit war nicht ganz so undurchdringlich wie zuletzt, als ihm der Geist von Zeit und Bewegung erschienen war.

Sein Zimmer war voller Schatten und täuschender Formen, die dem Auge alle Arten von Geistern und Ungeheuern vorgaukelten. Die dunklen Flecken kamen und gingen, mal schnell, mal langsam, während seine Augen die Finsternis zu durchdringen suchten. Allmählich gewöhnte sich Scrooge an das schwache Licht und bemerkte, daß einer der dunklen Flecken deutlicher umrissen war als andere. Er konzentrierte sich auf diese Stelle und konnte ein sehr ernstes Phantom erkennen. Es trug ein faltenreiches Gewand, sein Kopf war mit einer Kapuze verhüllt, und es bewegte sich wie ein Nebel auf sein Bett zu.

Scrooge fuhr zusammen und blickte wild um sich. Überrascht und voller Entsetzen sah er dahinter viele andere Geister, es waren ebensolche kapuzenverhüllte Gestalten. Und alle versammelten sich um sein Bett: Eine Schar von Doppelgängern derselben schemenhaften Gestalt. Einige waren nur als schwache, schattenhafte Andeutungen zu erkennen, aber andere waren deutlicher, und ihre Silhouetten zeichneten sich dunkel vor seinem Bett ab. In der Mitte des Kreises stach eine klar umrissene Gestalt hervor, die noch am ehesten eine feste Körperlichkeit besaß.

Sie war in ein tiefschwarzes Gewand eingehüllt, das Kopf, Gesicht und Figur verhüllte und nur eine ausgestreckte Hand frei ließ. Das war auch der Grund, weshalb ihre Umrisse in der Nacht so schwer zu erkennen und von der Dunkelheit zu unterscheiden waren. Er fühlte, daß diese Schatten, die ihn umringten, groß und mächtig waren, und ihre geheimnisvolle Gegenwart erfüllte ihn mit feierlicher Ehrfurcht. Mehr konnte er nicht über sie sagen, denn die Schattengestalt vor ihm sprach nicht, noch bewegte sie sich.

«Bin ich nun in Gesellschaft des letzten Geistes, dessen Kommen mir angekündigt wurde?» fragte Scrooge.

Der Schatten antwortete nicht, sondern streckte nur weiter seine Hand aus.

«Welche Dinge werdet Ihr mir zeigen?» fragte Scrooge weiter. «Werdet Ihr mir Schatten von Dingen zeigen, die nicht geschehen sind, aber in der Zukunft geschehen werden? Soll ich Euch jetzt folgen?»

Ihm war, als ob sich der Faltenwurf im oberen Teil des Gewandes für einen Augenblick verschoben hätte, so als ob der Geist mit dem Kopf genickt hätte. Er war sich nicht sicher, aber eine andere Antwort gab es nicht.

Obwohl er sich nun schon gut an die Gesellschaft von Geistern gewöhnt hatte, empfand Scrooge große Furcht vor dieser schweigsamen Gestalt. Seine Beine zitterten, und er konnte kaum stehen, als er sein Bett verließ und sich bereit machte, ihr zu folgen.

Das Phantom setzte sich in Bewegung, und Scrooge folgte ihm im Schatten seines Gewandes. Er hatte den Eindruck, daß es die Gestalt stützte und aufrecht hielt.

★★★★★★★★★★★★★★★★★★★★

Es war nicht so, daß sie die Stadt betraten, es war vielmehr die Stadt, die wie aus dem Boden geschossen auf sie zukam und sie umfing. Aber nicht die Stadt, wie man sie in den stillen Stunden der Nacht erwarten konnte, es war eher früher Abend, und die Stadt war voll von Aktivität und geschäftigem Treiben. Unversehens standen sie vor dem Eingang eines luxuriösen Hotels, dessen imposante Stufen gut gekleidete Männer und Frauen hinaufströmten, alle von der unbestimmten Aura des großen Geldes umweht.

Sie kamen näher, und die Hand des Geistes wies auf eine große, vornehm aufgemachte Ankündigung, die gut sichtbar neben dem Eingang angebracht war. Wie Scrooge las, sollte hier die Jahresversammlung einer Vereinigung von Finanziers stattfinden, deren Ehrengast ein LORD SCROOGE war, Präsident der Vereinigung auf Lebenszeit und Direktor einer langen Liste von Firmen, die vollständig aufgeführt waren, aber für den Leser kaum interessant sein dürften. Es muß allerdings gesagt werden, daß Scrooge jeden einzelnen Namen mit dem allergrößten Interesse las.

★★★★★★★★★★★★★★★★★★★★

Aber der Geist führte ihn weiter, und schließlich erreichten sie ein großes Eisentor. Der Geist hielt inne und sah sich um, bevor sie hindurchgingen. Sie betraten einen Friedhof, der inmitten von Häusern lag, überwuchert von Gras und Unkraut. Der Geist stand zwischen den Gräbern und deutete auf eines, dessen Erde noch frisch war. Es wirkte einfacher und weniger vornehm als die anderen Gräber an diesem vergessenen Ort.

«Bevor ich mir diesen Stein näher ansehe, auf den Ihr zeigt», sagte Scrooge, «beantwortet mir eine Frage: Sind dies die Schatten von Dingen, die *sein werden*, oder sind dies die Schatten von Dingen, die nur *sein können*?»

Der Geist deutete nur wortlos auf das Grab zu seinen Füßen. Zitternd ging Scrooge darauf zu und folgte dem Finger, der auf das vernachlässigte Grab wies. Auf dem Stein stand sein eigener Name: SCROOGE.

★★★★★★★★★★★★★★★★★★★

Der Geist führte ihn weiter durch Straßen, die seinen Füßen bekannt vorkamen. Sie blieben vor einer Tür stehen, die er so gut kannte wie keine andere. Es war sein eigenes Büro. Auf einer Tafel standen, wie ein stummer Beweis, die Namen MARLEY und SCROOGE.

Er drehte sich zu dem Geist um. «Was bedeuten diese Visionen?» fragte er. «Sie scheinen so ungeordnet. Die Szenen, die sie darstellen, passen für mich nicht sinnvoll zusammen. Lieber Geist, erklärt es mir, sprecht zu mir!»

★★★★★★★★★★★★★★★★★★★
★★★★★★★★★★★★★★★★★★★

«Aha, hier bist du also. Endlich habe ich dich entdeckt!»

Die Stimme kam jedoch nicht von der verhüllten Gestalt, die sich vor seinen Augen in nichts auflöste. Scrooge drehte sich blitzartig um, als er so angesprochen wurde, und entdeckte eine neue Figur. Sie unterschied sich gewaltig von dem dumpf vor sich hinbrütenden Wesen, dem er bis eben gefolgt war.

Der Neuankömmling war klein und hatte ein rundes Gesicht. Er trug eine sackartige Hose, die an knallbunten Hosenträgern hing, und darunter kamen ungeheuer große Füße zum Vorschein. Auf seinem kahlen Kopf wuchs ein buschiger Kranz auffallend grüner Haare, und seine große, runde Nase leuchtete rot über einem breiten Mund, der sich zu einem schelmischen Grinsen verzog. Kurz, er war ein Clown, daran bestand kein Zweifel.

«Wer bist du?» fragte Scrooge etwas geringschätzig. Die vermummte Gestalt, die ihn zuletzt geführt hatte, hatte ihn zwar geängstigt, aber sie wäre doch eine ernsthaftere Persönlichkeit für tiefschürfende Diskussionen gewesen, so schien es ihm, als dieser lächerliche Neuling.

«Ich bin dein dritter Besucher und will dir etwas über die Quantenwelt erzählen. Hattest du mich nicht erwartet? Ich habe dich in deinem Zimmer gesucht, aber du warst schon fort. Warum bist du nicht dort geblieben, wo du sein solltest? Es war reiner Zufall, daß ich dich entdeckt habe, aber so ist es ja immer.»

Scrooge starrte ihn an und war baff. Diese Figur entsprach nun allerdings nicht seiner Vorstellung von einem Geist, der sein Führer sein sollte. «Wenn Ihr wirklich der letzte Geist seid, der mir angekündigt wurde, wer war dann die Gestalt, der ich bis hierher gefolgt bin?»

«Ach, das war niemand Besonderes. Nur eine namenlose Amplitude in deinem Zimmer, und du wurdest in ihre Überlagerung von Zuständen einbezogen. Ein Glück, daß ich dich hier gefunden habe. Ich bin der Geist der Quantenphysik, und ich werde dir zeigen, wie die Welt aus der Quantensicht aussieht. Ein Clown sieht die Welt anders als die nüchternen, konventionellen Menschen, und auch die Quantenphysik betrachtet die Dinge von einer anderen Warte. Man hat die Quantenmechanik den *Geist*

im Atom genannt, aber es wäre richtiger vom *Clown im Kosmos* zu sprechen, denn die Wahrheiten, die ich dir enthüllen werde, sind viel zu unsinnig und lächerlich für ernste Menschen. Es sind Botschaften eines Clowns, aber wie so oft stellt sich heraus, daß der Clown die Wahrheit spricht.

Ich zeige dir die Welt, die du schon immer kanntest, du wirst sie nur ganz anders sehen. Sie wird dir so seltsam und verdreht erscheinen, daß du in arge Bedrängnis kommen wirst, aber es ist immer dieselbe Welt, die wirkliche Welt, die einzige, die es gibt.»

«Was meint Ihr mit Zuständen und Amplituden?» fragte Scrooge. Er war immer noch nicht von der Gelehrsamkeit dieser absurden Gestalt überzeugt, aber wenn sie tatsächlich jener dritte Besucher war, dessen Kommen ihm angekündigt worden war, sollte er, fand Scrooge, wenigstens einen Versuch machen, von ihm zu lernen. «Ich nehme an, daß das Wort Zustand die Bedingungen eines physikalischen Systems beschreibt, aber was meint Ihr mit Amplitude?»

«Eine Amplitude bietet eine Möglichkeit, eine Wahl für das System. Sie ist einer der Teile, die zusammen die Gesamtheit der Erfahrung ausmachen. Komm mit, ich zeige es dir.»

«Mitkommen? Mitkommen wohin?»

«In den Zirkus natürlich!»

Der Clown tänzelte davon, die Straße hinunter, und Scrooge folgte ihm eilig. Als sie durch die dunklen Straßen gingen, bemerkte Scrooge eine stille, geisterhafte Prozession, die sich mitten auf der Straße bewegte. Matt und undeutlich glaubte er die prachtvolle Parade einer Zirkustruppe zu erkennen, mit allem Drum und Dran. Da gab es Jongleure und Kunstreiter, Akrobaten und Trampolinspringer, dressierte Bären und Feuerschlucker. An der Spitze der Prozession marschierte eine stattliche Reihe reich geschmückter Elefanten, den Schluß bildeten knurrende Löwen. Sie marschierten durch eine enge Gasse, und Scrooge lief hinterher, bis sie auf einen offenen Platz gelangten, auf dem sich die Planen eines großen Zirkuszeltes blähten.

Scrooge und sein Begleiter schlüpften hinein, der Clown hatte darauf bestanden, daß sie unter der Zeltplane hindurchkrochen – reiner Eigensinn, fand Scrooge. Die Zirkusarena im Innern bot ein höchst ungewöhnliches Bild, denn ringsherum waren hohe Vorhänge gespannt, die den Zuschauern den Blick versperrten. Sie befanden sich mitten in einem großen Block leerer Sitze, als der Clown Scrooge ein Zeichen gab, daß er sich neben ihn setzen solle. Kaum hatten sie Platz genommen, wurden die Vorhänge zu einer Jongliernummer aufgerissen. Die Jongleure waren sehr geschickt, aber die Vorführung war, soweit Scrooge das beurteilen konnte, alles andere als ungewöhnlich. Es dauerte nicht lange, und die Vorhänge wurden wieder zugezogen. Doch gleich darauf öffneten sie sich wieder für eine Trampolinnummer. Danach sahen sie einen Löwenbändiger, der seine Tiere Kunststücke vorführen ließ.

«Was ist das Besondere an dieser Vorstellung?» wollte Scrooge wissen. «Und überhaupt, wie kommen die Artisten eigentlich in die Arena und wieder hinaus? Wenn sich die Vorhänge öffnen, sehe ich immer nur einen von ihnen, aber ich habe keinerlei Ausgang entdeckt.»

«Es gibt keinen Zugang, durch den sie kommen und gehen können, und das brauchen sie auch nicht. Die Arena birgt eine Überlagerung von Amplituden, eine für jede Nummer in diesem Quantenzirkus. Auf der Bühne sind sie alle bunt durcheinander gemischt, aber wenn wir hinschauen, sehen wir nur die eine oder die andere von ihnen.»

«Das klingt nicht besonders überzeugend», meinte Scrooge. «Wenn wir auf die Bühne schauen, wird jedesmal eine andere Nummer vorgeführt, das ist es, was wir sehen. Ist es da nicht viel vernünftiger, wir nehmen an, es gibt einen Weg, auf dem die Artisten die Arena verlassen und andere sie betreten? Diese Erklärung würde zu dem passen, was wir beobachten, und wäre weitaus vernünftiger, als zu behaupten, sie wären alle zusammen auf der Bühne, wenn wir nicht hinschauen. Wie sollte das auch möglich sein?»

«Du kannst ruhig davon ausgehen, daß in gewisser Weise alle zusammen da sind, denn du siehst Interferenz zwischen den verschiedenen Amplituden. Du erhältst eine Mischung der Möglichkeiten, die gleichzeitig vorhanden sind, und die eine Möglichkeit beeinflußt die andere. Schau nur weiter hin!»

Scrooge sah, wie sich der Vorhang wieder öffnete und den Blick auf verschiedene Nummern freigab. Viele waren sehr durchschnittlich, aber dann sah er Artisten, die Kunststücke auf den Rücken galoppierender Pferde vollführten, und diese Reiter waren *Bären*! Zwischendurch gab es immer wieder seltsame Mischungen von Nummern zu sehen. So staunte er nicht schlecht über die Zwangslage eines Löwenbändigers, dessen Schützlinge nicht nur sehr wild waren, sondern auch noch Feuer spieen. Auch den Trapezakt der Elefanten würde er nicht so leicht vergessen!

Der Clown drehte sich zu Scrooge um. «Ich mache natürlich Spaß. Eine Interferenz von Amplituden wirkt sich natürlich nicht ganz auf diese Art aus.»

«Ich wußte es doch!» dachte Scrooge zufrieden.

«Trotzdem wirst du die wirkliche Situation nicht viel annehmbarer finden», warnte ihn der Clown. «Komm mit, ich will dir etwas zeigen.»

Er führte Scrooge aus dem Sitzblock heraus und um die Arena herum. Auf dem Weg bemerkte Scrooge, daß sich das Sägemehl am Boden unversehens in feinen, gelben Sand verwandelt hatte. Plötzlich öffneten sich die Vorhänge, weiter und immer weiter. Sie zogen sich auf beiden Seiten weit zurück in die Ferne und gaben den Blick auf die unermeßliche Weite des Meeres frei. Scrooge und sein Begleiter spazierten an einem Strand entlang.

«Die See ist ruhig heut' nacht, es ist Flut», bemerkte der Geist im Konversationston. «Von diesem kahlen Strand wird der Sand leicht davongeweht und verschwindet. Aber dort, wo der Sand auf einen Bretterzaun trifft, dringt er nur durch die feinen Ritzen und breitet sich dahinter ruhig in sanften, fächerförmigen Hügeln aus.»

Und tatsächlich verlief eine Reihe jener niedrigen Zäune über den Strand, wie man sie häufig sieht. Sie waren hintereinander am Strand sichtbar, liefen über den Sand und reichten bis ins Wasser. An einem der nächstgelegenen Zäune konnte Scrooge einen engen Spalt zwischen zwei Brettern erkennen. Der Wind hatte den feinen Sand gegen den Zaun geweht, und etwas davon war durch diese Lücke gedrungen. Auf der anderen Seite des Spalts fächerte der Sand aus und bildete von der Lücke aus einen glatten Hügel.

Ein anderer Zaun, ein Stück weiter unten, wies zwei nebeneinanderliegende Lücken auf. Die kleinen Sandhügel, die sich hinter diesen Spalten gebildet hatten, überschnitten sich und formten einen glatten, breiten Höcker, dessen Spitze genau in der Mitte lag. Aber daran war nichts Besonderes, soweit Scrooge erkennen konnte.

«Daran wirst du nichts Besonderes finden», sagte der Clown in seiner prosaischen Art. «Der Sand weht durch den einen Spalt oder durch den anderen, und die Sandkörner hinter den beiden Löchern lagern sich übereinander und bilden einen breiten, glatten Hügel. Ziemlich genau so, wie du es erwartest.

Aber was wollen uns die wilden Wellen erzählen?» rief er plötzlich in theatralischem Ton und wechselte offenbar das Thema. Scrooge sagten sie überhaupt nichts, sie waren auch nicht besonders wild, das Wasser war höchstens sanft gekräuselt, und Scrooge sagte das. Einzelne kleine Wellen bewegten sich über die Wasseroberfläche, bis sie auf einen der Zäune trafen, die bis ins Wasser reichten. Auch dieser Zaun hatte eine Lücke, und die Wellen fanden an dieser Stelle einen Durchlaß und breiteten sich auf der anderen Seite aus.

«Der Wellengang ist nicht dramatisch, aber sieh nur, wie frei und wild sie tanzen, sobald sie das enge Gefängnis des Spalts im Zaun hinter sich gelassen haben und sich auf der anderen Seite wieder im klaren Wasser ausbreiten können. Was sagen sie? 'Auf und ab, auf und ab', natürlich. Das ist alles, was Wellen sagen oder tun. Es ist ihre Natur, sich auf und ab zu bewegen, und dieselbe Natur verursacht Interferenz, wenn sie sich treffen.»

Sie gingen ein kleines Stück den Strand hinunter zum nächsten Zaun. Wie Scrooge vorausgesehen hatte, gab es zwei Spalte in diesem Zaun. Sie lagen dicht beieinander, und die Wellen quetschten sich hindurch und breiteten sich danach wieder aus. Da die Lücken dicht beieinander lagen, überschnitten sich die kleinen Wellen dabei.

«Siehst du, wie die Wellen aufeinandertreffen? Wenn sie sich treffen, müssen sie mit einer Stimme sprechen. Auf oder ab, wie soll sich die Wasseroberfläche verhalten? Das müssen die Wellen unter sich ausfechten. Wenn beide gerade aufwärts oder abwärts wollen, können sie sich schnell einigen. An einer solchen Stelle wird sich das Wasser stärker auf- oder abwärts bewegen als bei nur einer Welle. Sie wirken zusammen, und das wird *'konstruktive Interferenz'* genannt. Wenn aber eine Welle *auf* sagt, während die andere *ab* sagt, so müssen sie zugeben, daß sie sich unterscheiden. Die Wasseroberfläche bekommt diesmal keine Anweisung, und infolgedessen bewegt sie sich überhaupt nicht. Die Anstrengungen der beiden Wellen gleichen sich genau aus, und es geschieht gar *nichts*. In diesem Fall spricht man von *'destruktiver Interferenz'*. Das ist die Natur der Wellen. An einigen Stellen arbeiten sie zusammen, und die Netto-Störung, die beteiligte Nettoenergie, ist größer als die Summe dessen, was beide an diesem Punkt einbringen. An anderen Stellen heben sie sich gegenseitig auf, und der Netto-Effekt ist Null.»

«Ihr wollt mir also damit sagen, daß Teilchen und Wellen sehr verschieden sind», entgegnete Scrooge. «Na, und? Ich finde das überhaupt nicht überraschend. Es wäre erstaunlicher, wenn Ihr mir sagen würdet, sie wären gleich!» sagte er heiter.

«Ah, du hast es erraten, du hast es erraten!» schrie der Clown vor Freude. «Das ist genau, was ich sage. Komm und sieh selbst!»

Scrooge schaute auf den Weg, der vor ihnen lag. Der Strand erstreckte sich weit und wurde nur ab und zu von den Zäunen im Sand unterbrochen. Am Horizont ging die Sonne unter und tauchte die Wolken in ein dramatisches Rot, das sich auf der Meeresoberfläche spiegelte. Ein phantastischer Anblick. Er fühlte sich an Werbespots für Pauschalreisen erinnert, wie er sie häufig im Fernsehen sah. Scrooge hielt unwillkürlich Ausschau, ob er nicht irgendwo die Ränder eines Fernsehschirms entdecke, die das Bild einrahmten. Und tatsächlich, da war einer!

Er traute seinen Augen kaum, als sie sich dem gigantischen Rahmen näherten, der das schöne Bild einfaßte, schließlich erreichten sie ihn und gingen hindurch. Die Strandlandschaft vor ihnen verschwand plötzlich. Sie kamen an einen sonderbaren, eigenschaftslosen Ort, und als Scrooge zurückschaute, sah er den Strand, der sich in Richtung Sonnenuntergang erstreckte, der nun plötzlich *hinter ihm* lag! Er begriff, daß er von hinten ein *Bild* des Strandes sah, das auf der Bildröhre eines riesigen Fernsehapparates erschien. Entweder war die Bildröhre riesig groß, oder er selbst war jetzt sehr klein. Nach allem, was ihm bisher widerfahren war, wollte er das nicht ausschließen.

«Nun!» rief der Clown entschlossen. «Wir wollen uns an die Arbeit machen und diese Elektronen untersuchen.»

Er zog seine Jacke aus und hängte sie an eine Art Magnetspule, dann zog er aus seiner großen Hosentasche einen riesigen Schraubenschlüssel hervor und schlug damit gegen die Spule. Das Bild des Strandes verblaßte und verschwamm zu einem Feld farblosen Lichts in der Mitte des Schirms. Als er genau hinschaute, konnte Scrooge ein helles, körniges Flimmern erkennen. Es kam von kleinen Funken auf der Innenseite des Schirms, die aufblitzten und erloschen. «Das sind *Szintillationen*», erklärte ihm der Clown, «einzelne Blitze, die entstehen, wenn Elektronen auf die Phosphorschicht des Schirms treffen.

Jetzt brauchen wir eine Art Barriere», murmelte er. Er langte wieder in seine Tasche und holte einen dunklen Gegenstand heraus. Er wurde länger und länger, so lang, daß er gewiß nie in seine Tasche gepaßt haben konnte. Als er schließlich draußen war, entpuppte er sich als eine lange Rolle eines dunklen Materials, das er sofort zu einer Art Trennwand ausrollte, die die ganze Breite der Bildröhre abdeckte.

«Jetzt brauche ich einige Löcher. Ich bin sicher, irgendwo in meiner Tasche habe ich ein Loch.» Er suchte emsig in beiden Hosentaschen und kramte etwas hervor, womit er auf die Trennwand schlug. Scrooge konnte sehen, daß wirklich ein Loch entstanden war, denn der Clown steckte einen Finger hindurch und wackelte damit hin- und her. Dann wiederholte er diese Prozedur, und schon gab es zwei Löcher nebeneinander.

Währenddessen hatte Scrooge nicht auf den Fernsehschirm geschaut. Als er jetzt hinübersah, bemerkte er, daß sich der farblose Lichtschein durch die Elektronen verändert hatte und nun helle und dunkle Streifen zeigte. In jedem Streifen konnte Scrooge das Aufblitzen einzelner Elektronen sehen, wenn sie auf den Schirm trafen, aber in den hellen Streifen gab es weit mehr solcher kleinen Blitze als in den dunklen dazwischen.

«Hier, bitte schön!» sprach der Clown. «Jetzt kannst du Wellen- und Teilchenverhalten zur gleichen Zeit beobachten. Das Flimmern wird durch das Auftreffen von zahllosen Elektronen hervorgerufen, es beweist, daß wir einzelne Teilchen sehen. Jedes Elektron verursacht auf dem Schirm seinen eigenen individuellen Blitz. Die hellen Bereiche sind die Regionen, in denen mehr Blitze auftreten. Allein schon die Tatsache, daß es helle und dunkle Streifen gibt, ist ein Zeichen für Interferenz. Die hellen Streifen sind die Bereiche hoher Aktivität, die dunklen sind die Regionen destruktiver Interferenz, dort tut sich nicht viel. Interferenz ist eine Eigenschaft von Wellen, und damit siehst du, daß Elektronen beides sind, Wellen und Teilchen!»

Wellen und Teilchen

Die Begriffe Welle und Teilchen haben sich in der Quantenphysik vermischt. Mit beiden Bezeichnungen verbinden wir bestimmte Vorstellungen, die aus experimentellen Erfahrungen auf makroskopischer Ebene gewonnen wurden. Diese Erfahrungen lassen sich bis zu einem gewissen Grad auch auf die mikroskopische Ebene übertragen. Dennoch muß man sich immer darüber im klaren sein, daß sich die Vorgänge im atomaren Bereich in einer Weise abspielen, die unserem Anschauungsvermögen fremd ist, das sich ja ausschließlich im Rahmen makroskopischer Vorgänge entwickelt hat.

Wellen breiten sich über beträchtliche räumliche Entfernungen aus und können so zusammenwirken, daß Interferenzen entstehen. Das bedeutet, daß sie sich an einigen Stellen addieren und an anderen subtrahieren. Wellen haben Energie und Impuls, aber deren Beträge sind über den gesamten Bereich der Welle verteilt, so daß auf jeden Wellenbereich ein kleiner Anteil davon entfällt.

Wir stellen uns Teilchen gerne als kleine, harte und runde Gegenstände vor, aber ihre wesentlichen Eigenschaften bestehen darin, daß sie sich an diesem oder jenem bestimmten Ort aufhalten und daß sich auch ihre gesamte Energie und ihr gesamter Impuls «dort» befinden. Für Teilchen gilt also: entweder alles oder nichts.

Die Quantenamplitude verbindet Wellen- und Teilcheneigenschaften miteinander. Sie breitet sich ebenso wie Wellen über große Bereiche aus und *zeigt Interferenzerscheinungen*. Interferenz ist das wichtigste experimentelle Beweismittel in der Quantenphysik. Wenn *Beobachtungen* durchgeführt werden, finden sich die Gesamtbeträge für Energie und Impuls des Teilchens an einem bestimmten Ort, so wie man es für Teilchen erwarten würde.

Beobachtungen spielen in der Quantenphysik eine sehr wichtige Rolle, weil jede Beobachtung den beobachteten Gegenstand beeinflußt. Man kann etwas nur *sehen*, wenn Licht darauf fällt, das heißt, daran gestreut wird, und wenn *Photonen*, die Lichtteilchen, mit einem Gegenstand in Wechselwirkung treten, können und werden sie ihn beeinflussen.

Er klang sehr zufrieden, als er das sagte, aber Scrooge war nicht so recht überzeugt. «Ich dachte, Ihr hättet gesagt, daß Interferenz entsteht, wenn Wellen aus verschiedenen Richtungen aufeinandertreffen.»

«Oh ja, gewiß. Die Interferenz wird durch die Löcher verursacht. Paß auf, was geschieht, wenn ich eines schließe!» Er zauberte einen großen Korken aus seiner unerschöpflichen Tasche und verschloß damit eines der Löcher. Die Elektronen erzeugten nun ein diffuses Muster kleiner Blitze und unruhiger Lichtpunkte, das sich über eine breite Region auf dem fernen Schirm erstreckte, ohne das geringste Anzeichen der Streifen, die Scrooge zuvor gesehen hatte.

«Für Interferenz sind beide Löcher notwendig, wie du siehst.»

«Meint Ihr», begann Scrooge, als er versuchte, sich darauf einen Reim zu machen, «daß die Elektronen, die durch das eine Loch kommen, mit jenen interferieren, die durch das andere Loch kommen, wie vorhin die verschiedenen Wellen, die durch die beiden Lücken im Zaun drangen?»

«In gewisser Weise, ja», antwortete der Clown, «aber die Antwort ist noch komplizierter. Es ist nicht so, daß die Elektronen vom einen Loch mit den Elektronen des anderen interferieren. Jedes einzelne Elektron schafft es, von beiden Löchern zu interferieren. Ich will es dir zeigen.»

Der Clown entfernte den Korken, nahm wieder den großen Schraubenschlüssel aus seiner Tasche und ging hinüber zu einem leuchtenden Glühfaden am hinteren Ende der Bildröhre. Das war die Elektronenkanone, die den Elektronenstrahl ausstieß. Er versetzte ihr einen heftigen Schlag mit dem Schraubenschlüssel, worauf das helle Glühen sehr viel matter wurde.

«Jetzt kommen sehr viel weniger Elektronen durch, wie du auf dem Schirm sehen kannst.» Er zeigte hinter sich auf den Fernsehschirm, und tatsächlich, die Zahl der hellen Lichtblitze war viel kleiner. Der leuchtende Fleck war erheblich dunkler, und es dauerte länger, bis er irgendwelche erkennbaren Formen aufbaute, aber als sich Scrooge an die veränderte Intensität gewöhnt hatte, konnte er dasselbe Muster von hellen und dunklen Streifen erkennen wie vorher.

«Jetzt ist die Zeit zwischen der Emission der aufeinanderfolgenden Elektronen viel länger als die Zeit, die sie von der Quelle bis zum Schirm brauchen. Es wird immer nur ein Elektron durch diesen Raum fliegen, und wie du sehen kannst, findet trotzdem Interferenz statt. Das ist keine Interferenz *zwischen* Elektronen, denn jedes Elektron ist ja allein. Aber Elektronen sind stark interferierende Körper und können ohne jede Hilfe *mit sich selbst* interferieren.»

«Das verstehe ich überhaupt nicht. Wie kann die Tatsache, daß da zwei Löcher sind, einen Einfluß darauf haben, was ein Elektron tun wird? Es kann ja schließlich nicht durch beide Löcher gleichzeitig fliegen!»

«Kannst du dir da so sicher sein?» fragte der Clown mit einer übertrieben spöttischen Miene.

«Natürlich kann ich mir da sicher sein! Alles andere wäre ja völliger Unsinn. Da könnt Ihr fragen, wen Ihr wollt.»

«Einspruch, Einspruch! Einspruch,
Euer Ehren! Was die anderen sagen,
ist kein Beweis.» Scrooge blickte den
Clown überrascht an und sah, daß er
sich eine winzige Anwaltsperücke über
die Glatze gezogen hatte. Er hatte eine
dramatische Pose eingenommen, die
monströsen Füße weit auseinander ge-
stellt und die Daumen in die Aufschlä-
ge einer Robe gehakt. Die Wirkung
wurde nur leicht dadurch beeinträch-
tigt, daß er seine grell gefärbten Ho-
senträger über der Robe trug.

«Du sagst, daß ein Elektron nicht
durch beide Löcher gleichzeitig fliegen
kann. Aber weißt du das aus *eigener*
Anschauung? Hast du je nachgesehen?»

«Nein, das natürlich nicht», fing
Scrooge an, «aber es ist doch wohl
klar ...»

«Ich empfehle dir, dich dieser Anstrengung unverzüglich zu unter-
ziehen. Lassen wir den Zeugen den Beweis untersuchen!» Mit diesen
Worten riß er sich die Robe vom Leib, sprang auf Scrooge zu und
reichte ihm ein riesiges Vergrößerungsglas. Scrooge war durch diese
Clownerien zwar etwas verunsichert, war aber auch wirklich neugierig,
was er sehen würde. Er ging näher an die beiden Öffnungen in der
Trennwand heran und beobachtete sie durch die Lupe. Doch er konnte
überhaupt nichts sehen.

«Was erwartest du auch? Du kannst nichts sehen, solange nicht
Licht darauf gefallen ist und damit in Wechselwirkung getreten ist. Das
Licht ist hier ziemlich schwach, und ich glaube nicht, daß schon ein
Lichtstrahl auf ein vorbeifliegendes Elektron gefallen ist, deshalb
kannst du natürlich nichts sehen. Ohne Wechselwirkung kannst du
nichts beobachten.»

«Aber hier ist doch etwas Licht, auch wenn es schwach ist. Etwas
davon muß doch auf ein vorbeifliegendes Elektron fallen!»

Ernst blickte der Clown Scrooge über den Rand seiner Brille an.
Scrooge kam es so vor, als habe der Clown, der vorher nie eine Brille
getragen hatte, sie nur aufgesetzt, um ernst über ihren Rand hinweg-
sehen zu können. «Ich weiß nicht, was du mit *etwas Licht* meinst. Ich
hoffe, du glaubst nicht, daß man Licht, der Bequemlichkeit halber, in
beliebig kleine Portionen aufteilen kann! Gerade hast du gesehen, daß

Elektronen, die man für Teilchen hält, sich auch wie Wellen verhalten. Folgt daraus nicht, daß Licht, daß man für eine Welle hält, auch als Teilchen auftreten muß? Das wäre doch nur recht und billig!»

«Das sehe ich überhaupt nicht so!» widersprach Scrooge heftig. «Ich habe Leute gelegentlich von Lichtwellen und von der Wellenlänge des Lichts sprechen hören, deshalb nehme ich an, daß Licht eine Art Welle ist, aber wenn es so ist, folgt daraus nicht, daß es ebenso auch ein Teilchen ist. Ich bin mir nicht sicher, ob ich, nach allem, was ich gesehen habe, überzeugt bin, daß Elektronen gleichzeitig Wellen und Teilchen sind. Aber auch wenn das so ist, dann muß das nicht unbedingt auch für das Licht gelten.»

«Ist aber so!» schnappte der Clown. «Da besteht überhaupt kein Zweifel, es gibt klare Beweise. Das Licht verhält sich als Welle, aber wenn man es untersucht oder wenn es mit irgend etwas in Wechselwirkung tritt, verhält es sich als Teilchen. Bestimmt hast du schon Fernsehbilder gesehen, die mit einem *Restlichtverstärker* bei Nacht aufgenommen wurden, um Feldmäuse bei ihren nächtlichen Aktivitäten, oder etwas Ähnliches, zu zeigen. Ist dir nicht aufgefallen, wie unscharf und körnig die Bilder sind? Sie wirken wie schlecht entwickelte alte Photos, aber die hellen Körner verändern sich die ganze Zeit. Jedes helle Korn entsteht durch den Aufprall eines *Photons*, eines Lichtteilchens.

Die Situation ist genau symmetrisch. Elektronen sind Teilchen, aber auch Wellen. Das Licht breitet sich in Form von Wellen aus, aber es besteht auch aus Teilchen. Wenn es nicht genügend Photonen oder Lichtteilchen gibt, trifft wahrscheinlich keines der Photonen auf die Elektronen nahe den Öffnungen, und deshalb kannst du dann natürlich auch nicht sehen, durch welches Loch das Elektron flog. Es hat dann keine *Beobachtung* stattgefunden. Ohne Licht sieht man nicht viel, nicht wahr? Ich will dir mehr Licht machen.»

Der Clown machte eine Handbewegung. Scrooge konnte sich nicht vorstellen, wem diese Handbewegung gelten sollte, denn sie waren ganz allein. Aber plötzlich strahlten ihn aus jeder Ecke helle Scheinwerfer an, und er war wie in Licht gebadet. Er schaute wieder zu den beiden Löchern und entdeckte schwache Lichtblitze, die von den Elektronen ausgelöst wurden. Einige glühten an dem einen Loch auf, einige an dem anderen. Aber nie sah er Blitze vor beiden Löchern, sie leuchteten jedesmal entweder vor dem einen oder vor dem anderen auf.

«Genau, wie ich es erwartet habe!» rief er triumphierend. «Die Elektronen fliegen durch das eine oder durch das andere Loch, so wie es jeder vernünftige Mensch annehmen würde.»

«Jeder vernünftige Mensch?» antwortete der Clown skeptisch. «Da ich selbst kein vernünftiger Mensch bin, weiß ich auch nicht, was ein vernünftiger Mensch annehmen würde. Ich weiß nur, was gerade geschieht. Du hast jetzt hingesehen, wie ich es dir gesagt habe, und du hast gesehen, wie die Elektronen immer durch das eine oder durch das andere Loch flogen. Ich schlage deshalb vor, daß du dein Urteil noch einmal ... Aber sieh da!» rief er plötzlich.

Scrooge fuhr herum. Nichts hatte sich verändert, nur der farblose Lichtpunkt auf dem Fernsehschirm, – *er war ohne Interferenzstreifen!* Die Interferenz war vollkommen verschwunden.

«Und damit ist das Bild vollständig, meine Damen und Herren Geschworenen.» Der Clown verfiel in einen deklamatorischen Ton und wandte sich an ein imaginäres Publikum. «Sie haben gesehen, wie mein Klient die beiden Löcher in der Trennwand untersucht und beobachtet hat, wie die Elektronen hindurchsausten. Und nachdem er sie einmal beobachtet hatte, sahen sie als Folge der bloßen Beobachtung, also der Wechselwirkung zwischen den Elektronen und dem Licht, das ja ein wesentlicher Bestandteil jeder Beobachtung ist, daß kein Anzeichen von Interferenz mehr festzustellen ist. Hat ein Elektron die Wahl zwischen zwei Bahnen, in unserem Fall zwischen zwei Löchern in der Trennwand, so durchläuft es keinen schwierigen Entscheidungsprozeß, sondern wählt *beide* Möglichkeiten zugleich. Sie müssen zugeben, daß wir das über jeden vernünftigen Zweifel hinaus nachgewiesen haben. Dadurch kommt es zu einer Interferenz zwischen den verschiedenen Bahnen, solange es keine Zeugen für die tatsächliche Bahn gibt, denn jede Beobachtung erfordert eine gewisse *physikalische Wechselwirkung,* um die Information über den Ort des Elektrons zu registrieren.

Sollte ein Elektron bei einem der Löcher beobachtet werden, dann möge das hohe Gericht wissen: Wo es gesehen wurde, dort ist es auch. Der Prozeß der Beobachtung des Elektrons erfordert eine Wechselwirkung mit einem Photon, das das Elektron beeinflußt und das System so ändert, daß jede weitere Möglichkeit ausgeschlossen ist. Da das Elektron dann mit Gewißheit nicht durch das andere Loch gekommen ist, gibt es natürlich keine Interferenz. Der Akt der Beobachtung beinhaltet zwangsläufig eine physikalische Wechselwirkung, die das System verändert, und solche Beobachtungen sind der Grund für das Verschwinden der Interferenz. Aus diesem Grunde möchte ich das Gericht ersuchen, den *Zeugen* schuldig zu sprechen.»

«Hört schon auf», rief Scrooge. «Genug der Albernheiten! Wollt Ihr mir ernsthaft weismachen, daß ein Elektron durch zwei Löcher fliegen kann, solange man nicht hinschaut, und wollt Ihr mir weiter einreden, daß das Elektron immer nur durch ein Loch fliegt, wenn man es beobachtet, und daß die Folgen dann ganz andere sind?»

«Nein, *ernsthaft* erzähle ich dir natürlich nichts! Als Clown mache ich überhaupt niemals etwas ernsthaft. Aber du hast recht, und deine

Zusammenfassung ist ganz präzise. Die Beobachtung ist Teil des Prozesses.»

«Aber wie kann das denn sein?» fragte Scrooge. «Wie können meine Beobachtungen etwas bewirken? Das Elektron kann doch nicht wissen, ob ich es beobachte oder nicht. Meine Beobachtung kann doch gar keine Wirkung haben.»

«Oh, und ob sie kann, sie muß sogar können», entgegnete der Clown. «Du kannst nichts beobachten, ohne es zu beeinflussen. Unter keinen Umständen! Niemals! Egal, was und wie du es beobachtest, es kommt zu einer physikalischen Wechselwirkung mit dem beobachteten Gegenstand. Etwas muß ja die Information über das Objekt übertragen. Wenn du etwas *siehst*, dann nur, weil Licht gestreut wird. Licht besteht aus Photonen, die Energie besitzen. Wenn ein Photon mit einem anderen Teilchen in Wechselwirkung tritt, kann das seine Amplitude beeinflussen. Beobachtung ist der Prozeß, der die Information entlockt, unabhängig davon, ob du Gebrauch davon machst. Das helle Licht hätte die Interferenz der Elektronen an den beiden Löchern vernichtet, selbst wenn *du* nicht nachgesehen hättest, wo sie sind. Immer wenn über eine Sache Information *verfügbar* wird, ist es eine Beobachtung, selbst wenn du entscheidest, nicht hinzuschauen[1].

Wie ich schon sagte, die Beobachtung ist Teil des Prozesses. Wenn du mit mir zur Show kommst, zeige ich dir, was ich meine.»

«Show? Was für eine Show?» fragte Scrooge verwirrt.

«Na, die größte Show, die es im Universum gibt. Das Universum selbst! Komm mit!»

Schnell rollte der Clown die Trennwand über der Bildröhre zusammen und verstaute sie wieder in einer der vielen Taschen seiner sackartigen Hose. Er führte Scrooge hinunter in die Tiefen der Bildröhre. Als er zum schwach glimmenden Glühfaden der Elektronenkanone kam, blieb er kurz stehen und schlug mit dem Schraubenschlüssel dagegen. Gleich darauf leuchtete der Glühfaden so hell wie zuvor. Der

1   Das stimmt vielleicht nicht ganz. Die Quantenmechanik hat gegenwärtig ein Problem, das als Problem der Messung bekannt ist. Es besteht darin, den genauen Punkt zu benennen, bei dem sich die Amplitude auf nur eine Möglichkeit reduziert. Wenn das Licht, das mit dem Objekt in Wechselwirkung tritt, ebenfalls ein Quantensystem ist, dann müßte seine Amplitude, und darin liegt die Schwierigkeit, eine Überlagerung aller möglichen Ergebnisse der Wechselwirkung sein, und in diesem Fall wäre nichts wirklich gelöst. Einige Theoretiker meinen, daß das Ergebnis erst in dem Moment endgültig und eindeutig wird, wenn es von einem *bewußten Geist* beobachtet wird. Andere Theoretiker halten das für Unsinn. Mehr über diese Diskussion steht im fünften Kapitel meines Buches *Alice im Quantenland. Eine Allegorie der modernen Physik*, Braunschweig, Wiesbaden 1995.

Clown führte Scrooge zu einer kleinen Tür, die sie hinter der Elektronenquelle entdeckten.

Scrooge schaute sich noch einmal um und sah wieder das Bild der Strandszene auf der Vorderseite der Bildröhre. Es war aus Myriaden kleiner Blitze aufgebaut, gezeichnet von Elektronen, die so gelenkt wurden, daß sie an den richtigen Stellen auf den farbigen Phosphorschirm aufprallten. Als sie durch die Tür traten, kamen sie in ein Theater, ein richtiges, altmodisches Theater. Von der Bühne aufwärts staffelten sich Reihen roter Plüschsessel bis hoch zu den Galerien und Logen, die reich mit vergoldeten Schnitzereien verziert waren, und bis unter die funkelnden Kronleuchter, die von der Decke herabhingen. Der Clown machte eine Reihe von Radschlägen den Mittelgang hinunter, und als er unten angekommen war, sprang er auf die Bühne. Scrooge fühlte kein Verlangen, es ihm gleich zu tun, und glitt auf einen der Sessel.

Der Geist stand in der Mitte der Bühne. Hinter ihm sah man eine Reihe von Spiegeln mit vergoldeten Rahmen. Die Lichter wurden gelöscht, und in den Spiegeln zeigten sich die verschiedenen Aspekte der Natur. In einem bemerkte Scrooge die Spiralarme einer Galaxie, in einem anderen erschien eine regenfrische Landschaft, über der sich ein Regenbogen wölbte. In wieder einem anderen waren regelmäßige Strukturen zu sehen, wie von einem Kristall. Aus einer Sonne schoß eine ehrfurchtgebietende, feurige Protuberanz hervor, gleich darauf sah er die feinen Kauwerkzeuge eines kleinen Insekts. Sie waren so vergrößert, daß sie die ganze Bühne füllten. Schließlich brachten ihn die wunderbaren Kristallstrukturen einer Gruppe von Schneeflocken zum Staunen. Eine Fülle von Bildern ging ineinander über, löste einander ab und bildete einen Hintergrund, der die Verschiedenartigkeit der physischen Natur veranschaulichte. Die Spiegel schienen jedes einzelne Naturphänomen darzustellen, das auf der Erde und im Universum zu finden war: Luft, Feuer und Wasser, Erde und Himmel. Dadurch erhielt der Ausdruck Multimedia einen ganz neuen Sinn.

Der Clown begann zu sprechen, und die Bilder in den Rahmen hinter ihm verschwanden. Sie waren jetzt wieder gewöhnliche Spiegel und zeigten nur sein Spiegelbild.

«Das Bild, das sich die Natur von der Wirklichkeit macht, ist anders als deins», begann der Clown freundlich an Scrooge gewandt. «Du glaubst, daß alles klar und präzise erkannt werden kann, wenn man nur genau genug hinschaut. Dein Bild enthält alle Einzelheiten, es ist wie mit einem Lineal und einem scharfen Bleistift gezeichnet, aber die Natur malt mit einem breiteren Pinsel. Die Natur *träumt* eher davon, was ist und was sein kann. Das Bild, das die Natur von einem Teilchen hat, ist weit und großzügig und wird gewöhnlich *Amplitude* genannt. Dieses Bild umfaßt alles, was ein Teilchen jemals tun kann. Alles ist *erlaubt*, was nicht aus einem bestimmten Grund verboten ist. Ich möchte sogar sagen, es wird zu allem *ermutigt*. Fragt ein Teilchen: 'Darf ich hier sein?' antwortet die Natur: 'Ja, natürlich darfst du', und schließt diese Möglichkeit mit ein. Und wenn das Teilchen fragt: 'Darf ich auch hier drüben sein?' nimmt die Natur auch das in ihr Repertoire auf.

Die Überlagerung von Amplituden

Dies ist wohl das bemerkenswerteste Merkmal der Quantenmechanik und eng mit der Erscheinung der Interferenz verknüpft. Diese lieferte ja den wichtigsten experimentellen Beweis für die Theorie. Die zentrale Aussage ist die, daß man die Einzelheiten eines Systems unmöglich genauer beschreiben kann, als sie sich experimentell beobachten lassen, im Prinzip wenigstens. Wenn verschiedene Ereignisse eintreffen könnten, von denen keines durch irgendeine zur Verfügung stehende Information ausgeschlossen ist, und man überhaupt nicht erkennen kann, was tatsächlich geschieht, existiert für *alle* möglichen Vorgänge ein bestimmter Amplitudenwert. Die Gesamtamplitude ergibt sich dann aus der Überlagerung *aller* Möglichkeiten. Wenn ein Elektron durch eines von zwei Löchern geflogen sein könnte und keine Möglichkeit besteht zu sagen, durch welches, dann gibt es automatisch eine Amplitude für beide Möglichkeiten. In diesem Sinne kann man sagen, das Elektron geht *durch beide Löcher*, denn für jedes Loch existiert eine *gleichwertige* Amplitude. Man kann auch sagen, was nicht verboten ist, muß sich zwangsläufig ereignen.
Das mag auf den ersten Blick, und vielleicht auch auf den zweiten und dritten, als totaler Unsinn erscheinen. Es ist bisher jedoch die *einzige* Vorstellung, die eine Interferenz zwischen verschiedenen Möglichkeiten vorsieht, und eine solche Interferenz *ereignet sich tatsächlich*.

Als der Geist diese Addition aller möglichen Amplituden beschrieb, sah Scrooge in den Spiegeln hinter ihm viele kleine Bilder des Clowns erscheinen, während sein ursprüngliches Spiegelbild mit jedem neuen Bild schrumpfte.
«Die Gesamtamplitude, die jedes System beschreibt, kann eine *Überlagerung* sein, die Summe vieler Möglichkeiten. Sie kann sehr viele Möglichkeiten umfassen, denn der Traum der Natur ist vielschichtig.

Alles beeinflußt alles andere, wenn auch nur ein kleines bißchen, und der Traum, die Amplitude, umfaßt das alles.»

Auf den Spiegeln im Hintergrund wimmelte es jetzt nur so von Kopien des Clowns. Es gab große und kleine Clowns, einige waren deutlich und klar, andere waren nur schwach zu sehen, wie der bloße Hauch eines Geistes. Plötzlich hörte Scrooge von allen Seiten ein Geschrei: «Schau dich um! Schau dich um!» tönten lauter kindliche Stimmen.

«Da ist nichts hinter mir», sagte der Clown.

«*Doch*, da ist etwas!» rief der Chor.

«*Nein*, da ist nichts», antwortete der Clown.

«*Doch*, doch, doch!»

Die Reduktion von Amplituden

Ein System wird durch eine Amplitude beschrieben, die sich aus der Überlagerung aller möglichen Resultate ergibt, zu denen man durch eine Beobachtung gelangen kann. Wie wir bereits wissen, erfordert eine Beobachtung eine physikalische Wechselwirkung, deren Folgen sich auf die verschiedenen Möglichkeiten unterschiedlich auswirken. Wenn man überhaupt keine Beobachtung macht, ist auch keines dieser Resultate ausgeschlossen. In diesem Fall enthält die Amplitude alle bestehenden Möglichkeiten.

Wenn man aber die Beobachtung wirklich anstellt, erhält man ein bestimmtes Resultat. Vorher könnte man lediglich die Wahrscheinlichkeit verschiedener Resultate voraussagen, aber nach der Beobachtung besteht kein Zweifel mehr. Das Resultat entspricht genau dem, was man gesehen hat. Die Amplitude des Systems hat sich *als Folge der Beobachtung* verändert. Sie reduziert sich auf genau die Amplitude, die dem beobachteten Resultat entspricht. Stellt man sofort nach der ersten eine zweite Beobachtung an, erhält man dasselbe Ergebnis, da in diesem Moment nur eine Amplitude vorhanden ist. Dieser Zustand hält aber nicht lange an, da sich Amplituden mit der Zeit verändern.

Den Begriff 'Beobachtung' wendet man auf jede Art von physikalischer Wechselwirkung an, die er erlaubt, zwischen den Zuständen eines Systems zu unterscheiden. Eine solche Beobachtung wählt unter den Resultaten, die sie unterscheiden kann, eines aus. Aber dabei findet keine Entscheidung im eigentlichen Sinne statt; was man sieht, ist eher zufällig, doch vom Moment der 'Beobachtung' an ist es endgültig.

Der Clown drehte sich abrupt um, und da war tatsächlich nichts, vor ihm stand nur sein Spiegelbild. Das Spiegelbild streckte ihm die Zunge heraus und fing an, ganz gewissenhaft jede seiner Bewegungen nachzuahmen. Aber in den Spiegeln, die sich jetzt im Rücken des Clowns befanden, entstand wieder eine neue Reihe von multiplen Bildern.

Der Geist drehte sich zu Scrooge um. Seine vielen Spiegelbilder hinter dem Glas rannten eilig auf die andere Seite und in die Spiegel hinein, die sich jetzt außerhalb seines Blickfeldes befanden.

«So ist das mit der Rolle des Beobachters. In der Überlagerung, die ein System beschreibt, kann es viele Amplituden geben, aber sobald du hinschaust, sobald eine *Beobachtung* stattfindet, siehst du nur das eine oder das andere, und nur eine Möglichkeit bleibt übrig. Alle anderen Möglichkeiten verschwinden aus der Amplitude. Die Möglichkeit, die bleibt, ist nun eindeutig die einzige, immerhin wurde sie gerade beobachtet. Diesen Vorgang nennt man die 'Reduktion der Amplituden'.

Wenn ein Beobachter glaubt, daß er oder sie ja *nur beobachtet*, so ist das ein Irrtum, denn schon der Akt des Beobachtens setzt voraus, daß das Licht mit dem untersuchten Objekt in eine Wechselwirkung tritt. Der *Akt des Beobachtens* führt der Natur die Hand, es fällt eine Entscheidung, und damit verändert sich die Realität. Der Zeuge ist für die Tat verantwortlich, der Reporter ist schuld am Zustand der Welt.»

Kapitel 10
Virtuell und unscharf

Scrooge hatte so lange still auf seinem Platz gesessen, wie er es ertragen konnte, und den Ausführungen des Clowns zugehört. Schließlich konnte er seine Ungeduld nicht länger zügeln. «Euer Gerede kommt mir sehr verschwommen und nebulös vor!» rief er. «Und es hat auch nicht viel mit Teilchen und Wellen zu tun!» fügte er wütend hinzu.

«Die Zeit ist gekommen»,

fing der Clown wieder an,

«von vielen Dingen zu sprechen,
von Wellen und Wahrscheinlichkeit
und was die Zukunft bringt,
denn die Energie und die Teilchen lauern schon in den Kulissen».

Der Clown hatte kaum das letzte Wort ausgesprochen, da rannte er in die Seitenkulissen. Doch gleich kam er wieder heraus, in ein Professorentalar gekleidet und mit einem Barett auf dem Kopf. Er trug ein Stehpult, baute es in der Mitte der Bühne auf und befestigte ein Schild daran, auf dem stand: «Vorlesung. Bitte Ruhe!»

«Der zweite wichtige Punkt, den man sich merken sollte, ist», dozierte er, «daß Amplituden keineswegs verschwommen und nebulös sind! Sie sind genauso präzise und eindeutig wie die Begriffe der klassischen Mechanik.»

«Das kann ich kaum glauben», rief Scrooge. «Und wenn das der zweite Punkt ist, was ist dann der erste?»

«Auf den ersten komme ich vielleicht noch zu sprechen, früher oder später», antwortete die Erscheinung. «Aber jetzt möchte ich über Wellen sprechen, denn die Amplitude hat die Form einer Welle.»

«Welcher Art von Welle?» unterbrach Scrooge. Er hatte begriffen, wenn er von diesem launischen Geist klare Auskünfte haben wollte, mußte er ihn dauernd mit Fragen löchern.

«Es geht nicht um Wellen, wie du sie irgendwo in der Natur auf dem Wasser finden kannst. Amplituden sind eher so etwas wie Kräuselungen auf dem See des großen Unbewußten der Natur. Es gibt viele

Wellen dieser Art. Sie werden durch zufällige Beobachtungsfehler hervorgerufen und können wie Wellengekräusel auf dem Wasser hintereinander herlaufen und sich auf ihrem Weg überschneiden. Sie haben ihre Höhen und Tiefen, ihr Auf und Ab, wie Wasserwellen oder Wellen jeder anderen Art, und wenn sich die Wellen überschneiden, können sie sich addieren oder subtrahieren. Die Wellen bilden Interferenzen, und diese Interferenzen können, wie bei jeder Welle, *konstruktiv* oder *destruktiv* sein. Der Gesamteffekt kann dementsprechend größer sein, oder er kann auch null sein.»

«In Ordnung!» rief Scrooge. «Vielleicht sind diese Amplituden so etwas wie Wellen, aber welche Rolle spielen dann die Teilchen? Das sind doch ganz verschiedene Dinge.»

«Aber die Teilchen spielen doch eine Rolle, wenn man sie beobachtet. Wann könnten sie denn sonst eine Rolle spielen? Die Amplitude ist der Plan der Natur, ihr Traum, wie die Dinge sein sollten, und sie stellt eine Kombination aus vielen Möglichkeiten dar. Beobachtet man die Natur, sieht man Teilchen, mit all ihrer Energie und ihrem Impuls. Jedes Teilchen, das du siehst, befindet sich an nur einem Ort, nur an diesem Ort und an keinem anderen.

Die Verbindung wird durch die Intensität der Welle hergestellt. Eine Intensität erhält man aus dem Quadrat einer Amplitude. Als wir vorhin über Wellen im Wasser und Schallwellen in der Luft sprachen, sagten wir, daß die Intensität angibt, wie die Energie in der Welle verteilt ist. Sie gibt an, wieviel Energie in der einen oder der anderen Wellenregion steckt. Jetzt sehen wir, daß die Energie in einem Teilchen konzentriert ist, gleichgültig, wo es beobachtet wird. Alle Energie ist an einem Ort, und zwar an dem Ort, an dem wir das Teilchen beobachten. Es ist also nicht so, daß die *Energie* gleichmäßig über den ganzen Wellenbereich verteilt ist. Was verteilt ist, ist die *Wahrscheinlichkeit*. Die Intensität der Quantenwelle gibt eine *Wahrscheinlichkeitsverteilung* an.»

«Und was ist eine Wahrscheinlichkeitsverteilung, wenn ich fragen darf?» unterbrach Scrooge erneut, zu spät begreifend, was der Clown im Begriff war zu erklären.

Wahrscheinlichkeitswellen und Wahrscheinlichkeitsverteilungen

Im Mikrokosmos der Quantenwelt kann man keine fundierten Aussagen darüber machen, wie sich ein Teilchen verhält, wenn man es nicht beobachtet. Man könnte sich eine Meinung darüber zurechtgelegt haben, was es tun sollte oder tun könnte, aber solange man es nicht sorgfältig untersucht, gibt es noch nicht einmal prinzipiell eine Möglichkeit, etwas darüber zu *wissen*. Man kann nur Aussagen darüber machen, was wirklich beobachtet wird, wenn man selbst (oder jemand anderes) hinschaut und den Zustand des Teilchens *beobachtet*. Ein Hauptmerkmal der Quantenphysik besteht darin, daß man nicht genau voraussagen kann, zu welchem Ergebnis die Beobachtung eines Teilchens führen wird. Man kann lediglich relative Wahrscheinlichkeiten für verschiedene Ergebnisse berechnen. Das ist ein sehr ungewöhnlicher Sachverhalt, der für viele Leute sehr unbefriedigend ist, aber er wird durch experimentelle Beweise ganz eindeutig bestätigt. Die beste Beschreibung dessen, 'was ein Teilchen tut', wird durch eine *Amplitude* oder *Wellenfunktion* gegeben, sie liefert die zuverlässigste Information über ein Teilchen. Sie kann, wie alle Wellen, an verschiedenen Orten positiv oder negativ sein, und die Wellen können miteinander interferieren. Sie können sich entweder zu einem größeren Wert addieren oder voneinander abgezogen werden und sich gegenseitig aufheben.

Wird die Wellenfunktion mit sich selbst multipliziert, erhält man immer einen positiven Wert, der die *Wahrscheinlichkeitsverteilung* ergibt. Ihr Wert an einem beliebigen Raumpunkt gibt die Wahrscheinlichkeit an, mit der sich an diesem Ort ein Teilchen findet, wenn man eine Messung vornimmt. Anstelle der sicheren Voraussage, wie man sie von der klassischen Physik kennt, haben wir es jetzt mit einer Reihe von Wahrscheinlichkeiten zu tun. Es ist *wahrscheinlicher*, ein Teilchen an diesem oder jenem Ort zu finden als an einem anderen. Die Wahrscheinlichkeit kann in einem Gebiet sehr groß und in einem anderen fast null sein. Hat man es mit großen Teilchenmengen zu tun, so kann man dadurch sehr genaue Angaben über die relative Zahl von Teilchen in verschiedenen Regionen erhalten.

«Das ist eine Verteilung der Wahrscheinlichkeit», antwortete der Geist höflich. «Ich sagte dir ja gerade, sie gibt nicht die Energiemenge an bestimmten Orten an, sondern die Wahrscheinlichkeit, mit der du das Teilchen an diesen Orten beobachten kannst, das sich mit seiner *ganzen* Energie dort befindet.

Wo eine hohe Wahrscheinlichkeit besteht, kannst du das Teilchen am ehesten beobachten, wo die Wahrscheinlichkeit klein ist, hast du kaum eine Chance. Ist die Wahrscheinlichkeit gleich null, besteht überhaupt keine Möglichkeit. In diesem Fall findest du bestimmt kein Teilchen, aber das ist die einzige definitive Gewißheit. Ansonsten kann das Teilchen überall sein.»

«Und wozu soll das gut sein?» kritisierte Scrooge. «Wenn Ihr ein Teilchen beobachten wollt, und es kann in dem Moment überall sein, dann ist doch Eure Amplitude sinnlos, sie verrät Euch *gar nichts!*»

«Aber nein, so ist es ganz und gar nicht! Für nur ein einziges Teilchen kann die Wellenfunktion nur sehr dürftige Voraussagen machen, aber wenn es um eine große Zahl von Teilchen geht, die alle von der gleichen Amplitude beschrieben werden, stellst du fest, daß in einem Bereich mit hoher Wahrscheinlichkeit mehr Teilchen beobachtet werden können und in einem mit einer geringen wenig. Bei einer sehr großen Zahl gibt die Wahrscheinlichkeitsverteilung sehr genau an, wie die Teilchen verteilt sind. So wie die Teilchen, so ist auch ihre Energie verteilt. Eine klassische Lichtwelle gibt einfach die Wahrscheinlichkeitsverteilung der Photonen, also der Lichtteilchen an, wenn eine sehr große Zahl von Photonen vorhanden ist.

Im großen und ganzen ist es so: Wenn man etwas beobachtet, glaubt man einmal, man hat es mit einer Welle zu tun, ein anderes Mal meint man ein Teilchen vor sich zu haben, wie ein Staubkorn. Beide Fälle sind Aspekte der Quanten-Wellenfunktion, und zwar gilt das für Situationen, wo man es mit einer *sehr großen Zahl* von Elementarteilchen zu tun hat.»

«Es tut mir leid, das kann ich nicht akzeptieren. Das widerspricht vollkommen dem gesunden Menschenverstand», sagte Scrooge, aber in Wirklichkeit tat es ihm überhaupt nicht leid.

Der Clown auf der Bühne erwiderte nichts mehr und schien zu wachsen. Er wurde jedoch nicht einfach nur größer, sondern er schien, trotz seiner lächerlichen Aufmachung, an Bedeutung zu gewinnen, er wurde irgendwie *realer*. Scrooge wurde mit einem Schlag klar, daß er sich, obwohl er sich sicher genug fühlte, um vom Zuschauerraum aus krittelige Fragen zu stellen, immerhin in Gesellschaft eines Wesens befand, eines Geistes, der die grundlegende Struktur des ganzen Universums verkörperte. Eines Geistes, der als solcher viel ehrfurchtgebietender war als die verhüllte Gestalt, die ihn anfangs so verunsichert hatte.

«Heh Mensch! Du hast eine viel zu hohe Meinung von dir!

Es ist nicht an dir zu sagen, was du von der Natur akzeptierst und was nicht. Sie ist, wie sie ist, und du hast keine andere Wahl, als sie zu akzeptieren. Dein *gesunder Menschenverstand* hat für sie keine große Bedeutung, er ist doch nur eine Ansammlung von Gemeinplätzen, ein Destillat deiner Alltagserfahrung von Begebenheiten und Umständen, die nur das wiederholen, was du vorher schon erlebt hast. Du hast begriffen, wie sie funktionieren, und bei ihnen magst du deinen gesunden Menschenverstand ruhig anwenden. Aber nicht hier. Die Quantenwelt hast du nicht unmittelbar erfahren, deshalb ist dein gesunder Menschenverstand hier wertlos.

Du hast **kein Recht** zu beurteilen, was die Natur tut oder nicht tut. **Dich hat keiner gefragt!** Die Natur tut, was die Natur will, und dir bleibt nur, die Wirklichkeit anzunehmen. Das ist die reale Welt, auch wenn sie dir noch so seltsam und unsinnig erscheint.»

«Entschuldigung!» murmelte Scrooge, dem dieser Ausbruch gewaltig in die Knochen fuhr, «aber es macht trotzdem einen total unsinnigen Eindruck.»

«Natürlich tut es das!» rief der Clown nun freundlicher und vollführte einen kleinen Luftsprung. «Natürlich macht es einen unsinnigen Eindruck. Wäre ich hier, um es dir zu erklären, wenn es nicht so wäre? Es *ist* unsinnig für deine Art zu denken. Aber es ist auch wahr!

Die Wellenfunktion», fuhr er ruhig und gefaßt fort, als wäre er nie unterbrochen worden, «bezieht sich genau auf die Energie und den Impuls der Teilchen, und sie entwickelt sich ebenso regelmäßig und zuverlässig, wie die Planeten den Newtonschen Gesetzen folgen. Die Verhältnisse stimmen genau, und die Beziehungen zwischen den einzelnen Größen sind unveränderlich. Die Energie eines Teilchens ist der Frequenz der Welle, die es beschreibt, streng proportional. Die Frequenz gibt das Verhältnis der Auf- und Abwärtsbewegungen an, also wievielmal pro Sekunde sich die Amplitude von einem Wellental zu einem Wellenberg und wieder zurück bewegt. Die Wellenlänge, der Abstand zwischen aufeinanderfolgenden Wellenbergen oder -tälern, bezieht sich in ähnlicher Weise auf den Impuls des Teilchens. Nimmt der Impuls zu, nimmt die Wellenlänge im selben Verhältnis ab. Ihre tatsächliche Größe wird durch die sogenannte Plancksche Konstante bestimmt. Sie ist sehr klein, und deshalb sind auch Energie und Impuls eines Teilchens sehr klein, ja, sie sind ganz außerordentlich klein. Bei deinen groben Maßstäben würdest du so etwas Kleines überhaupt nicht bemerken, du kannst Teilchen erst wahrnehmen, wenn sie in riesigen Mengen auftreten.»

Eigenschaften von Wellen und Teilchen

Eine Welle wird durch ihre *Frequenz* und ihre *Wellenlänge* beschrieben, ein Teilchen durch seine *Energie* und seinen *Impuls*.
Im Quantenbereich sind Wellen und Teilchen ein und dasselbe. Deshalb müssen ihre Eigenschaften miteinander in Beziehung stehen. Diese Beziehung wird wiedergegeben durch die *Einstein-* Beziehung:

$$E = h\nu.$$

Dabei ist E die Energie des Teilchens, ν die Frequenz der Welle und h die nach ihrem Entdecker benannte *Plancksche Konstante*. Ferner wird sie wiedergegeben durch die *De-Broglie-* Beziehung:

$$p = \frac{h}{\lambda}.$$

Hier ist p der Impuls des Teilchens, λ die Wellenlänge der betreffenden Welle, und h ist wieder die Plancksche Konstante.

«Den Rüffel muß ich wohl einstecken und auch alles andere, was Ihr gesagt habt», meinte Scrooge immer noch ziemlich brummig. «Letzten Endes behauptet Ihr, daß alles geschehen kann, daß Ihr aber nicht sagen könnt, was, solange keine Beobachtung stattgefunden hat. Erst in diesem Moment steht alles fest.»
«Nein, nein, nein», schrie der Clown. Er bedeckte seinen kahlen Kopf mit einer dicken, buschigen Perücke, die er irgendwie aus seiner Tasche zutage gefördert hatte, und fing an, eine Handvoll Haare aus ihr herauszureißen. «Nein, nein, nein! Oder anders gesagt: Nein! Du hast überhaupt nicht zugehört! Es ist einfach nicht wahr, daß *alles passieren kann*. Nur die Möglichkeiten, für die eine Wahrscheinlichkeit besteht, können unter Umständen beobachtet werden. Und nur wenn man es mit einer großen Zahl von Teilchen zu tun hat, wie es ja oft der Fall ist, sagen die Wahrscheinlichkeiten das Ergebnis sehr genau voraus.
Du hast es sogar geschafft, noch am Ende deiner Bemerkung einen

Fehler einzubauen», setzte er ruhiger hinzu. «Wenn du eine Beobachtung anstellst, wird *etwas* endgültig und offenbar, aber nicht alles, nicht *alles*. Eine Messung kann nicht alles messen, und es gibt Dinge, die *nicht* gleichzeitig genau gemessen werden *können*. Nimmt man eine Messung vor, so führt sie zu einem Ergebnis, und unmittelbar danach entspricht die Amplitude des Systems diesem und nur diesem Ergebnis. Mißt du dasselbe Objekt gleich darauf noch einmal, so kommst du zum gleichen Resultat wie vorher, denn jetzt liegt die Amplitude vor, die diesem Ergebnis und keinem anderen entspricht.

Nun hast du, für den Augenblick wenigstens, einen *festen Wert* für diese Größe, was immer es auch sei. Aber du kannst nicht alle Werte zu ein und derselben Zeit messen.

Nehmen wir einmal den Impuls», sagte er und beugte sich vertraulich über sein Stehpult. «Der Impuls eines Teilchens ist durch die Wellenlänge der zugehörigen Wellenfunktion genau festgelegt. Wenn die Wellenfunktion nur eine einzige Wellenlänge hat, wie in diesem Beispiel, kann der Impuls mit absoluter Gewißheit vorausgesagt werden.»

Auf dem Spiegel hinter ihm erschien eine grüne Schlangenlinie. Sie verlief quer über das Glas, völlig regelmäßig und mit säuberlich voneinander getrennten Wellenbergen, auf und ab, auf und ab. Unverändert wanderte sie weiter über jeden der Spiegel, die daneben standen. Aber auch diese reichten nicht aus, und die Linie setzte sich über die letzten Spiegel in der Reihe auf beiden Seiten durch den Theaterraum fort und verschwand schließlich in der Ferne, ohne ihre regelmäßige Form zu verändern.

«Das ist eine Welle mit nur einer Wellenlänge. Sie beschreibt einen Zustand, dessen Impuls genau bekannt ist, aber wie du siehst, hat diese

Welle überall die gleiche Form. Wir sehen keine Veränderung, keine Zunahme der Wahrscheinlichkeit an einem Ort gegenüber einem anderen. Sie verläuft einfach in derselben Form weiter und weiter. Der Ort, an dem du das Teilchen beobachten könntest, ist vollkommen unvorhersehbar. Bei dieser Welle besteht keine Unsicherheit in bezug auf die Größe des Impulses, aber der Ort ist völlig unbestimmbar.

In den meisten Fällen hat man einen Anhaltspunkt, wo sich das Teilchen befindet. Hat man es einmal wahrgenommen, weiß man, ungefähr wenigstens, wo es war. Wenn du es gleich darauf noch einmal nachweisen kannst, kannst du ungefähr vorhersagen, wo es sein muß, denn es konnte sich in der kurzen Zeit nicht weit entfernen. Seine Wellenfunktion ist räumlich sehr begrenzt. An dieser Stelle besteht eine hohe Wahrscheinlichkeit, das Teilchen aufzufinden. Aber wie können wir unsere Welle ändern, um diese Lokalisierung vorzunehmen? Du hast ja gesehen, daß eine einzelne Welle mit einer einzigen Wellenlänge dazu keine Möglichkeit bietet, gleichgültig, an welcher Stelle du sie untersuchst. Sie ist überhaupt keinem Ort im Raum zugeordnet. Die Lösung besteht darin, viele Wellen zu addieren und durch Interferenz zu der Wahrscheinlichkeitsspitze zu kommen, die wir benötigen. Wir wissen, daß die Amplitude eine Summe von vielen Wellen darstellen kann. Sehen wir uns einmal an, was herauskommt, wenn wir Wellen verschiedener Wellenlänge addieren, die an einem zentralen Punkt, wo wir das Teilchen vermuten, im Gleichtakt sind. »

Unterhalb der ersten wellenförmigen Linie erschien nun eine zweite. Sie war der ersten sehr ähnlich, nur hatten ihre Wellenberge einen etwas geringeren Abstand. Diese zweite Linie verlief aufwärts, um mit der ersten zu verschmelzen, und der Wellenberg in der Mitte, wo die Wellenberge zusammenfielen, war größer als jeder der beiden für sich alleine. Zu beiden Seiten des Zentrums gerieten die zwei Wellen allmählich aus dem Gleichtakt, und noch ein Stück weiter fiel jeweils ein Wellenberg der einen mit einem Wellental der anderen zusammen, und die Wellen hoben sich gegenseitig völlig auf.

Die Überlagerung von Wellenfunktionen

Allen 'Teilchen' lassen sich Wellenfunktionen zuordnen. Das ist eine zwingende Grundregel der Quantenphysik. Darauf beruht die Existenz unserer materiellen Welt. Die Wellenfunktion bestimmt die Wahrscheinlichkeitsverteilung für den wahrscheinlichsten Aufenthaltsort eines Teilchens. Für den Fall, daß sich der Aufenthaltsort des Teilchens gut bestimmen läßt, ist die Wahrscheinlichkeitsverteilung dieses Teilchens über diesem kleinen Raumbereich groß.

Damit wird es unwahrscheinlich, das Teilchen an einem anderen Ort zu finden.

Dagegen läßt sich eine Teil-
chenwelle mit einer eindeutig
definierten Wellenlänge niemals
einem bestimmten Ort im
Raum zuordnen. Sie breitet sich
unaufhörlich aus, wie dies in
den beiden unteren Diagram-
men dargestellt ist. Überlagern
sich zwei Wellen unterschiedlicher Wellenlänge, dann zeigt
sich, daß beide Wellen *konstruktiv* an bestimmten Stellen interferieren, das heißt, sie addieren
sich derart, daß eine größere
Wellenamplitude entsteht. Da

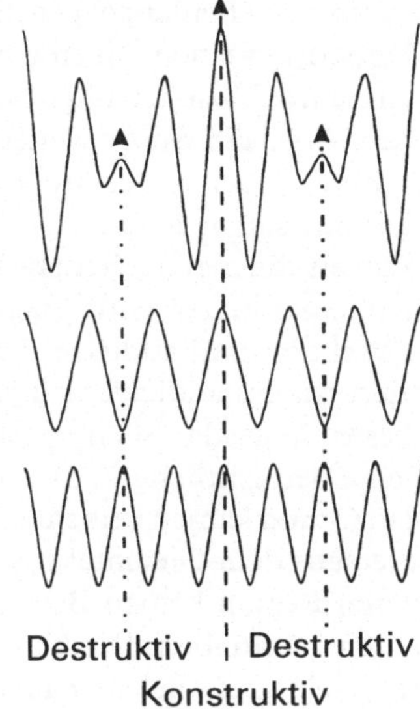

jedoch ihre Wellenlängen unterschiedlich sind, ändert sich stetig
ihre Phasenbeziehung, so daß sie an anderen Stellen destruktiv
interferieren, das heißt, sie löschen sich dort gegenseitig aus.

Die Amplitude der zusammengesetzten Welle variiert nun und
damit ist auch die Wahrscheinlichkeitsdichte an einigen Orten
größer als an anderen Orten. Mit nur zwei Wellenlängen wiederholt
sich das beschriebene Amplitudenmuster kontinuierlich. Mit vielen
Teilchen aus einem *ganzen Bereich* unterschiedlicher Wellenlängen
kann es vorkommen, daß es nur einen einzigen Ort gibt, an dem
konstruktive Interferenz auftritt, während außerhalb dieses Orts
sich die Amplituden der Wellen gegenseitig durch destruktive Interferenz auslöschen.

«Du kannst erkennen, daß die Einbeziehung einer zweiten Welle die
Amplitude, und damit die Wahrscheinlichkeit, im Zentrum vergrößert
und weiter draußen verringert hat. Das beabsichtigte Ergebnis können
wir nicht mit zwei Wellen allein erreichen, aber wir müssen uns ja nicht
auf zwei beschränken. Wir können so viele Wellen einbeziehen, wie wir
brauchen.»

Die verschiedenen Wellenlängen der beiden Wellen führten dazu,
daß sie allmählich aus dem Gleichtakt gerieten und sich schließlich
gegenseitig aufhoben, aber dabei blieb es nicht. Als Scrooges Augen von
dem Wellenberg in der Mitte weiterwanderten, sah er, wie die Wellen
noch weiter aus dem Gleichschritt kamen, bis sie sich schließlich um

eine ganze Wellenlänge gegeneinander verschoben hatten und der Wellenberg der einen mit einem *anderen* Wellenberg der anderen Welle zusammentraf. Wieder addierten sie sich zu einer höheren Wahrscheinlichkeit. Aber ein Stück weiter kam es erneut zu einer gegenseitigen Aufhebung, dann wieder zu einem Maximum und so weiter, die Sequenz wiederholte sich in einem fort die ganze Welle entlang.

Nun erschienen noch mehr Wellenlinien, die der Wiederholung des Wellenberges in der Mitte entgegenwirkten, jede lief auf die ursprüngliche Welle zu und addierte sich zu ihr. Da alle Wellen am selben Ort zentriert waren, addierte sich jede in der Mitte hinzu und vergrößerte an dieser Stelle das Wahrscheinlichkeitsmaximum. Inzwischen hatte sich eine beträchtliche Zahl von Wellenlängen angesammelt, und aus diesem Grund kamen verschiedene Wellen an verschiedenen Orten mit anderen aus dem Gleichtakt. Scrooge stellte fest, daß es außerhalb der mittleren Region keinen Bereich mehr gab, wo sich die Wellen nicht gegenseitig aufhoben. Die Gesamtamplitude war jetzt in der Mitte des Spiegels sehr groß, fiel aber auf beiden Seiten auf einen unbedeutenden Wert ab, und jenseits der Mitte waren keine Regionen hoher Wahrscheinlichkeit mehr zu finden.

«Das ist ein Wellenpaket. Ein Bündel von Wellen, die sich durch Interferenz verschwören, um das Auffinden des Teilchens nur in einer bestimmten Region wahrscheinlich zu machen. Der Ort des Teilchens ist jetzt nicht mehr *vollkommen* ungewiß. Es gibt nur noch wenige Orte, an denen es sich mit einer gewissen Wahrscheinlichkeit aufhalten wird. Damit ist immer noch ein gewisses Maß an Unschärfe für den vermutlichen Ort des Teilchens gegeben, aber sie ist nicht sehr groß. Die Unschärfe ist stark reduziert.

Jetzt kommt eine Frage, über die du nachdenken kannst. Wie habe ich diese, einem bestimmten Ort im Raum zugeordnete, Welle gemacht?»

«Ich vermute, indem Ihr aus irgendeinem Grund eine große Zahl von Wellen addiert habt», antwortete Scrooge, dem der ganze Vorgang immer noch etwas schleierhaft war.

«Ganz genau», versetzte der Clown gut gelaunt. «Ich habe Welle um Welle mit verschiedenen Wellenlängen addiert. Du hast gesehen, wie ich das gemacht habe! Auf diese Weise kannst du dafür sorgen, daß die Wellenfunktion in einer zentralen Region lokalisiert ist, wo alle Wellen ihr Maximum haben. Da alle diese Wellen verschiedene Wellenlängen haben, kommen sie allmählich aus dem Gleichtakt, je weiter man sich von dieser zentralen Region fortbewegt. Sind genug Wellen vorhanden, kann man dafür sorgen, daß sich die verschiedenen Wellen außerhalb des Zentrums gegenseitig aufheben. Da die Wellenlänge jeder Welle den Impuls des Teilchens angibt, beinhaltet diese lokalisierte Wellenfunktion eine ganze Skala von Impulsen, die das Teilchen haben könnte. Durch die Einbeziehung dieser großen Zahl von Wellen hat man jetzt den Aufenthaltsort des Teilchens genauer lokalisiert, aber als Folge davon ist sein Impuls weniger genau bestimmt als vorher. Aus diesem Dilemma gibt es keinen Ausweg, es ist unvermeidlich.

Wird der Ort weniger unscharf, wird der Impuls entsprechend unschärfer, soviel ist sicher. Impuls und Ort kann man nicht genau zur gleichen Zeit messen. Es bleibt immer eine gewisse Unschärfe sowohl für den Ort als auch den Impuls erhalten, und das Produkt dieser beiden Unschärfen kann nie kleiner sein als ein bestimmter, von der Natur vorgegebener Wert, eine universelle Konstante, die sogenannte *Plancksche Konstante.* Es besteht eine Art Absprache zwischen der Größe des Teilchens und seinem Impuls: Nimmt man eine genauere Messung der einen Größe vor, wird die andere um so unschärfer und verschwommener.»

Die Heisenbergsche Unschärferelation

Die Quantenamplitude stellt die beste Information dar, die man über irgendein Teilchen erhalten kann, und ermöglicht die genauesten Voraussagen über spätere Beobachtungen. Die Unschärferelation besagt, daß ein Teilchen, für dessen Ort nur eine geringe Unschärfe besteht, eine große Unschärfe des Impulses aufweist. Der Begriff *Unschärfe* bezieht sich dabei auf die Größe des räumlichen Bereiches, in dem das Teilchen mit hoher Wahrscheinlichkeit aufgefunden werden kann. Ist dieser Bereich klein, ist der Ort des Teilchen gut bestimmt, die Unschärfe ist also gering. Wir wissen bereits, daß wir eine genaue Wahrscheinlichkeitsverteilung nur durch die Addition vieler Wellen mit unterschiedlichen Wellenlängen erhalten, und das bedeutet nach der De-Broglie-Beziehung einen breiten Bereich unterschiedlicher Impulse. Damit entsteht also eine große Unschärfe für den Impuls des Teilchens. Je schmaler die Spitze der Wahrscheinlichkeitsverteilung ist, desto breiter ist der Bereich der Wellenlängen (und der Impulse), der erforderlich ist, um die Phasen der Wellen schneller auseinanderlaufen zu lassen. Daraus ergibt sich die Beziehung:

$$\Delta x \Delta p \geq \frac{\bar{h}}{2}.$$

Dabei ist $\underline{\Delta}x$ die Unschärfe des Ortes und Δp die Unschärfe des Impulses. $\bar{h}$ ist eine veränderte Form der Planckschen Konstante.

Der Geist drehte sich um und hielt warnend einen Finger in die Höhe.

«Du darfst dich nicht durch den Ausdruck 'Unschärfe' verwirren lassen und glauben, die Teilchen besäßen einen festen Ort und Impuls, die du nur nicht kennen würdest. So ist es ganz und gar nicht. Versuchst du ein Teilchen in eine eng festgelegte Position zu zwingen, bekommt es einen Impuls. Manche Menschen werden religiös, wenn sie in der Klemme sitzen, aber ein Teilchen nimmt einen Impuls auf. An alltäglichen Maßstäben gemessen ist diese Veränderung sehr klein, da die Plancksche Konstante sehr klein ist. Damit du richtig würdigen kannst, was da geschieht, mußt du es von nahem sehen: von *sehr* nahem. Ich bitte um einen Freiwilligen aus dem Zuschauerraum.»

Scrooge schaute sich um. Soweit er sehen konnte, war außer ihm niemand in dem verlassenen Theaterraum. Ein höchst künstlich klingender Applaus brach los, und er hörte den Geist rufen:

«Scrooge, *komm schon herunter!*»

Scrooge fühlte sich von dem allgemeinen Klatschen gedrängt, erhob sich von seinem Sitz und bewegte sich durch den Mittelgang hinunter Richtung Bühne. Zur selben Zeit sprang der Clown von der Bühne herunter und ging auf ihn zu. Was Scrooge verblüffte, war, daß der Sprung seines Mentors von der Bühne hinunter um ein gutes Stück weiter ausgesehen hatte als zuvor sein Sprung hinauf. Er wandte den Kopf, um sich umzuschauen, und bemerkte, daß die Reihen der Plüschsitze zu beiden Seiten plötzlich merkwürdig groß wirkten, so wie sie in den Augen eines Kindes erscheinen mochten. Die Sitzreihen wurden mit jedem Schritt höher, bis er von unten an ihnen hochschauen mußte. Er fühlte, wie das Gehen schwieriger wurde, und blickte auf seine Füße. Während er geschrumpft war, waren seine Füße tiefer und tiefer in den Flor des roten Teppichs eingesunken, er reichte ihm jetzt bis zu den Fersen, und seine Füße verfingen sich in den Zwirnsfäden. .Verwirrt und entmutigt blieb er stehen, als die roten Baumwollbüschel höher und höher wuchsen, sie waren hüfthoch zuerst, aber bald reichten sie ihm über den Kopf.

Jetzt ging es schnell abwärts. Die Teppichflor verwandelte sich in riesige, gewundene Kabel, jeder Faden wurde zu einer spiralförmigen, gewundenen Säule. Unregelmäßigkeiten der Oberfläche und Beschädigungen der glatten Kunststoffasern wurden sichtbar. Sie vergrößerten sich bis zum Aufscheinen langer Reihen verschwommener Atome, wie sie ihm der Schatten der Entropie damals gezeigt hatte, und dann verschwanden auch sie.

Er war an einem Ort gelandet, der gar kein Ort war. Der Platz war in diffuses, verwaschenes Grau getaucht und bar jeden erkennbaren Anhaltspunktes, außer einem. Durch diesen Nebel der Unschärfe kam sein Begleiter, der Clown, auf ihn zu und lächelte so strahlend wie immer. Er blieb stehen, hob etwas vom Boden auf und warf es Scrooge unerwartet zu. «Da, fang das!» rief er.

Scrooge streckte seine Hand aus und fühlte, wie sie sich fest um einen kleinen Gegenstand schloß. Jetzt hatte er das Ding in der Faust, wußte aber nicht, was es war. Doch es fühlte sich lebendig an. Es zuckte in seiner geschlossenen Faust wie ein gefangener Vogel.

«Jetzt drück' es, drück' es, so fest du kannst», forderte ihn der Geist auf, etwas gefühllos, wie es schien. Aber Scrooge tat, was er sagte, und als er seine Faust noch fester schloß, fühlte er, wie das Ding noch heftiger zappelte. Der Gegendruck, den es in seiner Hand entwickelte, wurde so groß, daß er bald nicht mehr die Kraft hatte, es festzuhalten. Er öffnete seine Hand, um zu sehen, was es war, aber er sah nur ein verschwommenes Etwas, das mit großer Geschwindigkeit entfloh.

«Was war denn das?» fragte er.

«Ein Elektron. Da siehst du, wie sich Elektronen und andere Teilchen verhalten. Wenn sie in die Enge geraten, entwickeln sie einen Impuls und setzen sich in Bewegung. Je fester sie zusammengepreßt werden, desto mehr Aktivität entwickeln sie. Sie zeigen Impuls, wie ich schon sagte.»

«Aber woher bekommen sie den Impuls?» wollte Scrooge wissen. Er war noch ein wenig durcheinander. «Ich habe mir sagen lassen, der Impuls bleibt immer erhalten, und wenn ein Gegenstand einen größeren Impuls bekommt, so muß das durch einen entsprechenden Impuls ausgeglichen werden, der an anderer Stelle verlorengeht.»

«Ja natürlich, das stimmt weitgehend. So ist es, gewiß. Ich möchte keinen der großen Erhaltungssätze in Frage stellen. Wo wären wir heute ohne sie? Die Erhaltung des Impulses ist so gewiß wie nur etwas, aber *nicht gewisser*. Selbst solche universalen Gesetze müssen mit der Unschärfe leben. Ich stelle nicht in Frage, daß der Impuls im großen und ganzen erhalten bleibt, besonders im ganzen. Wenn du das Ganze ins Auge faßt und nicht von einem örtlich beschränkten Blickfeld ausgehst, sind Objekte und Teilchen nicht an einen Ort gebunden, und deshalb kann die Unschärfe ihres Impulses sehr klein sein. Unter solchen Umständen bleibt der Impuls tatsächlich erhalten, genau wie du gesagt hast. Wenn du deinen Blick jedoch einengst und darauf bestehst, daß ein Teilchen auf einen Bereich beschränkt ist, beginnt sein Impuls zu schwanken.

Du hast doch bestimmt schon Photos in Zeitungen gesehen, nicht wahr?» fragte der Geist unvermittelt. «Sie sehen ungefähr so aus.» Damit machte er einen Satz vorwärts und angelte in dem heillosen Durcheinander um sie herum nach einer zerknüllten Zeitung. Er strich die Seiten glatt und zeigte auf ein Bild, das ihn, den Clown selbst, zeigte. Wenn man es von nahem anschaute, war es ziemlich undeutlich und bestand nur aus verschieden großen, schwarzen Rasterpunkten, die Licht und Schatten des Bildes formten.

«Auf die gleiche Weise zeichnet die Natur ihr Bild von der Wirklichkeit, nur daß die Natur keine Stilleben hervorbringt. Ihre Bilder zeigen nicht nur den Ort des Seins, sondern auch die Bewegung des Werdens. Auf ihrer Leinwand sind gleichzeitig Ort und Impuls zu sehen. Kurz gesagt, im Gemälde der Natur ist der Raum der *Phasenraum*, die Breite der Leinwand stellt die Entfernung und ihre Höhe die Bewegung dar. Auf einer solchen Leinwand bestehen die Bilder ebenfalls aus Pünktchen.»

Aus dem unbestimmten Nebel, der sie umgab, tauchte ein großes Mahagonipult auf, und dahinter schwebte, offenbar ohne irgendeine Stütze, eine große Schautafel. Hinter dem Pult, auf einem Drehstuhl mit hoher Lehne, saß der Clown in der Pose des dynamischen Managers. Jedenfalls eines Managers mit grünen Haaren, roter Nase und breiten, grellbunten Hosenträgern. Auf dem Pult vor ihm stand ein kleines Schild, darauf stand: «Hier endet das Chaos.»

Scrooge schaute auf die Schautafel hinter dem Pult und entdeckte dort eine Darstellung der charakteristischen Ultra-Realität des Phasenraums, wie er sie zuvor schon auf dem Schreibblock des Ahnherrn der Zeit gesehen hatte. Diesmal jedoch bestand das Phasenraumbild, wie das Zeitungsphoto, aus Punkten. Aber nicht aus simplen Punkten, sondern aus kleinen Klecksen, und alle hatten dieselbe Größe und wirkten seltsam verschwommen. Ihre Größe war insofern gleich, als sie denselben Raum einnahmen, doch ihre Formen waren sehr verschieden. Einige waren ungefähr rund, andere dagegen sehr lang, aber entsprechend schmal.

«Jeder dieser Kleckse stellt den Zustand eines Teilchens dar. Einige sind groß und schmal; das sind Teilchen, deren Ort genau, deren Impuls aber entsprechend wenig bestimmt ist. Andere sind breit und flach; das sind Teilchen mit unbestimmtem Ort, aber gut definiertem Impuls. Wieder andere Punkte sind fast rund; sie stellen Teilchen dar, deren Ort und Impuls gleich gut bestimmt sind. Aber *gleich gut* heißt in diesem Fall auch *gleich schlecht*, denn eine größere Genauigkeit ist nicht zu erreichen. Unabhängig von seiner Form, beansprucht jeder Klecks denselben Raum. Der Klecks kann also einen genauen Ort und einen stark schwankenden Impuls oder einen sehr ungefähren Ort und einen gut bestimmten Impuls darstellen. In allen Fällen ist der Bereich, das Produkt der beiden Größen, durch diese universelle Konstante bestimmt, die man die Plancksche Konstante nennt.

Die kleinen Kleckse geben also die Kombination der Unschärfe von Ort und Impuls in jeder Richtung wieder. Die Natur ist dreidimensional, und zwar mindestens dreidimensional, und diese Verschwommenheit gilt unabhängig für jede der drei Dimensionen des Raums. In jeder Richtung besteht ein Unschärfebereich, dessen Größe durch die Plancksche Konstante bestimmt ist. Kann sich der untersuchte Gegenstand ungehindert in zwei Dimensionen bewegen, besteht für jede Richtung ein Planckscher Unschärfewert. Die Gesamtgröße seiner Unschärfe entspricht dem doppelten Wert der Planckschen Konstante.

Du hast bereits erfahren, daß sich die Natur nicht nur in den räumlichen Bereich hinein erstreckt, sondern auch in die kombinierte Dimension der *Raum-Zeit*. Auf dieser zusätzlichen Achse, der Zeitachse, zeigt die Natur ebenfalls ein entsprechendes Maß an Unschärfe. Wie mit Ort und Impuls verhält es sich auch mit Zeit und Energie. Jedes Teilchen zeigt eine kombinierte Unschärfe bei Zeit und Energie, die ebenfalls von der Planckschen Konstante angegeben wird. Das bedeutet, daß ein Teilchen, das ein langes und friedliches Leben führt und sich in einem Zustand befindet, der sich über lange Zeit hinweg nicht verändert, eine gut definierte Energie besitzt. Bei diesem Teilchen wird das Gesetz von der Erhaltung der Energie ausreichend eingehalten, und die Herrschaft der Herrin der Welt bleibt unangetastet. Ist das Teilchen dagegen kurzlebig, nur eine flüchtige Affäre, die, sobald sie begonnen hat, auch schon vorüber ist, hat es mit der Erhaltung der Energie nichts im Sinn. Seine Energie weist große Schwankungen auf, und es tut Dinge, die das Gesetz der Energieerhaltung eigentlich verbietet.

Energieschwankungen

Neben der Unschärferelation zwischen Impuls und Ort besteht eine
gleichwertige Beziehung zwischen der Energie eines Teilchens und
der Zeit:

$$\Delta E \, \Delta t \geq \frac{\bar{h}}{2}.$$

Dabei ist Δt die Unschärfe der Zeit und ΔE die Schwankung der
Energie.

Infolge dieser Beziehung kann die Energie eines Teilchens für eine
genügend kurze Zeit Δt um einen Betrag ΔE schwanken. Die
durchschnittliche Energie bleibt zwar langfristig erhalten, *nicht* aber
kurzfristig. Der Betrag der verfügbaren Energie schwankt innerhalb
kurzer Zeitspannen, und je kürzer die Zeitspanne ist, desto größer
kann die Schwankung sein.

Teilchen sind die Taschendiebe des Universums. Fortwährend stehlen
sie der Natur Energie. Dabei können sie diese Energie gar nicht lange
behalten und müssen sie bald wieder abgeben, aber bei Teilchen gibt
es immer Energieschwankungen. Je kürzer die Zeit, desto stärker die
Schwankungen, das ist die Regel.

Dieser fortgesetzte Diebstahl läßt ein Teilchen viele Zwänge gering-
achten. Das Verbotene ist ihm erlaubt. Frech zeigt es sich an Orten,
die eigentlich für ein Teilchen nicht erreichbar sind. Nimm nur einmal
diese Potentialbarriere.»

«Moment mal!» rief Scrooge aus. «Was ist denn das, wenn ich fragen
darf?»

«Natürlich darfst du fragen. Du darfst immer fragen. Vielleicht
antworte ich nicht immer, aber diesmal tue ich es. Eine Potentialbarriere ist für Teilchen ein Wall. Du würdest vielleicht von einem festen
Wall sprechen, aber was ist fest? Ein fester Körper besteht aus einer
Menge dicht beieinanderliegender Atome, und andere Teilchen sind
entweder in der Lage, sich zwischen ihnen zu bewegen, oder auch nicht.
Die Energie eines Teilchens bestimmt, wie und wohin es sich bewegen
kann, und die potentielle Energie legt fest, welches Gebiet es durchqueren muß. Eine Potentialbarriere ist ein Bereich, in dem die potentielle Energie eines Teilchens sprunghaft ansteigt, sobald es in ihn
eindringt. Kommt es in den Bereich der Barriere, wird seine potentielle
Energie größer als seine Gesamtenergie, und deshalb müßte man

eigentlich erwarten, daß das Teilchen nicht eindringen kann. Die Gesamtenergie eines jeden Gegenstandes entspricht ja der Summe seiner kinetischen und potentiellen Energien, wenn also die potentielle Energie größer ist als die Gesamtenergie, bedeutet das, daß die kinetische Energie negativ ist. Wie du aber weißt, ergibt sich die kinetische Energie aus dem Quadrat der Geschwindigkeit des Teilchens, und jede Zahl, die man ins Quadrat erhebt, ist positiv, gleichgültig, ob die Zahl selbst positiv oder negativ war. Kinetische Energie kann also nicht negativ sein, und deshalb kann das Teilchen nicht in den Bereich der Barriere eindringen. Aus diesem Grund heißt sie Potentialbarriere», endete der Geist seinen Kurzvortrag ganz außer Atem.

«Jetzt achte auf die Wellenfunktionen in den verschiedenen Energiebereichen und beobachte, was geschieht!» forderte ihn der Clown auf.

«Und wie soll ich das machen?» protestierte Scrooge. «Ich sehe weder Wellenfunktionen noch Energie. Ich sehe lediglich Aufenthaltsorte, und zwar die Aufenthaltsorte von Teilchen im gewöhnlichen Raum.»

«Nun geh' mir bloß nicht auf die Nerven. Die Aufenthaltsorte von Teilchen kannst du auch nicht *sehen*, das weißt du doch. Sie sind viel zu klein. Den Aufenthaltsort eines Gegenstandes kannst du in Wirklichkeit niemals *sehen*. Was du siehst, sind Photonen, die Lichtpartikel, die von dem Objekt gestreut wurden und dann dein Auge treffen. Du hast gelernt, das als *Sehen von Orten* zu interpretieren, aber das ist eine *Interpretation*. Babies können nicht die Lage von Dingen erkennen, sie müssen die Fähigkeit, oder besser gesagt, die Konvention erst noch lernen. Hier mußt du diese Fähigkeit verlernen, denn sie ist der Sache nicht angemessen.

Du weißt sehr gut, daß du nicht in deinem gewöhnlichen Körper hier bist. Du hast oft genug gesagt bekommen, daß dies eine Vision ist, also mach Gebrauch davon. Hier ist es angemessener, Energien und Wellenfunktionen zu sehen. Gebrauche also deine Phantasie, oder besser, gebrauche meine!»

Scrooge hatte plötzlich das Gefühl, als würde er zum ersten Mal die Augen aufschlagen, als würde er zum ersten Mal sehen. Seine Vision war zunächst trübe, aber dann wurde sie klarer, und während sie an Schärfe gewann, erlebte Scrooge eine seltsame und neue Art zu sehen. Er erblickte eine Mulde mit Wällen zu beiden Seiten, aber irgendwie wußte er, was seine Augen als hoch oder niedrig interpretierten, waren in Wirklichkeit die Wellenberge und -täler potentieller Energie. Wo er ein Tal sah, war die potentielle Energie niedrig, und die Teilchen besaßen an dieser Stelle mehr kinetische Energie. Und er wußte, wo er einen Wall sah, blickte er auf eine Region mit hoher potentieller

Energie, und die Teilchen wurden zurückgeworfen. Über das ganze
Bild erstreckte sich eine klare, ruhige Oberfläche, wie die Oberfläche
eines kristallklaren Teichs über einem unebenen Grund. Diese Oberfläche, das wußte er, stellte die gesamte Energie eines Teilchens dar.
Sie blieb immer auf demselben unveränderlichen Niveau, denn die
Energie war konstant und blieb immer erhalten. Die Tiefe der Poten-
tialebene unterhalb der unbewegten Oberfläche gab den vollen Umfang der kinetischen Energie des Teilchens an. An manchen Orten lag
der Boden dieses Energiebassins weit unter der Oberfläche, und die
kinetische Energie war hoch. Je mehr der Boden sich zur Oberfläche
anhob, desto stärker nahm die kinetische Energie ab. Am Rand der
Mulde war der Boden kein Boden mehr, sondern er wuchs um die
Mulde herum und faßte sie ein, wobei er niedrige Wände bildete, wie
die Wände eines Kinderplanschbeckens.

In der Mulde konnte Scrooge Wellen sehen. Wellen auf einem
Teich wären nichts Besonderes gewesen, aber diese Wellen kräuselten
sich nicht auf der Oberfläche, sie standen offenbar in keiner Beziehung
zur Oberfläche, sondern verliefen vielmehr ganz unabhängig und mit
wechselnder Amplitude durch den ganzen Teich, den Scrooge jetzt
wahrnehmen konnte. Die Wellenlänge dieser Wahrscheinlichkeitswel-
len veränderte sich von Ort zu Ort. An den tiefen Stellen des Teichs
lagen die Wellenberge dicht beieinander, hatten also eine kurze Wellenlänge, weil der Impuls und die kinetische Energie an diesem Punkt
groß waren. An den flachen Stellen des Teichs lagen die Wellenberge
weiter auseinander, die Wellenlänge war also größer. An den Stellen,
an denen der Boden in den Wall überging, der sich bis über die
Wasseroberfläche erhob, hätte es natürlich überhaupt keine Welle
geben dürfen. Aber *es gab* eine! Scrooge konnte 'sehen', wie sich eine
Welle innerhalb des Walls fortsetzte. Sie verlief nicht mehr auf und ab
in Wellenbergen und -tälern. Sie besaß keine eigentliche Wellenlänge
mehr, aber es war dennoch eine Welle, eine Amplitude die zusehends
verschwand, als sie vom Wall aufgesaugt wurde.

Der Wall war dünn, und die in Auflösung begriffene Welle war noch
nicht vollständig verschwunden, als sie die Außenseite des Walls
erreichte. Noch war etwas von ihrer Amplitude übrig, nur ein kleines
bißchen, aber es war noch sichtbar. Außerhalb des Walls war die
potentielle Energie wieder niedrig, sie lag wiederum ein gutes Stück
unterhalb des Gesamtenergieniveaus des Teilchens. Scrooge konnte
beobachten, wie die Amplitude wieder schwankte. Sie war jetzt so klein,
daß sie kaum wahrnehmbar war, aber sie hatte wieder eine kurze
Wellenlänge, was auf eine ansehnliche Menge kinetischer Energie
hindeutete.

«Paß auf, was mit den Elektronen in diesem Behälter passiert. Das ist doch ein guter Käfig, oder? Die Wände sind so hoch, daß die Elektronen nicht genug Energie besitzen, um sie zu überwinden.»

Der Geist langte in seine Hosentaschen, holte etwas hervor, was sah wie eine Handvoll Staub aussah, und warf es in den Teich. Die Wellen wurden intensiver, und jedesmal, wenn Scrooge genau hinsah, konnte er da und dort eine Anzahl Elektronen beobachten. Sie befanden sich mal an dem einen, mal an einem anderen Platz, während er eine Reihe von Beobachtungen durchführte. Aber sie blieben sicher im Käfig verwahrt. Das heißt, bis zu dem Moment, wo er sah, daß ein Elektron entkommen war. Es war plötzlich draußen und sauste schleunigst davon.

«Da siehst du es. Quanten-Planschbecken sind undicht. Die Wände mögen so hoch sein, daß die Quantenwelle nicht über den Rand schwappen kann, aber sie kann einen *Tunnel* durch die Wand bohren. Die Amplitude fällt rasch in sich zusammen, sobald sie in die Wand eindringt, aber wenn die Wand dünn ist, ist auf der anderen Seite noch etwas von ihr übrig. Draußen ist die Amplitude klein, und die Wahrscheinlichkeit, da draußen ein Teilchen zu finden, ist ebenfalls klein. Sie ist klein, aber nicht null. Ein Teilchen *kann* aus einem abgeschlossenen Raum ausbrechen, und natürlich *tun* sie es. Barrieredurchbrüche dieser Art sind für viele radioaktive Zerfallsprozesse verantwortlich.

So wie diese tunnelbohrenden Teilchen zapfen viele Teilchen dem Universum etwas Energie oder Impuls ab. Das ist allgemein üblich. Gewöhnlich klauen sie nicht sehr viel, und sie geben es auch immer zurück. Schwankungen sind gestattet, aber die Endsumme muß stimmen. Auf lange Sicht bleiben Energie und Impuls erhalten.

Einige Teilchen gehen noch weiter. Sie stehlen nicht nur eine kleine Menge Energie. Sie rauben alles, was sie bekommen können, und alles, was sie haben. Sie stehlen das Äußerste, was sie bekommen können – sie stehlen *sich selbst*! Ja, sie stehlen die *Existenz*. Das ist das Benehmen von *virtuellen Teilchen*. Du hast bereits erfahren, daß Teilchen eine Ruhemasse besitzen. Da Masse gleich Energie ist, ist diese Ruhemasse die Mindestenergie, die sie besitzen müssen, um überhaupt zu existieren. Sie ist ihr Eintrittsgeld, um zur erlauchten Gesellschaft der Realität zugelassen zu werden. Ein *reales* Teilchen ist ein Mitglied, das den vollen Preis entrichtet hat, es verfügt frei und absolut über die Energie, die es benötigt. Bewegt es sich, besitzt es eine größere Energie, aber seine Ruhemasse stellt das erforderliche Minimum, sie entspricht nämlich der Energie eines Teilchens, das sich überhaupt nicht bewegt. Die Eintrittsvoraussetzungen zur Existenz sind also recht klar, nur die Teilchen selbst sind es nicht. Bewegen sie sich oder sind sie im Ruhezustand? Das läßt sich wegen der Unschärfe nicht mit letzter Sicherheit feststellen. Besitzen sie Energie oder nicht? Das bleibt infolge der Schwankungen ebenfalls ungewiß. Große Schwankungen kann es nur für kurze Zeit geben, aber für eine sehr kurze Zeitspanne kann die Schwankung der Energie eines Teilchens genauso groß sein wie seine Ruhemasse. Obwohl es gar nicht vorhanden war, kann es plötzlich für kurze Zeit existieren, auch wenn seine Lebensdauer äußerst beschränkt ist. Es kommt aus dem Nichts und muß ins Nichts zurückkehren, und zwar recht fix.»

«Das finde ich fast noch schwerer zu akzeptieren und zu verstehen als alles andere, was ich bisher gehört habe», sagte Scrooge, «und selbst wenn es so wäre, was spielt das für eine Rolle? Eine so kurze Existenz, wie Ihr sagt, hat doch bestimmt keine Bedeutung, keine Auswirkung auf die reale Welt, ich meine die festgefügte Welt, in der ich gewöhnlich lebe.»

«Da hast du dich aber geirrt. Wahrhaftig, vollkommen geirrt. Diese virtuellen Teilchen, diese flüchtigen Fetzen vorübergehender und geborgter Realität, haben die größte Auswirkung auf die festgefügte Welt, die du dir nur denken kannst. Diese virtuellen Teilchen sind es nämlich, die deine reale Welt stützen und zusammenhalten. Ohne sie gäbe es überhaupt keine Festigkeit, sondern nur Teilchen, die sich ohne jede Wechselwirkung aneinander vorbeibewegen. Sie wären winzige, unabhängige Risse in dem gleichmäßigen Gewebe der Realität, Risse, die nebeneinander verlaufen, ohne sich gegenseitig wahrzunehmen.

Die Welt ist fest und stabil, weil die Teilchen aufeinander angewiesen sind. Zwischen den Atomen bestehen Kräfte und Wechselwirkungen. Innerhalb eines Festkörpers sind die Teilchen von einem Kraftfeld umgeben. Und was gibt es in einem Kraftfeld außer Teilchen?»

Scrooge hatte die Vision eines Feldes, einer hübschen, grasgrünen Wiese mit einem ordentlichen Zaun und einem weiß gestrichenen Tor. Verstreut auf diesem Feld tummelte sich eine Herde weißer Schafe mit unglaublich flaumigem Fell, und jedes graste allein für sich auf einem Fleckchen der Wiese.

«Das ist nicht das richtige Feld!» rief der Clown. «Wir brauchen Potentiale, keine Weide, und unsere Herde muß eine Herde von Atomen sein.»

Der Zaun und das Tor verschwanden, das grüne Gras verblaßte zu neutraler Anonymität, und die wolligen Schafe verwandelten sich in verschwommene Atome, die durch die Kräfte, die sie aufeinander ausübten, geordnet in Reih und Glied standen. Das Feld dazwischen schien ohne Eigenschaften, doch bei genauerem Hinsehen war es auch nicht ganz leer. Da war noch etwas. Dieses Etwas füllte den Raum zwischen den Atomen, es *war* das *Kraftfeld*, das die Atome umgab und einhüllte und sie zusammenhielt. Scrooges Blick veränderte sich weiter. Er sah wieder Wellen, solche Wellen, wie er sie zuvor in der Potentialmulde gesehen hatte. Aber jetzt gab es keinen abgestuften Grund, kein zugrundeliegendes Potential, sondern nur einen einförmigen Hintergrund, auf dem sich die Art von verebbenden Wellen abzeichneten, die sich zuvor durch die Potentialwälle gebohrt hatten. Die Wellen mischten sich völlig ungeordnet, jede war um ein Teilchen zentriert, breitete sich von dort aus und wurde mit der Entfernung immer schwächer.

«Wohin du auch schaust, überall siehst du Amplituden der tunnelbohrenden Teilchen. In diesem Fall sind es Photonen, die durch die elektrischen Ladungen von Elektronen und andere geladene Teilchen in dem Feld entstanden sind. Infolge von Energieschwankungen können die Photonen für eine kurze Zeit trotz ihrer nicht vorhandenen Mittel am Leben bleiben, aber sie brauchen elektrische Ladung als Erzeuger und Geburtshelfer für ihr vergängliches Wesen. Die Amplituden dieser Photonen sind denen jener Teilchen sehr ähnlich, die Tunnel durch einen Potentialwall bohrten, der für sie eigentlich undurchdringlich war, weil sie nicht genug Energie besaßen.

Selbst im freien Raum, ohne Potentialbarrieren in Sichtweite, haben die Photonen kein Existenzrecht, denn die Energie, die sie mit sich führen, ist nicht ihre eigene. Sie leben von geborgter Energie, was dasselbe wie geborgte Zeit ist, und können sich nicht weit von dem Elektron oder Atomkern entfernen, von dem sie stammen. Die Wahrscheinlichkeit, ein solches Teilchen aufzuspüren, sinkt sehr schnell mit der Entfernung von seinem Ursprung, aber innerhalb dieser Distanz kann es auch auf eine andere elektrische Ladung treffen, die zu einem anderen Elektron gehört. Es vereinigt sich vielleicht mit dieser Ladung und beendet seine kurze Existenz. Geschieht das, wurde das Photon zwischen den beiden Elektronen ausgetauscht. Sein Leben begann mit der elektrischen Ladung des einen und endete mit der elektrischen Ladung des anderen Elektrons. Während dieses Prozesses übertrug es seine gestohlene Energie und seinen gestohlenen Impuls vom einen auf das andere Elektron und bewirkte damit eine Wechselwirkung.

Dieser Photonenaustausch ruft, wie immer, eine Amplitude hervor, das gehört zur Vorstellung, die sich die Natur von einem solchen System macht. Und zur Natur von Amplituden gehört, daß sie entweder positiv oder negativ sind, daß sie sich addieren oder subtrahieren, so daß sich die beiden elektrischen Ladungen anziehen oder abstoßen. Ob das eine oder das andere geschieht, hängt von den beteiligten Ladungen ab. Gleiche Ladungen stoßen sich ab, entgegengesetzte Ladungen ziehen sich an, aber in beiden Fällen geschieht das durch den Austausch von Photonen zwischen den Ladungen. Ich sagte vorhin, dabei gäbe es keine Potentiale. Da habe ich gelogen. Die Photonen *sind* die Wechselwirkung, und damit liefern sie das Potential. Ein anderes gibt es nicht.

Bei einer anderen Gelegenheit hast du gefragt, wie wir behaupten können, daß all die verschiedenen Energieformen gleich sind.»

«Ja, ich erinnere mich», sagte Scrooge. «Ich sprach mit der Herrin der Welt darüber. Sie sagte mir, daß kinetische Energie, potentielle Gravitationsenergie, elektrische Energie und Wärme, trotz ihrer augenscheinlichen Unterschiede, mehr oder weniger dasselbe sind.»

«Nun, jetzt kannst du verstehen, warum sie 'mehr oder weniger' dasselbe sind, nämlich aus dem einfachen Grund, weil sie dasselbe *sind*. Du sprichst jedesmal von derselben Sache, nämlich von der Energie von Teilchen. Ein bewegtes Teilchen besitzt mehr Energie als ein ruhendes, obwohl dieses über eine Ruhemasse verfügt, die für gewöhnlich groß ist. Ein virtuelles Teilchen besitzt ebenfalls Energie und Impuls, wenn auch in einem anderen Verhältnis als ein 'reales' Teilchen. Die kinetische Energie eines großen Körpers besteht aus nichts anderem als aus der Energie all seiner Teilchen, da sie die allgemeine Bewegung mitvollziehen. Wärme ist die Energie von Teilchen, die sich innerhalb eines großen Körpers in verschiedene Richtungen bewegen. Elektrische Energie ist die Energie von Photonen, die das elektrische Feld bilden, also das System, durch das elektrische Wechselwirkungen zwischen der einen Ladung und der anderen stattfinden. Potentielle Gravitationsenergie gleicht der elektrischen, nur daß verschiedene Teilchen ausgetauscht werden, sie heißen in diesem Fall Gravitonen. Jede dieser unterschiedlichen Energieformen kann auf die Energie von Teilchen zurückgeführt werden. Alle Energie ist dieselbe. Sie ist einfach – Energie.

Absolut alles, was du siehst und womit du in der Welt um dich herum zu tun hast, besteht aus Teilchen. So ziemlich alles, was dich betrifft, besteht allerdings aus nur zwei verschiedenen Typen: Elektronen und Photonen. Die Materie besteht aus nichts anderem als aus den Wechselwirkungen zwischen diesen beiden Teilchen. Wenn du mich fragst: Was ist Materie? – so lautet meine Antwort: Materie besteht aus Elektronen und positiven Ladungen in den Atomkernen sowie Photonen, die zwischen ihnen ausgetauscht werden. Photonen sind die Teilchen, die einen Lichtstrahl bilden, aber sie sind auch die Teilchen, die einen Stein oder ein Stück Eisen zusammenhalten. Was würdest du sagen, wenn ich dir erzählte, daß ein Stück Eisen von Ketten zusammengehalten wird, die aus dem Material von Mondstrahlen bestehen?»

«Du solltest lieber Mondschein sagen!» erwiderte Scrooge, «denn das ist doch offensichtlich Unsinn.»

«Wie ich vorhin schon sagte: Du darfst nicht alles wörtlich nehmen. Aber diese Bemerkung ist buchstäblich wahr. Ein Mondstrahl ist ein Strahl von Photonen, von realen Photonen. Eisen wird von elektrischen Kräften zusammengehalten, von virtuellen Photonen, die Energie übertragen. Ein Photon ist ein Photon. Einige haben andere Energien als andere, aber sie sind das gleiche.

Elektrische Kräfte halten die Teilchen zusammen, aus denen die Welt besteht, und der Baustein, den sie hervorbringen, ist das *Atom*.»

Kapitel 11
Das Innenleben der Atome

«Die Welt besteht aus Atomen», erklärte der Clown und nahm eine respektheischende Haltung ein, denn immerhin ging es nun um Grundsätzliches. «Daran kann es nicht den geringsten Zweifel geben. Jede Materie besteht aus Atomen, und für die meisten Stoffe sind nur wenige Atomarten notwendig. Aber sie verbinden sich zu einer wunderbaren Vielfalt und bilden die Myriaden von Substanzen, die in der Welt vorkommen.

Alle Atome sind nach demselben Muster aufgebaut. Fangen wir ganz am Anfang an und beginnen mit dem Atomkern, dem Nukleus.»

Der Geist griff in seine unerschöpflichen Hosentaschen und förderte etwas zutage, was zu klein war, als daß Scrooge es hätte erkennen können. Obwohl es klein war, schien es sehr schwer zu sein, denn er konnte es nur mit Mühe hochheben.

«Das ist ein Atomkern. So ein Nukleus befindet sich im Zentrum jedes Atoms. Er ist sehr klein, sehr schwer, und er trägt eine positive elektrische Ladung. Für die meisten Zwecke genügt das, denn es reicht aus, um Elektronen anzuziehen, die eine negative Ladung besitzen. Wenn ich sage, daß der Nukleus klein ist, meine ich *sehr* klein, einige sind hunderttausendmal kleiner im Durchmesser als das Atom selbst. Der Nukleus ist nur ein winziger Fleck, versteckt in der Mitte eines Atoms, aber er ist dennoch so schwer, daß sich weniger als ein Tausendstel der ganzen Atommasse außerhalb von ihm befindet.»

«Uuh weh, das ist ganz bestimmt falsch!» protestierte Scrooge. «Wie kann etwas so Kleines so schwer sein? Nur große Gegenstände können so ein großes Gewicht erreichen.»

«Nein, das ist richtig», antwortete der Clown, und nenn mich bitte nicht Uwe! «Bei Teilchen gehen *klein* und *schwer* sehr wohl zusammen, sieh selbst!»

Der Clown setzte das winzige Ding ab, das er in der Hand gehalten hatte, und war für einen Moment nur ganz schemenhaft zu sehen, da er plötzlich einen Purzelbaum schlug. Als er wieder auf den Füßen stand, hatte er das Leopardenfell eines Muskelmannes um, aber die Wirkung dieses Kostüms wurde dadurch geschmälert, daß es genauso sackartig an ihm herunterhing wie seine Hosen und weil seine Arme zu beiden Seiten wie Pfeifenstiele herausragten.

Er verbeugte sich vor seinem Publikum, obwohl außer Scrooge niemand da war, und ging zu einem Gestell hinüber, das zuvor nicht dagewesen war. Darauf waren der Größe nach einige undeutlich erkennbare Bälle aufgereiht, der größte war halb so groß wie der Clown, der kleinste war so winzig wie eine große Erbse.

Der Clown nahm verschiedene extravagante Körperhaltungen ein und spannte die Muskeln an, bis der Bizeps mehrmals hintereinander übertrieben anschwoll. Selbstbewußt griff er nach dem größten Ball, beugte seine Knie, um einen besseren Stand zu haben, und nahm ihn auf. Mühelos hielt er den Ball in der Hand, balancierte ihn auf seiner ausgestreckten Fingerspitze und ließ ihn ein paarmal von der einen in die andere Hand gleiten, bevor er ihn zurücklegte. Mit einem zufriedenen Lächeln ging er ans andere Ende der Ballreihe und ergriff nun lässig den kleinsten Ball. Aber da drehte er unversehens eine groteske Pirouette auf einem Bein, während das andere unwillkürlich in die Luft stach, und seine Hand schlug schwer auf den Boden. Er zappelte und hüpfte, wirbelte herum, aber er blieb wie angewurzelt an der Stelle, wo seine Hand durch die unverrückbare Masse des kleinen Balls, der auf ihr lastete, an den Boden geheftet war.

«Wirklich bühnenreif!» sagte Scrooge anerkennend, «aber das liefert uns noch keine Erklärung, weshalb ein so kleines Objekt so unglaublich schwer sein kann.»

«Es ist genau umgekehrt», antwortete der Geist mit einer Stimme, die sehr ruhig war für jemanden in einer so unbequemen Lage. «Es ist nicht so, daß ein kleines Teilchen schwer sein *muß*, es ist eher so, daß

ein schweres Teilchen *wahrscheinlich* klein ist. Aber zunächst hängt alles davon ab, was du unter klein verstehst.»

«Aber was 'klein' bedeutet, liegt doch auf der Hand», versetzte Scrooge. «Es heißt 'nicht groß'. Es bedeutet, daß der Gegenstand, was es auch immer sei, nicht sehr viel Platz einnimmt.»

«Wenn ein kleines Teilchen auf jeden Fall wenig Raum einnimmt, wie du sagst», fuhr der Geist fort, «dann ist die Unschärfe, was seine Größe anbelangt, klein, sein Impuls muß daher groß sein. So ist das eben mit Teilchen in der Quantenwelt. Ein schweres Teilchen kann leichter einen hohen Impuls besitzen, weil der Impuls der Masse proportional ist. Die Eigenschaften 'schwer' und 'klein' verbinden sich bei diesem Verständnis von klein ganz von selbst. Du bist an die Vorstellung gewöhnt, daß schwere Objekte groß sein müssen, weil du immer von *zusammengesetzten* Objekten ausgehst, von Gegenständen, die aus großen Mengen identischer Teilchen bestehen. Große Gegenstände enthalten *mehr* solcher Teilchen als kleine Gegenstände, und da es mehr Teilchen sind, wiegen sie natürlich mehr. Aber bei einem *einzelnen* Teilchen geht Kleinheit meist mit großer Masse einher. Ein Elektron ist sehr viel leichter als ein Atomkern, aber die Elektronen nehmen den *ganzen Raum* eines Atoms ein, der sehr viel größer ist als der winzige Nukleus. Das ist das eine Verständnis von Größe, und in dieser Interpretation sind Elektronen viel größer als Atomkerne.

Eine andere, herkömmlichere Bedeutung ist die dem Teilchen innewohnende, eigene Größe. Das ist eher eine definitive Eigenschaft des Teilchens als eine, die ihm durch die Unschärfe aufgezwungen ist. In diesem Sinne ist das Elektron ein punktförmiges Teilchen, und als solches besitzt es *überhaupt keine Größe*.»

«Aber», wollte Scrooge einwenden, doch dann hielt er inne, besann sich und begann von neuem. «Ohne Zweifel ist das genau das Gegenteil von dem, was Ihr gerade dargelegt habt, oder?»

«Vielleicht hört es sich unsinnig an, was ich gerade gesagt habe, aber die Wahrheit erscheint oft unsinnig. Das hat die Wahrheit so an sich. Es *ist* wahr, das Elektron ist punktförmig in dem Sinne, daß es weder eine bekannte Struktur noch eine ihm innewohnende Größe und Form besitzt. Aber, wie ich schon sagte, es ist innerhalb eines Atoms *nicht* an einen festen Ort gebunden. Man weiß, es ist irgendwo im Innern des Atoms, genauer kann man es nicht bestimmen. In dieser Situation ist der Aufenthaltsort des Elektrons so verschwommen, daß man nicht weiß, wie groß es ist. Diese Verschwommenheit ist sozusagen seine Größe, aber es ist nicht seine wahre, innere *persönliche* Größe. Der Atomkern ist sehr viel mehr lokalisiert, und das liegt natürlich an seiner großen Masse. Ein Elektron kann sogar noch genauer lokalisiert werden als die Teilchen, die den Atomkern bilden. Das geht aber nur, wenn

man ihm Energie zuführt, und zwar riesige Mengen Energie, weit mehr
Energie, als in der Masse eines Atomkerns, geschweige denn in der
vergleichsweise kümmerlichen Masse eines Elektrons, enthalten ist.
Wird ein Elektron nahezu auf Lichtgeschwindigkeit beschleunigt, dann
wird seine Energie größer und größer und kann auf die vielfache Menge
der Energie anwachsen, die in der Ruhemasse des Elektrons gespeichert ist. Seine zugehörige Wellenlänge wird sehr klein, und schließlich
kann man sehen, daß das Elektron wirklich winzig ist und keine eigene,
inhärente Größe besitzt.»

Der Clown, der ganz unauffällig zu seiner gewöhnlichen Erscheinung zurückgekehrt war, hielt eine Hand hoch und deutete mit Daumen und Zeigefinger an, wie winzig klein das Elektron ist. Dann
breitete er sein Arme weit aus, um eine größere Ausdehnung zu zeigen.

«Protonen und Neutronen, die Teilchen, die den Atomkern bilden,
besitzen eine eigene, endliche Größe, sie hängt nicht allein von ihrer
Verschwommenheit ab. Wie schnell sie sich auch bewegen, wie sehr ihre
Energie ansteigt und ihre Wellenlänge abnimmt, immer behalten sie
diese Größe. Alles hängt davon ab, was du unter Größe verstehst. Der
Atomkern besitzt eine eigene, inhärente Größe, die viel größer ist als die
des Elektrons. Die quantenbedingte Verschwommenheit seines Aufenthaltsortes ist so gering, daß man seine wirkliche Größe erkennen kann.

'Größe' kann also zwei ganz verschiedene Dinge bedeuten. Jedes
Teilchen besitzt eine quantenbedingte Verschwommenheit und dehnt
sich über ein bestimmtes Gebiet aus. Dieses Gebiet hängt wiederum
von der Energie des Teilchens ab und wird kleiner, je mehr Impuls das
Teilchen entwickelt. Auch ein Gegenstand kann eine ihm innewohnende, 'intrinsische' Größe haben, eine Eigenschaft, die nicht abnimmt,
wenn er sich schnell bewegt, abgesehen natürlich von der normalen
relativistischen Kontraktion. Eine solche 'intrinsische' Größe entsteht
gewöhnlich dadurch, daß der Gegenstand aus vielen Teilchen aufgebaut ist.

Teilchengröße

Die Größe eines Teilchens ist nicht so eindeutig definiert, wie man
annehmen könnte. Wegen der den Teilchen eigenen *Streuung* oder
Verschwommenheit ihres Aufenthaltsortes, die durch die Heisenberg-
sche Unschärferelation beschrieben wird, ist der Aufenthaltsort
eines Teilchens ein bestimmter räumlicher Bereich. Man muß
eigentlich vom Volumen eines Teilchens sprechen, denn es «erstreckt» sich ja über ein bestimmtes räumliches Gebiet. Die Elektronen eines Atoms erstrecken sich über dessen gesamtes Volumen,

während der Kern in einem verhältnismäßig winzigen Bereich lokalisiert ist.

Diese Verschwommenheit des Teilchens ist durch seinen Impuls bedingt und nimmt ab, wenn der Impuls zunimmt. Schwere Teilchen besitzen bei einer gegebenen Energie einen größeren Impuls, ihr Aufenthaltsort ist also besser bestimmbar. In diesem Sinne gehören die Eigenschaften *klein* und *schwer* zusammen. Wenn man einem Elektron einen genügend großen Impuls zuführt, kann sein Ort sehr genau bestimmbar, möglicherweise sogar punktförmig werden. Das gilt jedoch nicht für den Kern, der unabhängig vom Impuls immer gleich groß bleibt. Er besitzt eine «intrinsische» Größe als eine ihm innewohnende Eigenschaft. Das Elektron dagegen besitzt offenbar überhaupt keine »Eigengröße«. Je größer sein Impuls ist, desto kleiner wird es. Im allgemeinen sind die Teilchen, die eine feste Eigengröße besitzen, aus anderen Teilchen zusammengesetzt.

Die Gegenstände, mit denen du aus deinem täglichen Leben vertraut bist, haben eine Größe, und diese Größe entsteht dadurch, daß sie sich aus vielen Atomen zusammensetzen. Jedes Atom befindet sich an einem anderen Platz innerhalb des Objekts, und alle zusammen nehmen ein beträchtliches Volumen ein. Jedes Atom besitzt seine eigene Quantenamplitude, sie nimmt für jedes Atom einen kleinen Raum in Anspruch, in dem sich seine Elektronen mit hoher Wahrscheinlichkeit befinden. Das ist für jedes Atom ein unterschiedlich kleiner Raum, und wenn viele Atome vorhanden sind, wie das bei jedem Gegenstand der Fall ist, der so groß ist, daß du ihn sehen kannst, fügen sich all diese Räume aneinander und bilden die Größe des Gegenstandes. Das Elektron selbst mag winzig sein, vielleicht hat es überhaupt keine Ausdehnung, aber ein Elektron besitzt so wenig Energie, daß die Verschwommenheit seiner Position das *gesamte Volumen* des Atoms ausfüllt. Besitzt ein Teilchen eine große Wahrscheinlichkeitsamplitude, könnte man sagen, daß es den ganzen Raum einnimmt. Das ist alles, was du jemals meinen kannst, wenn du sagst, daß eine Region *mit Teilchen ausgefüllt* ist. Es ist unrichtig zu sagen, daß Atome hauptsächlich aus leerem Raum bestehen. Sie sind vollständig mit Elektronen ausgefüllt.

Es wird Zeit, daß wir wieder zu unserem Atomkern zurückkehren.» Der Clown beugte sich herab und hob unter großen Anstrengungen etwas Unsichtbares vom Boden auf, er strengte alle Muskeln an, wuchtete es bis auf Schulterhöhe und verstaute es, wie es schien, in ein unsichtbares Regal vor sich in Augenhöhe.

«Dieser Nukleus ist ein zusammengesetztes Ding. Er besteht aus Protonen und Neutronen. Die Protonen und Neutronen sind ihrerseits zusammengesetzt. Sie bestehen aus anderen Teilchen, den Quarks. Wir kommen später noch auf sie zu sprechen, aber wie bei den Elektronen des Atoms, füllen die Amplituden der Quarks das Volumen des Protons oder Neutrons aus und machen seine Größe aus. Ist ein Atomkern mit Protonen und Neutronen vollgestopft, muß auch der Atomkern eine bestimmte Größe aufweisen, genauso wie große Objekte, die aus vielen Atomen bestehen. Wie ich vorhin schon sagte, alles, was ein Atomkern braucht, ist, daß er klein und schwer ist, damit er den Anker für das Atom darstellen kann, und daß er eine positive Ladung besitzt, um Elektronen anzuziehen.

Komm! Paß auf, wie ich mit einigen Elektronen herumjongliere, damit sie ein Atom bilden», fuhr er fort und langte wieder in seine Hosentasche.

Er warf eine Handvoll Elektronen in die Luft, oder was immer es war, was sie in dieser seltsamen Umgebung umgab, und fing an, mit ihnen zu jonglieren, indem er sie in einem engen Kreis um den Ort herumwirbeln ließ, an dem er den Nukleus plaziert hatte. Sie verschwammen über seinem Kopf zu Schemen und waren tatsächlich nie etwas anderes als verzerrte Schemen gewesen. Die ganze Gruppe war jetzt für Scrooge ein verschwommener Reflex, genauso gestaltlos wie jene nebelhaften Kugeln, die ihm der Schatten der Entropie in einer früheren Vision gezeigt hatte. Sollte er denn die Struktur eines Atoms niemals deutlicher zu sehen bekommen? Vielleicht gab es überhaupt keine Form oder Struktur? Er teilte dem Geist seine Überlegungen mit.

«Ich habe dir schon einmal gesagt, du mußt die Dinge richtig sehen. Im Raum ist der Aufenthaltsort der Elektronen verschwommen, und du darfst nicht erwarten, ein Atom anders als eine nebelhaft verschwom-

mene Kugel zu sehen, aber es gibt andere Möglichkeiten der Betrachtung. Richte deine Aufmerksamkeit auf die *Energie*, auf die *Amplituden*, und gleich wirst du klarer sehen.»

Der Geist schleuderte den Haufen diffuser Elektronen auf den Boden, und im selben Augenblick fühlte Scrooge wieder eine Veränderung und Neuausrichtung seiner Vision, wie er es vorher schon erlebt hatte, als er den Quantenteich gesehen hatte. Er entdeckte eine Vertiefung vor sich im Boden: in dem ebenen Boden, der die unveränderliche Ebene des Energienullpunktes anzeigte. Diese Vertiefung war kreisförmig, und ihr Zentrum war sehr tief. Die Ränder fielen glatt und trompetenförmig zur Mitte hin ab, die so tief war, daß man keinen Grund erkennen konnte. Im weiteren Umkreis konnte er weitere trompetenförmige Vertiefungen sehen, die genau wie die erste aussahen.

«Das sind Potentialtöpfe, sie werden von den elektrischen Ladungen der Atomkerne gebildet. Wenn sich ein Elektron dem Nukleus nähert und angezogen wird, sinkt seine potentielle Energie ab, und zwar um so stärker, je näher es dem Nukleus kommt. Dieses Absinken des Potentials wird Topf genannt, weil es so tief abfällt, und die Amplituden der Elektronen müssen sich in diesen Topf einpassen.

Das Elektron kann innerhalb des Atoms überall sein, und alle diese Möglichkeiten verbinden sich zu der Gesamtamplitude, die das Elektron beschreibt. Die verschiedenen Möglichkeiten interferieren, und es stellt sich heraus, daß nur eine bestimmte Auswahl möglicher *Zustände* übrigbleibt, nämlich die Zustände, die sich nicht durch Interferenz auslöschen. Nur diese Auswahl ergibt für die Elektronen Wahrscheinlichkeitsverteilungen, die nicht gleich null sind. Alle anderen Möglichkeiten sind *keine* Möglichkeiten, weil sie keine Wahrscheinlichkeit besitzen: Was eine Wahrscheinlichkeit von null hat, ist keine Möglichkeit, oder anders gesagt, es kann sich nicht ereignen. Die Situation ist vergleichbar mit der begrenzten Auswahl von Noten, die man mit einer Orgelpfeife spielen kann. Die Luftmoleküle in der Orgelpfeife können sich in alle möglichen Richtungen bewegen, aber die Luftwellen können nur die Noten hervorbringen, auf die die Pfeife gestimmt ist. Der Clown langte in seine Tasche und zog eine kleine Pfeife hervor, in die er hineinblies und einen hohen, dünnen Ton erzeugte. Danach griff er abermals in seine Tasche und holte ein Horn hervor, ein Horn, das plötzlich immer länger wurde, bis es schließlich fast so lang war wie der Clown selbst. Er konzentrierte sich, holte tief Luft und erzeugte einen langen, tiefen Ton. Zufrieden mit seiner Leistung konzentrierte er sich erneut und gab schließlich eine ganze Serie von Tönen von sich, aber ach, das Horn konnte nur sehr wenige verschiedene Töne produzieren.

«Hast du gesehen, oder besser, gehört, daß die Art der erzeugten

Wellen, der Schallwellen, von dem erzeugenden Instrument abhängig
ist. Die kleine Pfeife produzierte einen hohen Ton, das viel längere
Horn sehr viel tiefere Töne. Ebenso verhält es sich mit den Elektronen
in einem Atom. Die Art des Atoms bestimmt die Amplituden der
Elektronen für jeden möglichen Zustand. Bei den Elektronen eines
Atoms muß sich jedes Elektron in einem dieser Zustände befinden, und
der Zustand bestimmt die Energie des Elektrons, das er beschreibt.»

In der Trompetenform des Potentialtopfs konnte Scrooge bei verschiedenen Tiefen eine Reihe von klaren Oberflächen erkennen. Jede
glich der Oberfläche eines klaren Teichs, oder vielleicht eher einer
gespannten Folie aus dünnem Kunststoff, denn es gab ihrer viele, eine
über der anderen. Sehr tief unten befand sich eine in großem Abstand
zu den anderen, sie war von allen die am tiefsten gelegene. Näher an
der Oberfläche, nahe der Ebene des Energienullpunktes am Rand des
Topfes, lagen andere Ebenen. Eine Abfolge von Ebenen staffelte sich
übereinander, und eine Ebene lag immer dichter an der über ihr
gelegenen, bis sie sich nahe der Oberfläche so dicht drängten, daß sie
fast ineinander übergingen. Über der Oberfläche war keine dieser
deutlich getrennten Ebenen mehr sichtbar, denn alle Elektronen, deren
Energie über den Energienullpunkt hinausging, wurden nicht von dem
Topf eingefangen, und deshalb konnte er ihren Energien keine Restrik-
tionen auferlegen.

«Diese Ebenen, die man Niveaus nennt, verdeutlichen die Energien, die ein Elektron innerhalb eines Atoms haben *kann* und die ihm zugänglich sind infolge der Zustände, die es einnehmen kann. Jedes Elektron in einem Atom befindet sich auf einer dieser Ebenen. Gewöhnlich befindet es sich auf einer Ebene und nicht in einer Überlagerung von allen, denn diese Ebenen unterscheiden sich in meßbarer Weise. Zu einer Überlagerung von Zuständen kommt es nur, wenn man die Zustände nicht mehr voneinander unterscheiden kann, wenn sie *degenerieren*, wie man sagt. Diese Ebenen innerhalb eines Atoms repräsentieren die verschiedenen Energiezustände eines Elektrons, und man kann sie auseinanderhalten.

Atome leben unbegrenzt, und die Elektronen innerhalb eines Atoms verharren lange in den Zuständen, in denen sie sich gerade befinden. Diese Zustände werden deshalb stabile Zustände genannt, es sind also Zustände, die sich nicht verändern und somit wenig oder gar keine Zeitinformation enthalten. Die Elektronen in diesen Zuständen sind zeitlich nicht begrenzt, und aus diesem Grunde ist die Energie jedes Zustands gut definiert.

Jede der Ebenen kann von einem Elektron besetzt werden. Jedem erlaubten Zustand kann ein Elektron zugeordnet sein, und in verschiedenen Zuständen können die Elektronen verschiedene Energien haben. Normalerweise fällt ein Elektron in den Zustand mit der niedrigst möglichen Energie.»

In den Tiefen des Potentialtopfs sah Scrooge, daß sich das niedrigste Energieniveau intensiviert hatte und damit anzeigte, daß es von einem Elektron besetzt worden war. Er bemerkte auch ein Flackern über der Oberfläche, außerhalb des Potentials des Atoms. Der Clown erklärte, dies käme von den Photonen, die in dem Licht enthalten seien, das auf die Atome falle. Plötzlich sah er, wie eines dieser Photonen mit einem Atom vor ihm zusammenstieß. Das Photon verschwand, und er sah, daß sich innerhalb des Atoms eine höhere Ebene intensiviert hatte. Das war ein Anzeichen dafür, daß das Elektron vom niedrigsten zu einem höheren Niveau gesprungen war. Das Photon war währenddessen verschwunden. Es war gänzlich absorbiert worden, und seine Energie hatte dazu gedient, das Elektron auf dieses höhere Niveau zu heben.

«Dieses Elektron befindet sich nun in einem *angeregten Zustand*, und das bedeutet nur, daß seine Energie größer als notwendig ist. Solche Elektronen ziehen es vor, wieder in den energetisch tiefer liegenden Zustand zurückzufallen, in den *Grund*zustand. Dabei senden sie ihre frei werdende Energie in Form eines Photons aus. Ein Elektron, dem dies möglich ist, wird es *höchstwahrscheinlich* auch tun. Jeder der Elektronenzustände in einem Atom ist, für sich gesehen, nur ein einzelner Zustand, aber jedes frei werdende Photon kann in einen von vielen, vielen verschiedenen Zuständen übergehen, je nach seiner Richtung und Bewegung. Die Abgabe eines Photons ist also wahrscheinlich und wird stark begünstigt, *sehr* stark begünstigt sogar. Wenn das Elektron in den Grundzustand zurückfallen kann, wird es das auch tun, und du hast ja vorhin gesehen, daß '*wahrscheinlich*' soviel bedeuten kann wie '*fast sicher*'.

Wie ich schon sagte, der Rückfall in den Grundzustand ist wahrscheinlich, wenn das Elektron zurückfallen *kann*. Das Elektron begann in einem angeregten Zustand, der vom Grundzustand *verschieden* ist. Die Zustände unterscheiden sich eindeutig und erkennbar voneinander und sind deshalb nicht Teil derselben Überlagerung. Die Amplitude muß sich wirklich *verändern*, und das geschieht nur, wenn ein Übergang, ein *Quantensprung*, stattfindet, wenn also tatsächlich etwas da ist, das die Zustandsveränderung *verursacht*. Als du sahst, wie ein Elektron im Grundzustand durch ein Photon angeregt wurde, war es diese Wechselwirkung mit dem Photon, das diesen Übergang verursacht hat. Befindet sich das Elektron bereits in einem angeregten Zustand, kann eine ähnliche Wechselwirkung mit einem Photon dazu führen, daß es wieder in den Grundzustand zurückfällt und dabei ein Photon abgibt, das die frei werdende Energie ableitet. Im Fall einer solchen *stimulierten Lichtemission* gibt es anschließend zwei Photonen gleicher Energie: eines, das den Übergang verursachte, und eines, das freigesetzt wurde, um die frei werdende Energie des Elektrons abzuleiten.

Ein Elektron im angeregten Zustand wird auf ein niedrigeres Energieniveau zurückfallen, selbst wenn kein Licht auf das Atom fällt, um den Übergang zu stimulieren. Es könnte so scheinen, als würden sich die Zustände ändern, selbst wenn keine Photonen da sind, um den Übergang anzuregen, aber tatsächlich sind immer Photonen vorhanden. Selbst wenn keine *realen* Photonen anwesend sind und kein Licht auf das Atom fällt, so gibt es immer *virtuelle* Photonen. Das Vakuum ist überall und zu allen Zeiten voller virtueller Photonen, die aus Energieschwankungen entstehen. Diese Photonen sind nicht sehr langlebig, aber sie leben lange genug, um einen solchen Übergang herbeizuführen. Was der spontane Zerfall angeregter Atome genannt wird, ist in Wirklichkeit das Werk solcher virtuellen Photonen.

Fällt ein Elektron von seinem angeregten Zustand höherer Energie auf einen Zustand niedrigerer Energie zurück, so wurde dieser Übergang durch die Aktivität virtueller Photonen verursacht, die keine andere als die von einem Quantensprung entliehene Energie besitzen. Fällt das Elektron, verliert es Energie, und diese wird durch ein Photon freigesetzt. Das abgegebene Photon führt Energie mit sich, die es behalten kann, und deshalb kann es als sichtbares Photon wahrgenommen werden. Die Folge: Es werde Licht!»

Von irgendwo fern in der Dunkelheit, die sie umgab, schien nun ein helles Licht auf und strahlte sie an. Der Lichtstrahl leuchtete durch einen Nebel oder eine Wolke feiner Tröpfchen, die einen hellen Hof um die Lichtquelle erzeugten. Das Licht teilte sich in verschiedene Farbbereiche auf, wie ein Regenbogen. Die untere Hälfte dieses Bogens war jedoch nicht durch die Erde verdeckt, und so konnte sich ein vollständiger Kreis um das Licht bilden.

«Hier siehst du Licht, und zwar Licht in allen Farben. Es sind die Farben des Regenbogens. Die Farbe, die du siehst, hängt von der Frequenz des Lichts und von der Energie der Photonen ab, beide Größen stehen ja in Beziehung. Wenn du Licht siehst, das nur von Atomen eines bestimmten Typs stammt, enthält das Licht nicht mehr 'alle Farben des Regenbogens'. Natriumatome, die häufig in gasgefüllten elektrischen Straßenlaternen verwendet werden, erzeugen nur eine sehr begrenzte Farbskala.»

Das helle Licht in der Ferne wechselte von Weiß zu einem deutlichen Gelb, und die schönen Farbstreifen in dem strahlenden Hof gingen in Schwarz über. Was übrig blieb, waren ein paar scharf umrissene Kreise ohne nennenswerten Durchmesser. Am auffallendsten waren zwei helle Kreise von intensivem Gelb, zwei genau umrissene und nah beieinanderliegende enge Strahlenkreise, die durch breite dunkle Zonen vom Rest isoliert waren.

«Was du hier siehst, ist ein *Linienspektrum* für das Licht, das von einem Atom ausgestrahlt wird. Das Licht kann nicht jede Farbe annehmen. Die Photonen werden nur mit der Energie abgegeben, die die Elektronen freisetzen, wenn sie vom einen zum anderen Energieniveau wechseln. Diese Niveaus haben deutlich unterschiedene Energien, deshalb ergeben die Differenzen ihrer Energien ebenfalls eine Reihe von deutlich voneinander abgegrenzten Werten. Da nur Photonen mit diesen Energien entstehen, werden auch nur die dazugehörigen Farben sichtbar. Das Besondere an Natriumlicht ist, daß fast alle seine Photonen die gleiche Energie besitzen. Zwar treten noch ein paar andere Farben auf, aber sie sind vergleichsweise schwach. Das Licht ist im großen und ganzen gelb und eignet sich gut für Beleuchtungszwecke, denn seine Energie bringt zum größten Teil Photonen hervor, die für das Auge gut sichtbar sind. Man bekommt mit einem verhältnismäßig geringen Energieaufwand ein Licht, in dem alles klar erkennbar ist, auch jede gewünschte Farbe, solange sie gelb ist. Wenn das Licht nur gelb ist, ist Gelb die einzige Farbe, die man sehen kann. Leider wurden es die Menschen mit der Zeit leid, immer nur Gelb zu sehen. Es führte dazu, daß sie schwarz und schließlich rot sahen, bis sie anderes Licht, wie das von Quecksilberlampen, verwendeten. Ihr Licht kommt vom Rückfall von Elektronen in den Grundzustand in angeregten Quecksilberatomen.»

Das helle Licht wechselte wieder und nahm eine blau-weiße Farbe an. Der umgebende Hof war wieder überwiegend schwarz, aber er enthielt helle, enge Kreise in allen möglichen Farben.

«Wie du siehst, strahlen auch diese Lampen nur ein Licht mit sehr wenigen Farben aus, die aber ausreichen, um einen ungefähren Eindruck normaler Beleuchtung zu vermitteln.»

Das Licht flackerte noch einmal auf und erlosch, es hatte für den Geist seinen Zweck erfüllt. Er deutete auf den Potentialtopf, den Scrooge noch immer vor sich sah. Eine der vielen Ebenen, die die verfügbaren Energieniveaus in einem Atom darstellten, war intensiviert, ein Zeichen, daß sie von einem Elektron besetzt war. Als Scrooge die Intensivierung näher betrachtete, sprang das Aufleuchten von einer Ebene zur anderen bis hinunter zur niedrigsten und von da wieder aufwärts zu einer höheren Ebene. Dieses Auf- und Abflackern illustrierte Anregung und Zerfall der atomaren Zustände, während das Elektron zwischen den verschiedenen Ebenen hin- und herwechselte und dabei Licht absorbierte oder abgab.

Der Clown machte eine Handbewegung in Richtung dieser Folge von Übergängen, und schließlich kam sie zum Stillstand, genau in dem Moment, als sich das Elektron auf der niedrigsten Ebene befand.

«Ich habe dir erklärt, was bei einem Atom mit einem Elektron passiert. Wenn es nur ein Elektron gibt, fällt es auf das niedrigste Energieniveau dieses Atoms. Die meisten Atome besitzen jedoch viele Elektronen. Der Kern besitzt eine positive elektrische Ladung, die um ein Mehrfaches größer ist als die negative elektrische Ladung eines Elektrons. Das bedeutet, daß der Kern eine entsprechende Zahl von Elektronen anziehen kann, bevor das Atom elektrisch neutral ist. Dann schirmen die vorhandenen Elektronen die Ladung des Kerns ab, damit er keine weiteren Elektronen anziehen kann. Denkst du, daß jedes dieser vielen Elektronen einmal auf dem niedrigsten Energieniveau landet?»

«Ja, das denke ich», antwortete Scrooge. «Nach allem, was Ihr bisher gesagt habt, wäre es nur logisch.»

«Das war eine rhetorische Frage», versetzte der Clown schroff, «ich möchte die *richtige* Antwort haben, und das heißt, daß ich sie mir selbst geben muß. Die Antwort ist, daß die Elektronen das niedrigste Energieniveau aufsuchen, das ihnen möglich ist, aber nicht alle sind in der Lage, das allerniedrigste Energieniveau zu erreichen, und zwar wegen des Paulischen Ausschlußprinzips.»

«Und was ist das, wenn ich fragen darf?» sagte Scrooge.

«Aber natürlich darfst du, natürlich darfst du! Du hättest gar nicht zu fragen brauchen, denn ich war gerade dabei, es dir zu erklären.

Das Ausschlußprinzip kommt daher, daß alle Elektronen identisch sind. Sie sind nicht nur gleich, sie sind vollkommen *identisch*. Es gibt absolut keine Möglichkeit, sie auseinander zu halten. *Sie sind alle dasselbe Elektron*, soweit man das beurteilen kann, und deshalb lassen sie sich so schwer identifizieren. Das will ich dir zeigen.»

Die flache Ebene der Energieniveaus mit ihren verstreuten Potentialtöpfen verblaßte vor Scrooges Augen, und wieder befand er sich zusammen mit dem Geist an einem eigenschaftslosen Ort. Durch den farblosen Nebel, der sie umgab, segelte eine hellgestreifte Jahrmarktsbude heran und kam neben ihnen zum Stehen. An der Vorderseite der Bude war ein Schild, darauf stand, 'Finde das Elektron!' Der Clown ging hinein und lehnte sich erwartungsvoll über die Theke.

«Wir wollen einmal sehen, wie gut du beobachten kannst. Versuche den Aufenthaltsort des richtigen Elektrons zu erraten.»

Das Phantom holte unter der Theke drei Tassen hervor und stellte sie verkehrt herum auf die Theke. Mit einer schwungvollen Bewegung ließ er ein Elektron erscheinen und zeigte es Scrooge.

«Würdest du dieses Elektron wiedererkennen, wenn es dir noch einmal vor Augen käme?» fragte er.

«Nein, das würde ich nicht!» Das Elektron sah völlig unbestimmt und neutral aus. «Kann ich es irgendwie markieren?»

«Sei nicht dumm, das kannst du natürlich nicht. Du siehst jetzt, wie ich das Elektron unter eine dieser Tassen lege, und unter die übrigen lege ich andere Elektronen. Nun paß gut auf!»

«Halt, einen Moment!» rief Scrooge aus. Ihm war ein Gedanke gekommen. «Wenn, wie Ihr sagt, alles in der Welt aus riesigen Mengen Atomen und die Atome zum größten Teil aus Elektronen bestehen, woraus bestehen dann diese Tassen? Enthalten denn die Tassen nicht schon viele, viele Elektronen, so daß es auf eines mehr oder weniger gar nicht ankommt?»

«Du mußt natürlich verstehen, daß diese Tassen nur *Metaphern* für eine Art von Potentialtopf oder Zustand sind, welche als *Behälter* für ein Elektron fungieren können. Die Tassen sind nur Allegorien, eine zusätzliche Ausschmückung, damit die Darstellung noch eindrucksvoller wird. Aber sieh selbst.»

Der Clown wandte sich einer der Tassen zu, und Scrooge konnte auf dem Boden eingraviert die Worte erkennen:

– Hergestellt aus bester Extra-Allegorie –

Der Geist baute die Tassen auf der Theke in einer Reihe vor ihm auf

und begann sie hin- und herzuschieben, und seine Hand bewegte sich
so schnell, daß Scrooge ihr nicht folgen konnte. Schließlich standen die
Tassen wieder vor ihm in einer Reihe.

«Gut,» sagte der Clown, «kannst du mir jetzt sagen, unter welcher
Tasse 'dein' Elektron liegt?»

Scrooge hatte überhaupt keine Ahnung, aber er zeigte wahllos auf
eine der Tassen. Der Clown drehte sie um und schaute darunter.
«Richtig», sagte er triumphierend, «du hast völlig recht. Gut gemacht,
Junge! Aber vielleicht hattest du bloß Dusel. Würdest du es nochmals
versuchen?»

Hier konnte man wohl überhaupt nicht verlieren, deshalb beobachtete Scrooge von neuem, wie die Tassen vertauscht wurden, und tippte
auf eine. Wieder hatte er richtig gewählt. Er versuchte es wieder und
wieder, und jedesmal gewann er. Er beobachtete die Hände des Clowns
immer genauer und entschied sich bewußt für die Tassen, mit denen
der Clown, wie er glaubte, bestimmt nicht begonnen hatte. Aber
jedesmal blieb er Sieger. Er fühlte sich zunehmend unwohl bei der
Angelegenheit. Es ist schon schlimm genug, wenn man bei einem
solchen Spiel jedesmal verliert, aber das hätte wenigstens den Vorteil,
daß es mit der alltäglichen Erfahrung übereinstimmte. Doch immer zu
gewinnen, das war beunruhigend!

«Hierbei kannst du gar nicht anders als zu gewinnen, weißt du», lächelte der Clown. «Gleichgültig welche Tasse du aussuchst, immer wird dein Elektron darunter sein, denn alle sind deine Elektronen. Wie ich dir schon erklärt habe, sie sind nicht nur gleich, sie sind *identisch*. Sie sind ein und dasselbe. Jedes Elektron ist dasselbe Elektron. Hast du eines gesehen, so hast du alle gesehen, denn alle sind eins, alle sind *dasselbe Elektron.*

Die Elektronen zwischen den Tassen auszutauschen macht überhaupt keinen Unterschied. Die verschiedenen Orte lassen sich nicht auseinanderhalten. Und ich meine nicht, daß *du* das nicht kannst, sondern ich meine, es ist überhaupt *unmöglich*, das zu tun. Alle Austauschmöglichkeiten sind dasselbe, absolut dasselbe, wie immer du also wählst, eine Wahl ist wie die andere. Deshalb ist jede Wahl richtig, und wenn sie richtig ist, warum sollte ich das nicht sagen?

Wenn es für *dich* keine Wahlmöglichkeit gibt, wie sollte dann die Natur wählen können? Die Antwort ist natürlich, daß sie es nicht tut. Der wirkliche Zustand, der Quantenzustand des Systems, ist nicht einfach eine der Austauschmöglichkeiten des Elektrons, er ist *alle zugleich!* Die Natur hält eine Überlagerung aller möglichen Kombinationen und jeder Austauschmöglichkeit der Elektronen fest. Das muß sie tun, denn es gibt eine allgemeine Regel, daß alles, was so sein kann, auch so *ist*. In der allgemeinen Überlagerung sind alle möglichen Zustände enthalten und gegenwärtig. Das ist das Prinzip der Interferenz, und die Quantennatur richtet sich danach.»

«Wenn also viele Elektronen vorhanden sind, dann gibt es bestimmt eine riesige Zahl von verschiedenen Austauschmöglichkeiten, die alle zusammen berücksichtigt sind.»

«Ja, natürlich. Es sind wirklich sehr viele. Na, und wenn schon. Es kostet ja nichts.

Ich sagte, daß es keinen Unterschied macht, wenn man zwei Elektronen austauscht, weil sie identisch sind. Aber das ist nicht ganz richtig. Es gibt eine Möglichkeit, eine winzige Möglichkeit für einen Unterschied. Diese Möglichkeit ist hauchdünn und hat keine offensichtliche Auswirkung, wenn wir einmal von der Existenz der Materie, der Welt und des größten Teils des Universums absehen.»

Scrooge bemühte sich unbeteiligt auszusehen. «Worin besteht denn diese kleine Möglichkeit?» fragte er.

«Du mußt ja nun zugeben, daß Elektronen identisch sind. Wenn man zwei beliebige Elektronen austauscht, so hat das keine wahrnehmbare Auswirkung. Das bedeutet, daß sich die *Wahrscheinlichkeitsverteilung* der Elektronen nicht ändern darf. Die Wahrscheinlichkeit, daß sich Elektronen an anderen Orten befinden oder etwas anderes tun, darf sich absolut nicht verändern, denn das wäre eine Wirkung, die man feststellen *könnte*.

Würdest du zwei Elektronen *zweimal* vertauschen, kann das offensichtlich keinen Unterschied ausmachen. Du hättest jedes wieder an den Ort zurückgebracht, an dem es vorher war. Gibt es, verursacht durch den Austausch zweier Elektronen, irgendeine mögliche Veränderung, die nicht die Wahrscheinlichkeitsverteilung beeinflussen würde und die rückgängig gemacht würde, wenn die Elektronen erneut ausgetauscht würden?

Das ist wieder eine rhetorische Frage!» fügte er hinzu und blickte Scrooge grimmig an, der keinerlei Wunsch verspürt hatte, etwas zu sagen.

«Ja, eine Möglichkeit bleibt. Das *Vorzeichen* der Quantenamplitude kann sich ändern. Aus plus kann minus, und aus minus kann plus werden. Jedenfalls kann sich das Vorzeichen ins Gegenteil verkehren. Die Wahrscheinlichkeitsverteilung wird durch das Quadrat der Amplitude bestimmt, also durch die mit sich selbst multiplizierte Amplitude, und minus eins mal minus eins ist plus eins. Und ein mal eins ist natürlich auch plus eins. Wenn die Vertauschung zweimal stattfindet und sich jedesmal das Vorzeichen ändert, kommt man in jedem Fall wieder zum Ausgangspunkt zurück.

Daß die Amplitude das Vorzeichen ändert, ist also die eine Möglichkeit. Die andere Möglichkeit ist, daß sie es nicht tut. Beide Möglichkeiten entsprechen verschiedenen Gruppen von Teilchen, und die Teilchen lassen sich unter diesem Gesichtspunkt in zwei Klassen einteilen. Eine Klasse von Teilchen sind die *Fermionen*, zu dieser Gruppe gehören die Elektronen. Werden zwei von ihnen ausgetauscht, wechseln sie die Vorzeichen ihrer Amplituden. Die andere Gruppe sind die *Bosonen*. Zu dieser Gruppe gehören die Photonen, deren Amplitude sich in keiner Weise ändert, wenn man zwei von ihnen austauscht. Die Teilchen jeder Gruppe zeigen, wenn sie ausgetauscht werden, *immer* das ihrer Klasse entsprechende Verhalten. Unter den Teilchen herrscht ein wahrhaft strenges Klassensystem.»

«Ich bin mir sicher, das ist alles höchst interessant», sagte Scrooge ohne große Begeisterung in der Stimme, «aber worin liegt die Bedeutung, wenn es denn eine gibt. Spielt das wirklich eine Rolle?»

«Ob das eine Rolle spielt, fragt er», wiederholte der Clown und verdrehte seine Augen dorthin, wo normalerweise der Himmel gewesen wäre, wenn sie sich nicht in einer abstrakten und gestaltlosen Landschaft befunden hätten. «Ja, es spielt eine Rolle. Wenn zwei Fermionen, etwa zwei Elektronen, vertauscht werden, kommt es zu einer Änderung der Amplitude, die ihren Zustand beschreibt. Das ist vielleicht keine spektakuläre Veränderung, aber es ist eine Veränderung, und sie muß *immer* stattfinden. Darin liegt kein besonderes Problem, wenn sich jedes Elektron in einem anderen Zustand befindet. Aber wenn sich zwei Elektronen im selben Zustand befinden, bewirkt ein Austausch *überhaupt keinen* Unterschied. Ihr Zustand ist das einzige, was man über sie weiß. Tauscht man zwei Elektronen aus, die sich im selben Zustand befinden, so läßt sich anschließend nichts weiter sagen, als daß sich zwei Elektronen im selben Zustand befinden. Wo liegt die Veränderung? Worin besteht der Unterschied? Es gibt keinen. Aber es liegt in der Natur der Elektronen, als Teil ihrer Vereinsregeln sozusagen, daß sich das Vorzeichen ihrer Amplitude ändern *muß*. Die einzige Möglichkeit, daß etwas genau gleich bleiben und dabei sein Vorzeichen ändern kann, ist, daß es *null* ist, das heißt daß es gar nicht existiert! Das Ergebnis dieser ziemlich spitzfindigen und haarspalterischen Schlußfolgerung ist, daß sich zwei Elektronen *nicht im selben Zustand befinden können*. Das ist das *Ausschlußprinzip von Pauli*, es besagt, daß sich zwei identische Fermionen nicht im selben Quantenzustand befinden können.»

«Wenn Elektronen so schwer oder gar unmöglich auseinanderzuhalten sind, wie kann man dann feststellen, wie viele sich in jedem Zustand befinden?» fragte Scrooge.

«Die Tatsache, daß Teilchen identisch sind, hindert dich nicht daran, ihre Zahl festzustellen», antwortete der Clown beißend. «Wenn du es mit eineiigen Zwillingen zu tun hast, weißt du vielleicht nicht, wer welcher ist, aber du weißt genau, ob einer oder beide mit dir im Raum sind. 'Identische' Menschen sind immer ein kleines bißchen verschieden, aber Elektronen sind wirklich identisch. Trotzdem kann man genau sagen, wie viele sich in einem Zustand befinden, auch wenn man nicht weiß, welches in welchem Zustand ist.

Die *Zahl* der Elektronen ist ganz eindeutig, und das Pauli-Prinzip ist in keiner Weise ungenau oder unbestimmt. Es sagt nicht, daß sich Elektronen eher nicht in demselben Zustand befinden oder daß sie es ziemlich schwierig finden würden, im selben Zustand zu sein. Es ist vollkommen eindeutig.»

Er gestikulierte in den grauen Nebel hinein, der sie umgab, und vor Scrooges Augen erschien in feurigen Buchstaben:

Zwei Elektronen können sich nicht im selben Zustand befinden.

«Das ist die Regel. Sie gilt absolut und ohne Ausnahme für Elektronen und andere Fermionen. Sie gilt nicht für Bosonen. Photonen haben nichts dagegen, im selben Zustand zu sein wie andere, im Gegenteil, sie mögen es. Bosonen sind ihrem Wesen nach gesellig und haben gern Freunde um sich, die sich alle im selben Quantenzustand drängeln. Für Fermionen wäre das unmöglich.»

«Das hört sich ganz bedeutend an», räumte Scrooge ein, «aber würde es wirklich eine Rolle spielen, wenn sich Elektronen in denselben Zuständen zusammenfinden würden? Würde ich den Unterschied überhaupt merken?»

«Ich glaube schon. Ich zeige dir jetzt, wie die Welt ohne das Pauli-Prinzip aussehen würde, und du paßt auf, ob du den Unterschied feststellen kannst.»

Ohne Übergang wurden sie aus dem grauen, eintönigen Raum, in dem sie sich soeben noch befunden hatten, entführt, und kurz darauf stand Scrooge auf einem ruhigen Feldweg, der sich an einem kleinen Wäldchen am Rande eines Feldes entlangschlängelte. Am blauen Himmel über ihnen schien hell die Sonne, und die Hecken waren übersät mit wilden Blüten, zwischen denen sich emsig und mit lautem Summen die Insekten bewegten.

«Sieht für mich alles ganz normal aus», sagte Scrooge.

«Natürlich, es *ist* normal. Noch hat sich ja nichts verändert!» sagte der Geist ungeduldig. «Aber nun sieh, was passiert, wenn das Pauli-Prinzip außer Kraft gesetzt ist.»

Die Umgebung wurde in gleißendes Licht getaucht, und Scrooge sah, wie alles verschrumpelte und verfiel. Jeder sichtbare Gegenstand fiel in sich zusammen und löste sich in eine graue, staubige Eintönigkeit auf, dunkel und formlos. Auch er selbst fühlte, wie er in den eben noch festen Boden einsank, der wie Treibsand unter ihm nachgab. Die Vision wurde wieder unmerklich überblendet von jenem grauen und verschwommenen Ort, an dem der Geist Scrooge das Quantenverhalten erklärt hatte.

«Das Pauli-Prinzip ist der Kern aller Verschiedenheit, der Grund für die ganze Vielfalt der Materie. Es ist das Herzstück der Chemie, allein schon die Festigkeit der Materie ist ohne dieses Prinzip nicht denkbar. Was glaubst du, weshalb du nicht durch feste Wände gehen kannst?» fragte er unvermittelt.

«Weil sie fest sind, natürlich», antwortete Scrooge, obwohl er fühlte, daß diese Antwort womöglich nicht ausreichen würde.

«Ja, aber das bedeutet nur, daß du nicht durch sie hindurchgehen kannst. Warum können sich die Elektronen deines Körpers nicht mit den Elektronen der Wand vermischen, so daß du leicht hindurchschlüpfen kannst? Schließlich gibt es ja in jedem Atom so viele Elektronenamplituden, da käme es doch auf ein paar mehr nicht an, oder? Die Antwort hängt jedoch nicht von den elektrischen Kräften ab. Sie sind weitgehend neutralisiert, da die positive Ladung des Kerns durch eine entsprechende Zahl negativer Elektronen aufgehoben ist. Aber das, was nicht neutral ist, stellt immer noch eine Anziehungskraft dar mit der Tendenz, deine Elektronen in den Festkörper hineinzuziehen.

Du brauchst nichts zu entgegnen. Ich will dir die Antwort sofort geben.

Es ist nicht leicht, einen Festkörper zusammenzupressen. Nimm nur ein Stück Eisen in die Hand und drücke, so fest du kannst. Du wirst keinen großen Erfolg haben. Und das trotz der Tatsache, daß die elektrischen Kräfte innerhalb des Festkörpers die Wirkung des Drucks noch unterstützen. Aber beide Kräfte, seine und deine, stoßen auf den Widerstand des Ausschlußprinzips von Pauli. Jedes Atom des Festkörpers enthält Elektronen, und die Elektronen in jedem Atom befinden sich in den ihnen entsprechenden Zuständen. Da die Atome identisch sind, befinden sich auch die Elektronen jeweils in denselben Zuständen. Das klingt bereits nach einer Verletzung des Pauli-Prinzips, wenn sich Elektronen in verschiedenen Atomen in demselben Zustand befinden. Das Pauli-Prinzip besagt nicht nur, daß die Elektronen *innerhalb desselben Atoms* vom selben Zustand ausgeschlossen sind. Sie dürfen sich überhaupt nicht in demselben Zustand befinden, das gilt ohne jeden Vorbehalt. Derselbe Zustand in einem anderen Atom ist jedoch nicht genau derselbe Zustand, denn das andere Atom befindet sich nicht am selben Ort. Wäre es am selben Ort, wären die Zustände identisch und würden unter das Pauli-Prinzip fallen. Es wirkt sich also in der Weise aus, daß es Atomen verbietet, den gleichen Ort einzunehmen. Atome können sich im allgemeinen *nicht* gegenseitig durchdringen, es besteht sogar ein beträchtlicher Widerstand dagegen, und deshalb lassen sich Festkörper wahrhaftig nicht leicht zusammenpressen, schon gar nicht auf die Größe eines einzelnen Atoms. Diese Möglichkeit wäre jedoch gegeben, wenn sie sich gegenseitig frei durchdringen *könnten*. Das alles hängt mit dem Pauli-Prinzip zusammen. Einen anderen Grund gibt es nicht.

Das ist nun ein ganz anderer Effekt als der der Unschärfe, der die Größe eines einzelnen Atoms bestimmt. Die Elektronen innerhalb eines Atoms können nicht auf einen zu kleinen Raum zusammengedrängt werden, weil sie dadurch zu viel Impuls aufnehmen und damit ihre kinetische Energie über das ihnen zur Verfügung stehende Maß anwachsen würde. Allein, dieser Prozeß würde die Atome eines Festkörpers nicht alle davon abhalten, *denselben* Ort einzunehmen, denn die Elektronen wären nicht besser lokalisierbar, wenn die Atome sich statt am einen Ort an einem anderen aufhalten würden. Die Unschärferelation, die eine kleine Größe mit einem großen Impuls verbindet, bestimmt die Größe der Atome, aber es ist das Pauli-Prinzip für Fermionen, das dafür sorgt, daß sich nicht alle Atome am selben Ort aufhalten. Die Unschärferelation gilt auch für Bosonen, nicht aber das Pauli-Prinzip.

Atome bestehen aus Fermionen, vor allem aus Elektronen. Aus diesen Atomen besteht die fast unendliche Vielfalt der Materie, die der Baustoff deiner Welt ist. Diese Vielfalt wird durch das Pauli-Prinzip ermöglicht. Es ist der Ursprung der *Chemie*.»

Kapitel 12
Per Amplitude ad astra

Der Clown hielt ein bunt eingepacktes Päckchen in die Höhe, es war sorgfältig mit einem Band verschnürt und hatte eine elegante Schleife obenauf. Er schnürte das Band auf, wickelte den Inhalt aus, und zum Vorschein kam die nebelartige Elektronenwolke eines typischen Atoms.

«Das Atom steht an der Schwelle zur Quantenwelt. Es markiert die Größenordnung, bei der Quanteneffekte auftreten. Objekte, die wesentlich größer als Atome sind, müssen mit den Mitteln der klassischen Physik untersucht werden. Die klassische Physik hat sich in der alltäglichen Praxis bestens bewährt, aber bei atomaren Größenordnungen oder darunter versagt sie. Nun können wir unsere Erkundung von hier aus in zwei Richtungen fortsetzen.

Wir könnten uns abwärts bewegen und immer weiter in die Quantenwelt hinabsteigen, dann kämen wir in das Reich der immer kleineren Dimensionen und immer höheren Energien.»

Die verschwommene Wolke um das Atom schien plötzlich zu explodieren und hüllte Scrooge und seinen Gefährten ein. Als die äußeren Grenzen des Atoms schon aus seinem Blickfeld verschwunden waren und sie sich tief in seinem Zentrum befanden, bemerkte Scrooge, daß der Clown noch ein winziges Päckchen in der Hand hielt. Das Papier, in das es gehüllt war, war gemustert mit

$$^{12}_{6}C\,.$$

«Hier befindet sich der Kern. Er liegt im Zentrum des Atoms, und das Atom wird durch ihn definiert. Was Größe und Energie angeht, unterschreitet der Kern die gewöhnlichen Maßstäbe des Atoms bei weitem. Sein Durchmesser ist um einige hunderttausendmal kleiner als das eigentliche Atom, und die Energie der in ihm enthaltenen Teilchen ist um einige hunderttausendmal größer als die Energie, die das Atom für seine Elektronen bereithält. Das ist ohne Frage ein gewaltiger Unterschied in den Größenordnungen. Der Kern ist ein zusammengesetzter Körper wie das Atom, in das er gehört.»

Der Clown wickelte das zweite Päckchen aus. Zum Vorschein kam die Darstellung eines Atomkerns, der genauso verschwommen war wie alle Objekte in diesem Bereich, aber deutlich sichtbar noch eine ganze Anzahl weiterer Teilchen enthielt. Als der Clown sie ihm so nahe vor die Augen hielt, daß er sie genau inspizieren konnte, erkannte Scrooge, daß sie wiederum noch kleinere Pakete enthielten, deren Packpapier die Symbole **p** oder **n** trug.

«Der Kern oder Nukleus besteht aus *Nukleonen*, das sind entweder *Protonen* oder *Neutronen*. Sie sind ebenfalls zusammengesetzt und enthalten weitere Teilchen.»

Der Geist wickelte auch eines dieser Päckchen aus, um zu zeigen, daß es seinerseits noch drei weitere enthielt, deren Verpackungen die Symbole **u** und **d** trugen.

«Das sind Quarks. Jedes Proton oder Neutron setzt sich aus drei Quarks zusammen.»

«Und ich nehme an, daß die Quarks wiederum aus drei anderen Teilchen bestehen und diese ihrerseits aus dreien und so weiter», vermutete Scrooge und glaubte, daß er diesmal das Wesen der Sache begriffen hatte.

«Das kann ich dir nicht sagen,» antwortete der Geist.

«Aber wieso denn nicht? Wißt Ihr es etwa nicht?» fragte Scrooge verblüfft.

«Ich vielleicht, aber dein Autor weiß es nicht. Die Quarks scheinen derselben elementaren Ebene anzugehören wie die Elektronen. Es gibt keinen Beweis, daß Elektronen noch aus etwas anderem bestehen. Elektronen, Quarks und Photonen sind offenbar so elementar, wie man sich nur vorstellen kann. Das heißt nicht, daß sie nicht trotzdem andere Teilchen 'enthalten' können. Das Vakuum kann virtuelle Teilchen bergen in Kombinationen wie etwa ein Elektron mit einem Anti-Elektron. Man könnte annehmen, daß ein richtiges Elementarteilchen, das nicht aus anderen Teilchen zusammengesetzt ist, gar nichts enthält. Aber auch wenn es nichts enthält, kann es immer noch virtuelle Teilchen enthalten, die im Vakuum verborgen sind, denn das Vakuum *ist* nichts. Das ist jedoch keine dem Teilchen selbst innewohnende Eigenschaft. Man könnte zum Beispiel sagen, daß Photonen Paare von Elektronen und Anti-Elektronen enthalten. Denn die Photonen sind die Träger und Vermittler des elektrischen Feldes, sie stellen damit etwas bereit, womit sich die elektrisch geladenen virtuellen Teilchen verbinden können. Aber sind diese virtuellen Teilchen deshalb *Bestandteile* des Photons? Eigentlich nicht. Man könnte in diesem Sinne aber sagen, daß jedes Teilchen aus jedem anderen Teilchen besteht, einschließlich seiner selbst!»

An diesem Punkt drehte sich der Clown um und schaute Scrooge prüfend an.

«Möchtest du dich wirklich auf dieser verzwickten Ebene weiter mit der Natur der Teilchen beschäftigen, oder sollen wir lieber die andere Richtung einschlagen, weg von den Atomen, um größere Erscheinungen zu untersuchen, die deiner Welt angehören?»

«Ja», antwortete Scrooge, dem allmählich schwindelte, mit schwacher Stimme, «ich glaube, das wäre besser!»

Kaum waren seine Worte verklungen, standen sie wieder auf der flachen Ebene, die das einförmige Hintergrundniveau der Energie darstellte und der Potentialtopf eines Atoms senkte sich vor ihnen in die Tiefe.

«Die Natur und das Verhalten eines jeden Atoms werden davon bestimmt, wie die Elektronen auf seinen Energieniveaus verteilt sind. Du hast gesehen, wie ein Potentialtopf die Elektronen in seinem Innern einsperrt und sie dazu zwingt, den einen oder anderen Zustand anzunehmen, also Amplituden, die dem Elektron innerhalb des Atoms eine Reihe von zulässigen Energieniveaus vorgeben.

Die Zahl der Elektronen in einem Atom wird durch den Nukleus bestimmt. Die positive Ladung eines Kohlenstoffkerns ist sechsmal größer als die negative Ladung jedes Elektrons, deshalb kann er sechs Elektronen anziehen, bevor seine Ladung abgedeckt und neutralisiert ist. Es liegt in der Natur eines jeden Systems, sei es ein makroskopisches, *klassisches* oder ein mikroskopisches *Quanten*system wie dieses Atom, daß es auf dem niedrigsten Niveau potentieller Energie, das es einnehmen kann, zur Ruhe kommt. Gäbe es nicht das Pauli-Prinzip, würden sich alle sechs Elektronen auf dem niedrigsten Energieniveau befinden. Das Pauli-Prinzip verhindert das jedoch, und jedes Elektron muß einen anderen, deutlich unterschiedenen Zustand annehmen. Will man Atome verstehen, muß man wissen, wie viele Elektronen sich auf jedem Energieniveau befinden.»

Der tiefe Potentialtopf verschwand und wurde durch ein großes Gebilde aus Sperrholz ersetzt, das zu einer Trompetenform zurechtgesägt war und aussah wie ein Querschnitt durch den Potentialtopf. Darin war eine Reihe von schmalen Laufrinnen angebracht, deren Lage den Energien auf den verschiedenen Ebenen entsprach. Eine dieser Rinnen lag sehr viel tiefer als die übrigen, die sich ein ganzes Stück weiter oben in immer engeren Abständen übereinander staffelten. Jede Rinne wies eine Anzahl von kleinen Vertiefungen auf, die einem runden Gegenstand, einem Ei oder einer Kokosnuß, Halt geben konnten. Das ganze Gestell war grellbunt angemalt und eingerahmt von einem Kranz elektrischer Blinklichter. An einer Seite war eine Art Anzeigetafel mit leuchtenden roten Buchstaben angebracht, ähnlich dem Zifferblatt einer Digitaluhr.

«Hier siehst du die verschiedenen Energieniveaus, die das elektrische Feld des Atomkerns erzeugt. Hereinspaziert, hereinspaziert! Wirf ein paar Elektronen in das Feld und *bringe ein Atom hervor!*»

Der Clown griff hinter das Gestell und zog einen großen, prallen Leinensack hervor. Daraus holte er einige kleine Gegenstände, in denen Scrooge Elektronen zu erkennen glaubte. Er reichte Scrooge einige, und Scrooge warf sie artig in den Apparat mit seinen verschiedenen Ebenen. Der Geist gab einen schnellen, aber ausführlichen Kommentar, als Scrooge eine Reihe von Würfen machte.

«Elektronen haben einen Spin, das ist ihr Eigendrehimpuls. Sie können in zwei Richtungen rotieren. Diese beiden Zustände sind verschieden, und das bedeutet, daß in Wirklichkeit *zwei* Elektronen in jeden Zustand versetzt werden können, der durch den Potentialtopf definiert wird. Da sie aber einen einander entgegengesetzten Spin besitzen, unterscheiden sich die Gesamtzustände der beiden Elektronen immer noch so wie es das Pauli-Prinzip verlangt.

Auf dem niedrigsten Niveau gibt es nur einen Zustand, und deshalb können wir dort nur zwei Elektronen mit entgegengesetztem Spin plazieren.» Die beiden ersten Würfe Scrooges trafen das oberste Brett, und die Elektronen rollten geradewegs nach unten bis zur untersten Rinne. Die Anzeigetafel am Rand zeigte kurz $_1$**H** an und sprang dann auf $_2$**He**.

«Auf die niedrigste Ebene paßt jetzt kein Elektron mehr, denn sie ist *voll*. Jetzt müssen sie die nächst höhere Ebene einnehmen.»

Scrooge warf weiter Elektronen auf das trompetenförmige Gestell. Mit dem dritten Wurf traf er wieder das oberste Brett, wie die beiden Male zuvor, und das Elektron kullerte abwärts, aber diesmal kam es auf der zweituntersten Laufrinne zum Stehen und blieb dort. Die Anzeigetafel verkündete nun, daß Scrooge $_3$**Li** geworfen hatte, ein Atom des Metalls Lithium.

«Da die zweite Ebene eine etwas höhere Energie hat, ist das dritte Elektron nicht so tief gefallen, beziehungsweise hat nicht so viel potentielle Energie verloren wie die beiden ersten. Es ist weit weniger fest gebunden. Auf diesem Energieniveau steht eine größere Zahl verschiedener Zustände zur Verfügung. Die Elektronen haben jetzt die Freiheit zu einer Orbital- oder Umlaufbewegung um den Kern, sie können einen *Bahndrehimpuls* besitzen, und es gibt Zustände mit und ohne diese Bahnbewegung. Sie alle verleihen dem Elektron die gleiche Energie. Du müßtest ziemlich komplizierte Berechnungen anstellen, um herauszufinden, welcher Bahndrehimpuls auf jedem Niveau möglich ist und wieviele Zustände damit zur Verfügung stehen. Das Ergebnis ist jedenfalls, daß auf diesem Niveau acht Elektronen Platz haben. Die verschiedenen Niveaus werden oft *Schalen* genannt, denn das

Atom ist ja ein dreidimensionales Gebilde, und die Elektronenzustände bilden Schalen, die den Kern umgeben.»

Jedes folgende Elektron, das Scrooge auf das Gestell warf, von Nummer drei bis Nummer zehn, rollte auf diese Ebene hinunter. Er betrachtete die Reihe von Elektronen, die nun auf der zweiten Laufrinne lag, und bemerkte, daß sich nicht alle Elektronen auf gleicher Höhe befanden, obwohl alle Laufrinnen anfangs vollkommen flach und eben gewirkt hatten. Er teilte dem Clown seine Beobachtung mit.

«Du hast ganz recht. Die Zustände innerhalb des Potentialtopfs sind allein durch die elektrische Ladung des Kerns definiert und haben auf jeder der Hauptebenen dieselbe Energie, ganz unabhängig von jedem Drehimpuls. Wenn mehr und mehr Elektronen hinzukommen, ändert sich die Situation ein wenig. Jedes Elektron trägt eine elektrische Ladung, und deshalb wechselwirkt jedes Elektron nicht nur für sich mit dem elektrischen Feld des Kerns, sondern die verschiedenen Elektronen beeinflussen sich auch gegenseitig. Die Wirkung, die die elektrischen Ladungen auf die übrigen Elektronen ausüben, ist nicht so groß wie die der Kernladung, aber sie ist dennoch vorhanden und verändert in Atomen mit vielen Elektronen die Energieniveaus.»

Das elfte Elektron, das Scrooge auf das Gestell schleuderte, rollte nur bis zur dritten Ebene hinunter und blieb dort liegen, einsam und verlassen, während die Tafel anzeigte, daß er ein $_{11}\mathrm{Na}$ erzielt hatte.

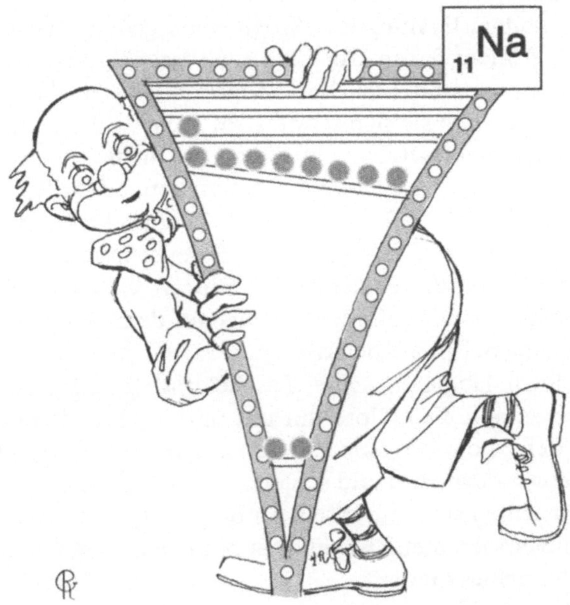

«Damit sind wir beim Natrium, einem chemischen Element, dessen Atome elf Elektronen enthalten. Zehn passen auf die ersten beiden Niveaus, aber das elfte bleibt übrig. Es ist das einzige Elektron auf dem dritten Energieniveau und ist deshalb viel weniger stark gebunden als die übrigen. Auf die gleiche Weise entstehen immer größere und größere Atome. Das dritte Niveau bietet ebenfalls acht Elektronen Platz, deshalb wird es einen weiteren Energiesprung für das letzte Elektron geben, sobald man von achtzehn zu neunzehn Elektronen übergeht, also von Argon zu Kalium. Ich glaube, die allgemeine Entwicklung ist damit klar.»

Scrooge hatte nun alle Elektronen verschossen, die er bekommen hatte, und der Clown verschnürte den Sack und verstaute ihn wieder hinter dem Gestell.

«Atome sind so winzig, daß sie von Quanteneffekten beherrscht werden. Größere Gegenstände, wie die normalen Gegenstände, die du gewohnt bist, bestehen aus Kombinationen vieler Atome. Was du im Alltagsleben um dich herum siehst, ist, verglichen mit der Größe eines Atoms, sehr groß, und die Vielfalt und der Reichtum der Substanzen um dich her ist ungeheuer viel größer als die Anzahl verschiedener Typen von Atomen. Es gibt letzten Endes nicht sehr viel unterschiedliche Atome, alles in allem nur ungefähr hundert, und die meisten davon sind sehr selten.

Damit aus einer kleinen Anzahl von Atomen eine Welt entstehen kann, müssen *zwei* unterschiedliche Wege gegeben sein, wie sich Atome verbinden. Es muß eine Möglichkeit geben, wie sich Atome in *sehr* großer Zahl zu festen Objekten sichtbarer Größe verbinden können, denn Atome sind *sehr* klein. Zugleich müssen die Atome einen Weg finden, auf dem sie sich sehr fest zu *Molekülen* verbinden können, also zu zusammengesetzten Objekten, die anstelle von Atomen die Bausteine für die verschiedenen Materialien darstellen. Obwohl es verhältnismäßig wenige Arten von Atomen gibt, kennt man doch sehr viele verschiedene Moleküle. Für die Eigenschaften von Substanzen sind nicht so sehr die einzelnen Atome als vielmehr die Moleküle verantwortlich. Damit befinden wir uns auf dem Gebiet der Chemie.

Nimm zum Beispiel Kochsalz.»

Der Clown langte in seine Tasche und förderte einen riesigen Salzstreuer zutage. Er stülpte ihn um und blickte offenkundig überrascht auf den Strom von Salz, der sich auf den Boden ergoß. Er bückte sich, hob etwas davon auf und schleuderte es über seine linke Schulter. Die Körner teilten sich hinter seinem Rücken in zwei Bestandteile auf: in einen glitzernden metallischen Staub und ein ziemlich unangenehm aussehendes gelbes Gas.

«Kochsalz ist Natriumchlorid. Natrium ist ein Metall, Chlor ein

Gas. Ihre einzelnen Atome verbinden sich zu einem Ganzen, um etwas entstehen zu lassen, das von beiden ganz verschieden ist.

Warum tun sie das? Was bringt ihre Atome dazu, so fest aneinanderzuhaften, daß sich ihre Kombination, das Molekül, als eine selbständige Grundeinheit verhält?

Beobachte die beiden Atome von Chlor und Natrium.»

Auf beiden Seiten wurden Sperrholzmodelle sichtbar, die die beiden Atome darstellten. Eines war mit **Na** beschriftet, das andere mit **Cl**. Der Clown erklärte Scrooge, daß dies die *chemischen Symbole* für Natrium und Chlor sind. Die beiden Holzgestelle sahen sich sehr ähnlich, außer daß die durch die Laufrinnen dargestellten Energieniveaus in dem Chlorgestell alle viel niedriger waren als in dem Natriummodell. Das läge an der größeren Kernladung des Chlor, der deshalb die potentielle Energie ein gutes Stück weiter nach unten ziehe, so erklärte der Geist. Ein Chloratom besitzt siebzehn Elektronen, ein Natriumatom nur elf, und die Ladungen ihrer Kerne sind entsprechend.

«Wie du siehst, liegt eines der Elektronen des Natriumatoms ganz abgesondert von den übrigen, es ist das einzige auf der dritten Ebene, und seine Energie ist infolgedessen viel höher als die der anderen. Es muß sich sehr allein und ungeschützt fühlen. Nun schau dir das Chloratom an und beachte, daß sein drittes Niveau fast voll ist; nur ein Elektron fehlt, um die Reihe zu vervollständigen. Du hast also zwei Atome vor dir, von denen das eine ein Elektron zuviel, das andere ein Elektron zuwenig hat. Würden sie sich nicht gegenseitig einen Gefallen tun, wenn sie für einen Ausgleich sorgten? Wäre es nicht besser, wenn das Natriumatom so großzügig wäre, sein überflüssiges Elektron dem Chloratom zu schenken und damit die dritte Schale oder das dritte Energieniveau dieses Atoms zu ergänzen und seine eigene zu bereinigen? Bei diesem Vorgang würde die Gesamtenergie des Systems verringert, denn das Elektron hätte in dem letzten freien Zustand des Chloratoms eine niedrigere potentielle Energie als in dem ersten Zustand des Natriumatoms. Beide freien Zustände befinden sich zwar auf dem dritten Energieniveau, aber der Zustand im Chloratom bewirkt eine viel stärkere Bindung, denn durch seine größere Kernladung ist die Energie aller Niveaus so viel niedriger.»

Der Clown schaute sich vorsichtig um, dann schlich er sich mit schlecht gespielter Lässigkeit näher an die Atome heran. Er pfiff unschuldig vor sich hin und schaute auffällig in eine andere Richtung, dann griff er hinter sich, nahm das isolierte Elektron aus der oberen Rinne des Natriummodells und legte es an den freien Platz des Chloratoms.

Energieniveaus von Elektronen und die Chemie

Die chemischen Eigenschaften von Stoffen werden von den Elektronen im Atom bestimmt. Die Natur eines Elements hängt ausschließlich von den durch Elektronen besetzten Energieniveaus ab, besonders vom höchsten besetzten Niveau, auf dem sich die sogenannten Valenz- oder Außenelektronen befinden.

Die ganze Breite der unterschiedlichen chemischen Eigenschaften wird durch die Existenz der verschiedenen Energieniveaus festgelegt, die einem Elektron unter Berücksichtigung des Pauli-Prinzips in einem Atom zur Verfügung stehen. Das Pauli-Prinzip begrenzt die Zahl der Elektronen, die in jedes Niveau passen und das Atom «von innen her» auffüllen. Ohne das Pauli-Prinzip würden sich alle Elektronen immer auf dem niedrigsten Energieniveau aufhalten, und alle Atome wären ziemlich gleich.

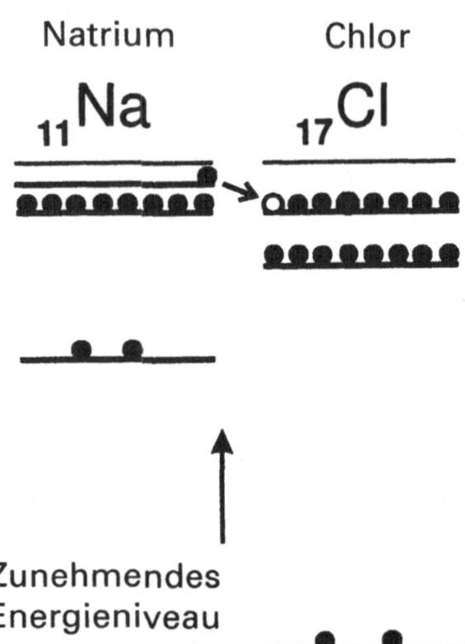

Ein Beispiel für die chemische Bindung ist die Ionenbindung im Natriumchlorid: *Kochsalz*. Im Natriumatom befindet sich ein einzelnes Elektron auf dem höchsten Energieniveau, während im Chloratom ein Platz frei ist. Wegen der höheren elektrischen Kernladung des Chloratoms ist die Elektronenbindung stärker, und die Niveaus liegen niedriger als beim Natrium. Wenn das letzte einzelne Elektron des Natriums auf den freien Platz in der Hülle des Chloratoms wechselt, wird Energie freigesetzt. Bei diesem Vorgang bilden sich *Ionen*, das sind Atome mit einer «falschen» Anzahl von Elektronen.

Das Ergebnis ist also, daß das Chloratom ein Elektron zuviel hat und deshalb negativ geladen ist, während das Natriumatom ein Elektron zuwenig hat und daher eine positive Ladung besitzt. Elektrische Kräfte halten nun diese Ionen mit entgegengesetzter Ladung zusammen.

«Nun, ist das nicht besser? Die gesamte potentielle Energie ist vermindert, und das ist immer das beliebteste Ergebnis. Was du hier siehst, passiert in der Praxis mit wirklichen Natrium- und Chloratomen. Die Amplitude für die Elektronen erkundet alle Möglichkeiten und schwingt sich auf die Anordnung ein, die zur niedrigsten potentiellen Energie führt. Daß ein Elektron des Natriumatoms zum Chloratom übergewechselt ist, hat nun eine ganz offensichtliche Folge. Das Natriumatom hat nur noch zehn Elektronen, aber es besitzt eine positive Kernladung, die *elf* Elektronen entspricht. Das Chloratom besitzt jetzt achtzehn Elektronen, aber eine Kernladung, die nur *siebzehn* Elektronen entspricht. Dadurch sind beide Atome zu *Ionen* geworden. Sie sind nicht mehr elektrisch neutrale Atome, sondern wir haben es jetzt mit einem Natriumion mit einer positiven und einem Chlorion mit einer negativen elektrischen Ladung zu tun. Da die Ladungen entgegengesetzt sind, ziehen sie sich an und sind so aneinander gebunden, daß sie ein zusammengesetztes Objekt bilden, ein Natriumchlorid-Molekül. Das ist die Substanz, die du als Kochsalz kennst. Dieses Molekül wird durch die elektrische Anziehung zwischen den beiden elektrisch geladenen Ionen zusammengehalten, durch eine *Ionenbindung*.

Atome können sich auf vielerlei Art zu Molekülen verbinden, aber immer hängt das vom Verhalten der *Valenzelektronen* ab, das sind die Elektronen in der äußersten Schale, die nicht ganz besetzt ist. Die Elektronen auf den inneren Schalen befinden sich in der bestmöglichen Lage und verspüren keine Neigung, sich zu verändern. Einige Moleküle, wie das Kochsalzmolekül, das nur aus zwei Atomen besteht, sind sehr einfach. Andere sind ungewöhnlich lang und komplex und enthalten Hunderte von Atomen. Dazu gehören die *organischen Moleküle*, die besonders in Lebewesen vorkommen. Natrium und Chlor stellen ein Extrembeispiel chemischer Aktivität dar, sie verbinden sich sehr leicht. Das eine Atom hat ein einzelnes überschüssiges Elektron, dem anderen fehlt ein Elektron, um eine Schale zu füllen. Beide gewinnen eindeutig, wenn der eine ein Elektron abgibt. Organische Moleküle beruhen auf den Eigenschaften des Kohlenstoffatoms, dessen äußerste Schale nur halb besetzt ist. Kohlenstoff hat vier Valenzelektronen. Das sind vier mehr als in einer leeren Schale und vier zu wenig, um die Schale vollständig zu besetzen. Nun steht nicht eindeutig fest, ob es für das Kohlenstoffatom von Vorteil ist, Elektronen zu verlieren oder zu gewinnen, und deshalb *teilt* es sie mit einem anderen Atom.

Eine der einfachsten Kohlenstoffverbindungen ist Methan, dabei verbindet sich ein Kohlenstoffatom mit vier Wasserstoffatomen. In diesem Fall steht nicht von vornherein fest, wie die Elektronen aufgeteilt werden sollen. Würde jedes Wasserstoffatom sein einziges Elektron an das Kohlenstoffatom abgeben, wäre die Kohlenstoffschale mit acht Elektronen besetzt, und die Wasserstoffatome hätten kein isoliertes Elektron, ja, sie besäßen überhaupt keine Elektronen mehr. Würde andererseits das Kohlenstoffatom seine vier Elektronen auf die Wasserstoffatome verteilen, hätte jedes Wasserstoffatom zwei Elektronen. Das würde ausreichen, um die erste Schale vollständig zu füllen, aber das Kohlenstoffatom besäße dann in seiner äußersten Schale gar keine Elektronen mehr. Welcher Weg ist der beste? Welche Möglichkeit wählt das Kohlenstoffatom? Nun, dies ist ein Quantensystem, und deshalb trifft es keine Entscheidung oder besser: Es wählt *beide* Möglichkeiten! Das bedeutet in unserem Fall, die Elektronen gehören sowohl den Wasserstoffatomen als *auch* dem Kohlenstoffatom an. Wenn ein Elektron durch zwei Löcher eines Schirms zugleich fliegen kann, hat es keine Probleme, gleichzeitig zwei Atomen anzugehören, und genau das tut es. Dadurch entsteht eine *kovalente* chemische Bindung, die in der Lage ist, komplexe Moleküle mit vielen Atomen derselben Art aufzubauen.

Selbst die größten Moleküle, die Hunderte und Aberhunderte Atome enthalten, sind immer noch ziemlich klein. Sie sind bei weitem zu klein, als daß du sie sehen könntest. Die Dinge deines täglichen Gebrauchs, die so groß sind, daß du sie sehen kannst, Stecknadelköpfe zum Beispiel, bestehen in Wahrheit aus ungeheuren Mengen von Atomen und Molekülen. Ihre Zahl ist so groß, daß die meisten Stoffe vollkommen glatt und einheitlich wirken. Aber selbst wenn die Materialien so aussehen, keine Substanz ist auf jeder Stufe vollkommen homogen. Du mußt ein Stück nur stark genug vergrößern, dann kannst du feststellen, daß jeder Festkörper aus gewaltigen Mengen zusammengefügter Moleküle besteht. Warum haften sie zusammen? Der Grund ist wieder die elektrische Anziehungskraft.

Für eine solche Anziehungskraft gibt es keinen offensichtlichen Grund, denn die Atome sind elektrisch neutral. Die positive Ladung des Kerns wird durch die negativen Ladungen der Elektronen im Atom genau ausgeglichen, so daß die Gesamtladung null ist. Aber auch wenn die negative Ladung der Elektronen und die positive Ladung des Kerns der *Größe* nach gleich sind, so befinden sich die beiden doch *nicht am gleichen Ort*. Die positive Ladung ist im winzigen Atomkern konzentriert, die negative Ladung verteilt sich dagegen über eine ganze Elektronenwolke. Elektrische Kräfte werden nicht allein durch die Größe der betreffenden elektrischen Ladungen bestimmt, sondern auch durch ihre Entfernung. Je weiter sie voneinander entfernt sind, desto schwächer ist die Kraft.

Kommen zwei gleiche Atome, beziehungsweise zwei Moleküle, einander nahe, kann die Gegenwart des einen die Elektronenwolke des anderen leicht verzerren. Infolgedessen können die Kräfte der Abstoßung zwischen den gleichartigen positiven Ladungen der beiden Kerne und den negativen Ladungen der beiden Elektronenwolken geringer werden als die Anziehung zwischen dem einen Kern und der Elektronenwolke des anderen Kerns. Und wenn so etwas *möglich* ist, *geschieht* es. Anziehungskräfte vermindern die potentielle Energie, und Systeme suchen unweigerlich den Zustand mit der niedrigsten potentiellen Energie auf. Zwischen den anziehenden und den abstoßenden Kräften entsteht ein kleines Ungleichgewicht. Es ist klein, verglichen mit der Anziehung zwischen Kern und Elektronen im Atom. Es ist auch klein, verglichen mit der Anziehung zwischen Ionen in einer chemischen Verbindung, und es läßt sich nur feststellen, wenn die Atome sich sehr nahe sind und die verschiedenen Positionen der Ladungen innerhalb eines Atoms eine wahrnehmbare Wirkung haben. Die Kraft, die dabei entsteht, ist verhältnismäßig klein, aber sie reicht aus. Wenn sich Atome nahe genug kommen, ziehen sie einander an und verbinden sich.»

Scrooge sah sich plötzlich in eine Wolke aus Atomen eingehüllt. Er erlebte sie wie zuvor als verschwommene Kugeln, die um ihn im Raum schwebten. Zwei Atome stießen zusammen und blieben danach in Kontakt. Andere gesellten sich dazu, und im Handumdrehen hatte sich aus diesen Kugeln ein großer Klumpen gebildet. Er glich der Vision des Festkörpers, die ihm der Geist vor einiger Zeit gezeigt hatte. Wie in diesem Beispiel paßten die Atome ineinander und formierten sich, wie die Eier in einem Eierkarton, zu regelmäßigen Kolonnen, damit sie enger zusammenrücken konnten. Dieses Konglomerat von Atomen wurde größer und größer. Scrooges Beobachtungspunkt verlagerte sich nach hinten, damit sein Blick das größere Gebilde aufnehmen konnte. Dadurch nahm er jedoch weniger Details wahr, und die einzelnen Atome waren weniger deutlich zu sehen, aber er konnte klar die Reihen und Ebenen der Atome erkennen, als ihre Anhäufung wuchs und sie eine regelmäßige *Kristallstruktur* bildeten. Als sich immer weitere Atome an den entstehenden Körper anlagerten und sein Blick immer weiter wurde, um das alles zu erfassen, bemerkte Scrooge, daß er keine einzelnen Atome mehr erkennen konnte. Der Körper sah nun homogen und einheitlich aus. Von den einzelnen Teilen, aus denen die Struktur bestand, war nichts mehr zu sehen, und die Atome, die sich weiterhin darauf niederschlugen, wirkten wie ein gleichförmiger Dunst.

Scrooges Beobachtungspunkt entfernte sich immer weiter, und er konnte die Atome innerhalb des Körpers immer weniger wahrnehmen. Schließlich hörte die Anhäufung der Atome auf, und sein Blick fiel aus einiger Entfernung auf die harte und glänzende Oberfläche eines festen Körpers, eines Gegenstandes, in dem er den glänzenden Briefbeschwerer erkannte, der gewöhnlich auf seinem Schreibtisch lag. Er lag noch immer auf seinem Schreibtisch, in der vertrauten Umgebung seines

Büros. Der Briefbeschwerer befand sich an seinem Arbeitsplatz. Atome hin oder her, er sah genauso aus wie immer. Scrooge schaute sich befriedigt um und bemerkte den Clown, der ihn begleitet hatte.

«Vielleicht erleben Atome wirklich all diese seltsamen Quanteneffekte, von denen Ihr gesprochen habt, aber auf den Bereich des alltäglichen Lebens haben diese Gesetzmäßigkeiten wohl keinen Einfluß.»

«Falsch! Das ist alles andere als richtig», antwortete der Geist. «Die Eigenschaften der Atome regieren auch die Welt, die du um dich her wahrnimmst. Diese Eigenschaften, insbesondere das chemische Verhalten der Atome, ist von Quanteneffekten bestimmt, und die Gegenstände des täglichen Lebens bestehen samt und sonders aus solchen Atomen mit ihren chemischen Eigenschaften.

Ich gebe zu, das Quantenverhalten tritt zumeist erst bei einem sehr kleinen Maßstab deutlich hervor, aber nicht immer. Es gibt auch Quanteneffekte, die sich bei einem großen Maßstab auswirken können. Das läßt sich bei der Reduktion von Amplituden zeigen, diesem ungewöhnlichen Vorgang, bei dem der Akt der Beobachtung bestimmt, welches System wirklich existiert. Dies ist einer der merkwürdigsten Quanteneffekte, und er kann sich auch über beträchtliche Entfernungen bemerkbar machen.

Die einfachste Demonstration beruht auf den Eigenschaften des Spin, diesem besonderen Eigendrehimpuls vieler Teilchen. Wie ich schon andeutete, ist der Spin von Elektronen strikt festgelegt. Mißt man den Spin in einer Richtung, so weist er in diese eine oder in die entgegengesetzte Richtung, es gibt keine Zwischenwerte. Im klassischen Sinne würde man erwarten, daß der Spin in jede Richtung weisen kann und daß seine Komponente, der Anteil, der auf einer von dir bestimmten Achse liegt, jeden Wert annehmen könnte. Das ist in einem Quantensystem jedoch nicht der Fall, hier sind nur zwei Möglichkeiten gegeben. Die Spinkomponente weist entweder in die von dir vorgegebene oder in die entgegengesetzte Richtung. Eine andere Möglichkeit gibt es nicht.»

Der Clown hielt eine großen bunten Ball in die Luft, eine überdimensionale Darstellung jener verschwommenen Teilchen, die Scrooge erst kürzlich in der mikrophysikalischen Welt gesehen hatte. Plötzlich verschwammen die Umrisse dieses Balls, und er wurde, wie bei einer Überblendung zweier Filmsequenzen, durch zwei Bälle verschiedener Farbe ersetzt, die sich stetig voneinander fortbewegten. Sie bewegten sich so langsam, daß Scrooge die aufgemalten Pfeile erkennen und in Ruhe feststellen konnte, daß diese Pfeile auf beiden Bällen in entgegengesetzte Richtungen zeigten.

«Teilchen zerfallen zuweilen und setzen dabei zwei neue frei», erklärte der Geist. «Diese fliegen in entgegengesetzte Richtungen auseinander, denn ihr Impuls muß erhalten bleiben. Hatte das ursprüngliche Teilchen keinen Spin, ist die gesamte Spinsumme zwangsläufig null. Die beiden neuen Teilchen haben dieselbe Spin-Gesamtsumme. Besitzen aber beide Teilchen einen Spin, müssen ihre Spinkomponenten in entgegengesetzte Richtungen weisen, damit sie sich aufheben und ihre *Gesamtsumme* null ergibt. Daran ist nichts besonders Merkwürdiges oder Paradoxes. Interessant wird es erst, wenn man bedenkt, daß der Spin von beiden Teilchen in beide Richtungen weisen kann. Die Spins müssen zwar entgegengesetzt sein, aber jeder könnte sowohl in die eine als auch in die andere Richtung weisen. Da sie in beide Richtungen weisen *könnten,* besitzen sie natürlich eine Amplitudensumme für beide Richtungen. Das ist bei Quantensystemen so üblich.»

Scrooge konnte jetzt erkennen, daß auf jeden der beiden Bälle zwei Pfeile aufgemalt waren, wie zwei Bilder, die auf dieselbe Leinwand projiziert werden. Deshalb sahen jetzt beide Bälle vollkommen gleich aus.

«Trotzdem, bis zu dem Augenblick, wo die Richtung des Spin bei einem der Teilchen *beobachtet* wird, ist alles in Ordnung. In diesem Augenblick wird die Richtung des Spin festgelegt, und die beiden Amplituden reduzieren sich auf eine. Das ist merkwürdig, aber nicht merkwürdiger als wir es bei früheren Gelegenheiten beschrieben haben. Neu ist hingegen, daß wir wissen, daß die Spins der beiden Teilchen entgegengesetzt sein *müssen.* Reduziert sich die Überlagerung der Wellenfunktionen für das eine Teilchen, so muß sie sich automatisch auch für das andere reduzieren.»

Der Clown streckte die Arme aus und ergriff die beiden Teilchen, die sich jetzt auf eine Armlänge voneinander entfernt hatten. Als er die Hände öffnete, trug jedes Teilchen nur noch einen Pfeil, und beide zeigten in entgegengesetzte Richtungen.

Das ERP-Paradoxon

Dieses Paradoxon ist mit den Namen von Einstein, Podolsky und
Rosen verbunden. Seine Paradoxie liegt darin, daß Dinge zu geschehen scheinen, bei denen die Natur eigentlich schneller als mit
Lichtgeschwindigkeit kommunizieren muß. Die Situation ist in
etwa so, wie im Text dargestellt. Beim Zerfall eines Teilchen in zwei
neue Teilchen, die einen Spin aufweisen, bewegen sich diese in
entgegengesetzte Richtungen. Die Teilchen müssen entgegengesetzte Spins haben, aber jedes von ihnen kann sowohl die eine als
auch die andere Richtung einschlagen. Die Quantenmechanik behauptet nun, daß sich die Richtung des Spins eines Teilchens erst
definitiv entscheidet, wenn eine Messung vorgenommen wird.
Dann werden die Spins beider Teilchen festgelegt, selbst wenn das
andere Teilchen weit entfernt ist. Messungen der Spinrichtungen
beider Teilchen zeigen, daß die Spins korreliert sind.
Es wäre durchaus sinnvoll anzunehmen, die Teilchen könnten im
Augenblick ihrer Entstehung irgendwie entscheiden, welches von
ihnen in welche Richtung zeigt, und diese Information dann einfach
mit sich herumtragen. Wenn sich die Spinrichtungen der beiden
Teilchen aber unabhängig voneinander entscheiden könnten, dann
zeigt das Bellsche Theorem, daß eine obere Grenze für die Korrelation von Informationen besteht, deren Träger die Teilchen sind.
Die Experimente bestätigen aber die Quantenmechanik und zeigen
eine größere Korrelation, als zu erwarten wäre.
Das heißt, daß die Teilchen direkter zusammenwirken, als es möglich wäre, wenn sie Informationen mit sich führten oder diese mit
Lichtgeschwindigkeit untereinander austauschten. Es hat den An-
schein, als würde über die Quantenamplituden schneller als mit
Lichtgeschwindigkeit Buch geführt. Seltsam, aber anscheinend
wahr.

«Wirklich verblüffend ist, daß diese Reduktion für beide Teilchen
geschehen muß, *gleichgültig, wie weit die beiden Teilchen voneinander
entfernt sind!*»
Der Geist erhob dramatisch seine Stimme, klang aber gleichzeitig
seltsam fern. Scrooge blickte sich um, konnte aber keine Spur von
seinem ehemals ständigen Begleiter entdecken. Der Raum schien,
abgesehen von ihm selbst, ganz leer zu sein. War der Geist wieder
einmal geschrumpft und in die Mikrowelt der Atome verschwunden?
Zufällig blickte er aus dem Fenster hinter seinem Schreibtisch. Drau-

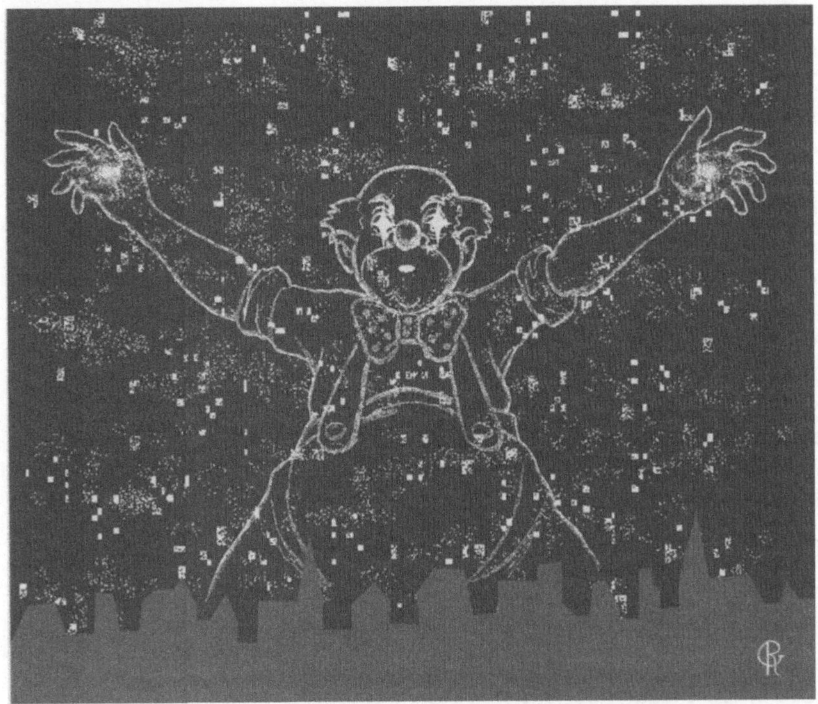

ßen war es dunkel, und der Himmel stand voller Sterne. Vor diesem riesigen astronomischen Hintergrund zeichneten sich verschwommen die Umrisse seines Begleiters ab, die sich über den ganzen Nachthimmel erstreckten. Er hatte die Arme weit ausgebreitet, und seine beiden Hände schlossen sich um ferne, unfaßbar weit auseinanderliegende Galaxien, die nun auf eine unglaubliche Weise durch die ausgestreckten Arme des Clowns miteinander verbunden waren.

Während Scrooge diese Himmelserscheinung noch staunend betrachtete, verblaßte die Vision des Clowns, und er bemerkte, daß sein Gefährte wieder mit ihm im Raum war und seinen Vortrag weiterspann.

«Das wirklich Bemerkenswerte an dieser Reduktion der Wellenfunktionen über eine weite Distanz», fuhr der Clown fort, «ist, daß sie für Ereignisse mit einer *raumartigen* Trennung an zwei verschiedenen Orten geschehen kann! Dabei ist die Korrelation besser, als sie durch irgendeine mit Lichtgeschwindigkeit übermittelte Botschaft hergestellt werden könnte! Es gibt also einen nicht-lokalen Effekt, der im Widerspruch zur Relativitätstheorie zu stehen scheint. Tatsächlich ist der Widerspruch jedoch nicht so absolut, wie es zunächst aussieht. Die Relativitätstheorie behauptet, daß sich weder eine Botschaft noch eine

Energie schneller als mit Lichtgeschwindigkeit von einem Ort zum andern bewegen kann. Aber weder das eine noch das andere geschieht hier. Es wird keine Energie übertragen, also besteht in diesem Punkt kein Widerspruch. Und wenn man die Umstände genau untersucht, sieht man, daß auch keine Botschaft übermittelt wird.

Es könnte zwar so scheinen, als ob hier nun doch die Möglichkeit bestünde, Botschaften schneller als mit Lichtgeschwindigkeit zu übermitteln, nach der die Science-Fiction-Autoren so lange gesucht haben. Andere Möglichkeiten, die früher genannt wurden, schieden aus, weil sie die Lichtgeschwindigkeit in Wahrheit gar nicht überschritten. In diesem Fall stellt die Lichtgeschwindigkeit scheinbar keine Grenze dar, und die Amplitude kann tatsächlich Ereignisse verbinden, zwischen denen ein raumartiges Intervall besteht. Das Problem besteht diesmal darin, daß man keine Botschaften übermitteln kann.

Vielleicht denkst du, daß man auf diese Weise einen kurzen Morsecode senden könnte. Der Spin hat ja zwei Richtungen, die man als Punkt- und Strichsignal des Codes verstehen könnte. Je nachdem, für welchen Spin man sich entscheidet, weiß man, daß bei den fernen Teilchen der entgegengesetzte Spin auftritt. Von den technischen Schwierigkeiten einmal abgesehen, besteht das Problem darin, daß man nicht die Wahl hat, welchen Spin man beobachten will, ob man also einen 'Punkt' oder einen 'Strich' bekommt. Welcher der möglichen Zustände des Teilchens beobachtet wird, ist *reiner Zufall*. Da man keine *Wahl treffen* kann, läßt sich auch keine Reduktion der Amplituden im Sinne einer *Botschaft* herbeiführen. Aber daß Korrelationen über raumartige Intervalle hinweg bestehen, ist hinreichend bewiesen.»

Scrooge war von der Tragweite dieses Phänomens beeindruckt. «Das ist wahrhaftig ein gutes praktisches Beispiel für Quanteneffekte im makroskopischen Bereich», gab er zu. «Der Gedanke, daß sich die Amplitude für diese beiden Teilchen über die Distanz zwischen Sternen erstrecken kann und daß sie gewissermaßen immer noch Teil desselben Ganzen sind, ist wirklich phantastisch. Das ist gewiß die grandioseste Vision einer Quantenamplitude, die man sich denken kann.»

«Nein, eigentlich nicht», antwortete der Clown, «Das Bild der beiden Teilchen, die durch das feine Band der Quantenamplitude über astronomische Entfernungen hinweg verbunden sind, verblaßt zu einer gewöhnlichen Erscheinung angesichts der überwältigenden Dimensionen der 'Mehrfachwelten-Theorie'.

Sie stellt die äußerste logische Ausweitung des Gedankens der Überlagerung von Amplituden dar. Wir *wissen*, daß sich ein Elektron in einer Überlagerung von Amplituden befinden kann, denn wir können die daraus resultierende Interferenz zwischen den verschiedenen

Amplituden beobachten. Alle Elektronen verhalten sich so, und wir können feststellen, daß sich auch eine Gruppe von Elektronen oder andere Teilchen in einer solchen Zustandsüberlagerung befinden können. Für alle Quantensysteme gilt offenbar: Immer wenn ein Ergebnis oder eine Aktion möglich ist, gibt es für diese Aktion eine Amplitude ebenso *wie für alle anderen.*

Sobald eine Beobachtung stattfindet, reduziert sich diese Überlagerung auf einen einzigen Fall. Aber wer oder was kann eine solche Beobachtung anstellen? Wenn die Welt eine aus vielen Teilchen bestehende Struktur ist und alle diese Teilchen den Regeln der Quantenphysik folgen, dann muß gewiß eine große Zahl davon, wie eben unsere Welt, ebenfalls diesen Regeln gehorchen. Jeder Beobachter ist aber Teil dieser Welt, also könnte man folgern, daß er oder sie ebenfalls diesen Quantenregeln unterliegt. Immer wenn ein Beobachter eine Überlagerung von Wellenfunktionen beobachtet, kommen viele Ergebnisse in Frage, die beobachtet werden *könnten.* In einem solchen Fall wird ein Quantensystem nicht eines von ihnen auswählen, sondern eine Überlagerung von Zuständen darstellen, von denen jeder einem bestimmten Ergebnis entspricht. Wenn die ganze Welt ein Quantensystem ist, kann dieser Gedanke unendlich fortgesetzt werden, und es wird niemals etwas Einmaliges *geschehen* oder *nicht* geschehen. In diesem Bild wird die Welt am besten durch eine riesige Amplitude beschrieben, in der *nichts* ausgeschlossen ist. Sie ist eine gewaltige Überlagerung aller Möglichkeiten, die jemals hätten eintreten können. Nichts, keine Möglichkeit, wie entlegen auch immer, wäre ausgeschlossen. 'Alles ist möglich', wird oft gesagt. Nach dieser Ansicht gibt es nichts, das nicht geschehen kann, noch geschehen *ist*, in dem Sinne, daß es ein legitimer Teil der großen universellen Amplitude ist.

Du wirst vielleicht einwenden, daß das offensichtlich nicht sein kann, denn du nimmst ja in jedem Falle immer nur ein Ergebnis wahr. Bedenke jedoch, daß in diesem Bild die Amplitude eine Überlagerung von allem darstellt, was in der Welt vorhanden ist, und darin bist *du* enthalten. Es gibt also eine Amplitude für viele verschiedene Versionen von dir, und jede dieser Versionen entspricht einer bestimmten Amplitude für jede Erscheinung. Sie wird deshalb zu einmaligen Beobachtungsergebnissen kommen, denn diese Beobachtungen entsprechen genau der Amplitude, die zu *deiner* Amplitude paßt. Jede dieser Versionen von dir wüßte nichts von den anderen. Solche komplexen Strukturen zeigen keine sichtbaren Zeichen von Interferenz, und deshalb würde sich jede von ihnen einmalig vorkommen. Das Mehrfachwelten-Theorem ist in seinen Grundannahmen sehr bescheiden, wenn auch um den Preis eines recht großzügigen Umgangs mit Universen.»

Die Mehrfachwelten-Theorie[1]

Der Quantenmechanik wohnt eine Schwierigkeit inne, die ihre Interpretation erschwert. Ein grundlegendes Merkmal dieser Theorie ist der Gedanke, daß die Gesamtüberlagerung der Amplituden, die ein System beschreibt, alle denkbaren Möglichkeiten enthält. An diesem Gedanken kommt man kaum vorbei, denn er gestattet die Existenz der Interferenz von Amplituden, und diese Interferenz kann man eindeutig sehen. Andererseits wissen wir, daß wir immer nur *ein* Verhalten sehen, wann immer wir etwas beobachten.
Die Schwierigkeit besteht darin, daß Quantensysteme gewöhnlich nicht nur ein Ergebnis liefern. Dieser Umstand legt nahe, daß derjenige, der die Messung vornimmt, selbst kein Quantensystem ist. Aber wo ist die Grenze, an der Quantenverhalten endet? Die Mehrfachwelten-Theorie besagt, daß eine solche Grenze nicht existiert und daß *alles* durch eine Überlagerung von Quantenamplituden beschrieben wird. Diese Amplitude umfaßt alle möglichen Beobachter. Nach diese Theorie gibt es so viele Versionen jedes Beobachters, wie es mögliche Ergebnisse für jede je durchgeführte Beobachtung gibt. Diese Auffassung liefert, auch wenn sie sich ziemlich übersteigert anhört, eine recht schlüssige Interpretation des sogenannten «Meßproblems».

Der Geist ließ die Unterscheidung zwischen diesen Amplituden irgendwie verschwimmen, so daß Scrooge dunkel eine ganze Reihe verschiedener Versionen von sich selbst wahrnahm. Aber nicht nur von sich selbst, da jede Amplitude auch alle Personen und Gegenstände enthielt, die im Zusammenhang mit seiner Existenz standen. Was er also erblickte, waren jeweils verschiedene Versionen des ganzen Universums.

Die Zahl dieser verschiedenen Welten war in der Tat ungeheuer groß. Die meisten unterschieden sich nur wenig. In der einen Welt verlief die Bahn eines Atoms vielleicht geringfügig anders als die Bahn des entsprechenden Atoms in einer anderen. Schon die Zahl der Welten, die sich in nichts anderem unterschieden, war gigantisch, da die Welt und erst recht das Universum aus vielen Atomen besteht. Noch weit größer war die Zahl derjenigen, bei denen sich zwei, drei

---

1   Die Mehrfachwelten-Theorie ist nur einer von vielen Vorschlägen, das «Meßproblem» zu lösen. Dieser und andere Vorschläge werden ausführlich in einem früheren Buch des Autors, «Alice im Quantenland», Wiesbaden 1995, behandelt.

oder vier Atome anders verhielten. Aber so viele Welten es auch gab, die nur so wenig voneinander abwichen, es gab andere, die immer mehr Unterschiede aufwiesen. Es gab riesige Mengen davon, nur durch kleine Details voneinander unterschieden, aber in der gesamten, unfaßbar großen Vielzahl gab es auch einige, die bedeutende und erstaunliche Unterschiede aufwiesen. Zu dieser schier unendlichen Fülle von Welten gehörte auch die ganze riesige Skala dessen, was geschehen *könnte*, so unwahrscheinlich es auch war. Einiges kam Scrooge recht bekannt vor.

****

****

Scrooge stieß seinen Stuhl zurück und nahm seinen Platz an der Stirnseite des Tisches ein. Für einen Augenblick gab er sich einem Gefühl großer Selbstzufriedenheit hin, bevor er das Wort an die Vertreter der Finanzwelt richtete.

****

Scrooges Anwesenheit war alles andere als offensichtlich, denn nichts war von ihm geblieben, außer einem überwachsenen Grabstein, der den Namen SCROOGE trug und der in einer vergessenen Ecke des Friedhofs lag.

****

****

Einige Amplituden waren wirklich unwahrscheinlich, aber jede Möglichkeit, wie ausgefallen auch immer, trug mit einer winzigen Wahrscheinlichkeit zu der großen Überlagerung der vielen Universen bei. Es gab nichts, wie unglaubwürdig auch immer, das geschehen *könnte*, ohne daß es eine Amplitude gab, in der es *wirklich* geschah.

****

****

Unter den tumultartigen Begeisterungsstürmen der riesigen Menge johlender Fans stolzierte Scrooge über die hell erleuchtete Bühne der vollbesetzten Arena. Seit er mit seiner Gruppe *Dickens' Enkelkinder*, die in den Charts ganz oben lag, auf einer triumphalen Tournee unterwegs war, hörte er von allen Seiten nur noch die hysterischen Schreie 'Scrooge, Scrooge'.

****

Ganz im Bewußtsein, daß ihn die ganze Welt durch die Augen einer

Fernsehkamera beobachtete, tat Scrooge den letzten Schritt von der Leiter herunter auf die Mondoberfläche, und die Fernsehkanäle übertrugen weltweit seine unsterblichen Worte:

«Nur ein kleiner Schritt für den Menschen, aber elend lang, wenn man sich in diesen verdammten Raumanzug quetschen muß.»

★★★★★★★★★★★★★★★★★★★★★★★★
★★★★★★★★★★★★

In einigen Fällen waren die Amplituden der verschiedenen Universen praktisch nicht zu unterscheiden, und sie interferierten. Aber in den meisten Fällen waren sie klar voneinander abgegrenzt und unterscheidbar, auch wenn die Unterschiede sehr gering waren. Solche Universen hatten keinen Einfluß aufeinander. Keines wußte von der Existenz der anderen oder nahm sie auch nur wahr. Für jeden Scrooge aus der fast unendlichen Menge gab es die anderen Scrooges gar nicht. Jeder einzelne Scrooge war für sich genommen der *einzige* und ein wahrhaft unverwechselbares Individuum. Für uns, die wir in dieser Geschichte die ganzen Zustandsüberlagerungen vor Augen haben, die das Universum bilden, oder besser gesagt, das Universum der Universen, besteht kein Grund zu sagen, diese oder jene Amplitude stelle den wahren Scrooge dar, denn sie sind alle gleichwertige Mitglieder der großen Überlagerung. Doch aus praktischen Gründen, aus Gründen des Fortgangs der Geschichte, müssen wir eine Wahl treffen, und deshalb wählen wir die, die unsere Geschichte zu einem Ende führt ...

★★★★★★★★★★★★★★★★★★★★★★★★

Scrooge erwachte. Er sah sofort, daß er sich in seinem Schlafzimmer befand und daß die frühe Morgensonne durch die Ritzen seiner Jalousie schien. Es war Morgen. Die lange und merkwürdig ereignisreiche Nacht war endlich vorüber.

Epilog

Scrooges Wandlung

Als Scrooge allmählich zu sich kam, drang das Sonnenlicht in sein Schlafzimmer. Nach einigen Sekunden gelang es ihm, sich an die Ereignisse der vergangenen Nacht zu erinnern: Jeder der drei angekündigten Geister hatte ihn besucht. Er war mit ihnen an die Grenzen von Raum und Zeit gereist, und doch hatte er diese Erfahrungen in einer einzigen Nacht gemacht. Jetzt war die Nacht vorüber, und alles war wieder wie zuvor. Oder doch nicht? Nicht ganz, denn Scrooge war nicht mehr derselbe.

Gewiß, er stand wie gewohnt früh auf, nahm ein schnelles Frühstück ein, verließ seine Wohnung und machte sich, ohne viel Zeit zu verlieren, auf den Weg in sein Büro. Gewiß strebte er wie immer danach, den Tag zu seinem finanziellen Besten zu nutzen. Und dennoch war Scrooge wie verwandelt. Auf seinem Weg ins Büro betrachtete er die Welt mit neuen Augen. Er schaute zu dem bedeckten Himmel empor (auch das war wie früher) und war sich bewußt, daß über den Wolken Planeten, Sterne und Galaxien auf ihren Bahnen rasten und daß die unter seinen Füßen scheinbar ruhende Erde nicht weniger in Bewegung war als diese Himmelskörper. Er betrachte die ersten Sonnenstrahlen, die durch die Wolken drangen, und war sich der Energie bewußt, mit der die Sonne jeden Tag die Erde versorgte. Das war die Energie, die das System Erde in Gang hielt, bis sie sich in das große Hintergrundreservoir nutzloser Wärme verstrahlt hatte und durch neue ersetzt werden mußte. Er sah die Schaufensterscheiben der Geschäfte und die stählernen U-Bahn-Zugänge und war sich bewußt, daß alles, was er sah, aus Atomen bestand und jener seltsamen Quantenwelt angehörte, in der diese Atome zu Hause waren.

Während er seine Umgebung auf diese neue Weise wahrnahm, glaubte er die Flöte des Pan zu hören, der komplizierte Melodien des Chaos und sich entwickelnder Strukturen spielte, die im Hintergrund überlagert wurden von den seltsamen alles beherrschenden Tönen der Quantenamplitude.

Auf dem Weg ins Büro traf Scrooge zufällig seinen Cousin, denselben Cousin, der erst am Vortag eine so unerfreuliche Begegnung mit ihm gehabt hatte. Zur großen Überraschung des jungen Mannes trat Scrooge auf ihn zu und drückte ihm eine großzügige Spende für den

Zweck, den er zuvor so entschieden abgelehnt hatte, in die Hand. Denn Scrooge, der um nichts weniger Geschäftsmann geblieben war, hatte im wirklichen Leben eine neue Realität entdeckt und entwickelte ein immer stärkeres Interesse, mehr über ihr Wesen zu erfahren. Er wurde in seinem Bekanntenkreis berüchtigt und galt mit seiner Leidenschaft für die Naturwissenschaften, das muß man zugeben, auf Cocktail-Parties ein wenig als Langweiler. Ach ja, und wie er der Erscheinung Marleys in der Nacht versprochen hatte, erwarb er ein Abonnement einer wissenschaftlichen Zeitschrift. Und so verlassen wir einen geläuterten Scrooge, einen Mann, der trotz allen geschäftlichen Interessen sich bis an sein Lebensende die Liebe zur Natur bewahrte.